国家自然科学基金项目资助

图像复原的变分正则化建模
——从整数阶到分数阶

张军 肖亮 韦志辉 著

国防工业出版社
·北京·

内 容 简 介

图像和信号复原是图像处理和计算机视觉的基础性问题，被广泛应用于探测与遥感、医学成像、公共安全监控等领域，旨在从具有光学模糊和噪声污染等图像中恢复清晰化图像，其挑战性在于不适定数学反问题的病态性。图像全变差正则化理论是图像处理的重要方法，已经广泛应用于图像复原、不完全信号重建等。

本书系统地阐述了图像全变差正则化理论作为反问题建模的基础理论、优化技术与应用算法，同时阐述了若干全变差正则化理论模型的新型推广形式，包括高阶方法和分数阶方法。本书通过大量的应用实例，有机地将理论和实践结合，深入浅出介绍了模型的数学物理机理、几何结构与细节保持的图像先验建模思路以及高效求解方法。

本书可以作为图像处理和计算机视觉领域研究人员的专业参考书。

图书在版编目(CIP)数据

图像复原的变分正则化建模：从整数阶到分数阶/张军，肖亮，韦志辉著．—北京：国防工业出版社，2021.8

ISBN 978-7-118-12132-2

Ⅰ.①图… Ⅱ.①张… ②肖… ③韦… Ⅲ.①图像恢复—研究 Ⅳ.①TN911.73

中国版本图书馆CIP数据核字(2020)第190867号

※

国防工業出版社出版发行

(北京市海淀区紫竹院南路23号　邮政编码100048)

北京天颖印刷有限公司印刷

新华书店经售

*

开本 787×1092　1/16　**印张** 12¾　**字数** 290千字

2021年8月第1版第1次印刷　**印数** 1—2000册　**定价** 96.00元

国防书店：(010)88540777　　书店传真：(010)88540776

发行业务：(010)88540717　　发行传真：(010)88540762

前　言

从原始人在石壁上作画开始，图像信息的记录已成为人类文明传承的主要手段之一。所谓"耳听为虚、眼见为实"，这不仅是因为人类感知的主要信息源来自视觉，还因为图像是一种能够方便、简洁和紧致地表示物理世界的信息媒介。随着科技的发展，人类已经能够通过图像采集设备获取为人类视觉所感知的一系列图像信息，包括数字图像、数字视频、遥感图像、医学图像等，形成一个以数字图像为载体的大数据世界。此外，以电磁波辐射为基础，成像科学朝着高空间分辨率、高光谱分辨率和高时间分辨率等方向发展。利用各类波段成像的技术和设备，包括用于核医学和天文图像的伽马射线成像、用于医学和工业成像的X射线成像、用于工业检测和天文学的紫外波段成像、用于微光和夜视的红外波段成像、用于雷达目标探测与遥感的微波波段成像、用于核磁共振的无线电波成像等。面对海量的图像信息，数字图像处理的科学理论与技术手段得到迅猛发展，成为跨越数学、计算机科学、控制科学和人工智能等前沿科技的领域。

受到硬件以及成像条件的影响，在数字图像的获取过程中往往受到噪声污染、模糊降质、分辨率降低等因素影响，使获取的图像质量不足以满足应用需求。图像复原就是希望利用获取的低质量图像，通过数学建模和算法设计来恢复高质量清晰的图像。图像复原研究的问题是低层视觉的重要图像处理任务，也是高层视觉分析的基础，在遥感监测、医学成像、视频监控、军事侦察和公共安全等领域具有广泛应用前景，是图像处理、计算机视觉、人工智能等领域关注的热点。同时，图像复原研究的问题作为典型的不适定数学反问题，也对推动问题驱动的数学理论和方法的研究起到了重要作用，对于促进数学与计算机科学、控制科学、人工智能等领域的交叉融合与协同发展起到了积极作用。

图像处理的许多问题，包括图像去噪、图像去模糊、图像超分辨和压缩感知重建等，本质上都可以看作是不完全测量信号的复原问题，在数学上是典型的数学反问题。处理这类问题最大的挑战是信息的不完整性导致的不适定性，而变分正则化提供了处理不适定问题的有效途径。本书主要介绍变分正则化框架下的图像复原变分模型及其算法。

对于变分正则化图像复原而言，具有图像高效表征和几何结构捕获能力的先验建模方法是研究者一直探索的核心内容。20世纪90年代初，Rudin、Osher和Fatemi等数学家提出了有界变差函数空间图像建模理论，其思想是将图像建模为变差有限的二维信号，从而可以克服索伯列夫空间不能有效刻画"跳跃间断"或者阶跃边缘结构的问题，基于该理论的全变差正则化建模一直以来被认为是图像几何先验建模的代表性方法。同时，针对全变差正则化模型不利于纹理等"振荡"结构保持以及容易出现"阶梯效应"等问题，研究者提出了大量推广模型及其应用方法。其建模方法一直不断改进和演化，在工程应用领域中基于全变差正则化的推广模型和算法也是层出不穷。图像先验的正则化建模的发展脉络可以大致归纳：由低阶微分向高阶微分推广，由整数阶微分向分数阶微分推广，由局部方法向非局部方法推广。然而,目前还没有专著对全变差正则化建模方法及其演化进行较为系统的总结。正是在这种背景下,本书作者深感有必要重新审视图像全变差建模理论及其推广方法,从数学理论基础、模型推广脉络和应用创新等方面对其进行系统性的总结。

近年来,在国家自然科学基金[61671243,61101198,61571230,61171165,91538108]、江苏省重点研发计划[BE2018727]、江苏省自然科学基金[BK2012800,BK20161500]、中国博士后科学基金[2012M511281]、中央高校基本科研业务费专项资金[30918011104]和江苏省六大人才高峰和333工程等项目的资助下,南京理工大学理学院和南京理工大学计算机科学与工程学院的部分教师组成的数学、控制科学与工程、计算机科学与技术的跨学科科研团队,对图像处理的正则化图像建模的方法及其应用进行了较为系统的研究和探讨。本书所介绍的数学基础理论及基本算法,是课题组在多年研究过程中归纳总结的从事图像处理研究必须了解和掌握的基础知识;而全变差正则化及其推广模型的应用部分,是课题组近年来取得的部分研究成果的总结。在此由衷感谢长期参与课题组讨论班的老师和同学,特别感谢为本书提供了丰富研究成果的黄丽丽博士、王力谦博士、刘鹏飞博士和王凯博士。

本书共分为8章,前面4章主要介绍变分正则化图像复原的基础理论以及基本算法,是本书的理论与算法基础部分。其中:第1章介绍数字图像及图像处理的一些基本概念;第2章主要介绍图像复原的建模基础和常用方法;第3章首先介绍图像变分正则化的一些必要基础数学知识,然后总结了全变差正则化建模及其模型演化过程,其中包含了关于高阶全变差的分析以及分数阶全变差正则化的推广;第4章系统总结和介绍全变差正则化图像复原及其推广模型的经典优化方法,这些算法通常作为许多图像复原算法的基础算法而广泛使用。本书的后面4章,主要介绍全变差正则化及其推广模型在一些特殊图像复原问题中的应用。其中:第5章给出一些特殊噪声去噪以及图像复原的复合正则化方法;第6章重点介绍基于启发式模糊核估计的图像盲复原问题;第7章重点介绍高阶正则化图像复原方法;第8章重点介绍分数阶全变差正则化模型及其应用。

由于作者水平有限,书中不妥之处在所难免,恳请读者批评指正。

作者

2020年4月

目　　录

第 1 章　图像及信号复原概论

实际工程问题的数学模型是对真实物理世界的抽象表达,模型的建立与分析必须建立在真实物理背景基础上。因此,要更好地理解和研究图像复原的数学模型,必须首先对图像复原问题的物理背景,包括图像获取过程、图像模糊形成的物理机理等有清晰的认识。在此基础上,对相应的物理过程和机理进行数学描述和表达,得到用于图像复原问题的数学模型,并设计相应的数值算法,来实现图像复原的目标。

本章主要介绍数字图像和图像处理的基本概念,以及图像复原数学建模的基本概况。首先,通过二维信号系统的基本原理,简单介绍图像感知、形成和获取的基本物理过程;其次,简要回顾图像卷积的基本概念和傅里叶变换等频谱分析方法,介绍图像模糊形成的物理机理和数学表达;再次,对图像先验建模方法,特别对图像全变差先验模型及其研究进展进行了简要总结;最后,概述了本书的主要内容以及结构安排。

1.1　图像与图像获取

1.1.1　连续图像

在数学上,一维连续信号通常被看作是一元函数,而图像往往被看作多元函数。常见的灰度图像是一个二维的光强函数 $u(x,y)$,其中 (x,y) 表示图像像素的二维空间坐标,而在任意空间坐标 (x,y) 处的幅度值,称为该点图像的强度或灰度。连续彩色或者多光谱(高光谱)图像可以表征为三变量的函数 $u(x,y,\boldsymbol{\lambda})$,其中 (x,y) 为二维空间维坐标变量,$\boldsymbol{\lambda}$ 为彩色通道或与电磁光谱波长位置相关的变量。对于连续光谱视频,可以进一步引入时间维变量 t 并用 $u(x,y,\boldsymbol{\lambda},t)$ 表示 t 时刻与场景中各个空间位置和该点材质性质(如反射、吸收、辐射)等相关的电磁波辐射能量。

对于多通道(波段)图像,一般通过下面的向量值函数进行表示,即

$$\boldsymbol{u}(x,y)=\begin{bmatrix} u_{\lambda_1}(x,y) \\ u_{\lambda_2}(x,y) \\ \vdots \\ u_{\lambda_k}(x,y) \end{bmatrix} \tag{1.1.1}$$

式中:$u_{\lambda_k}(x,y)$ 表示第 $k(k=1,2,\cdots,N)$ 个波段的光强函数。

在计算摄影学领域,通常采用七维全光函数 $u(x,y,z,\theta,\varphi,\boldsymbol{\lambda},t)$ 对光信号进行描述:某一时刻 t,在任意三维空间位置 (x,y,z) 处,沿着方向 θ 和 φ,观察到频率为 $\boldsymbol{\lambda}$,强度为 $|u(x,y,z,\theta,\varphi,\boldsymbol{\lambda},t)|$ 的光线。上述给出的几种图像的连续表现形式,都可以看作是全光函数的特殊表现形式,简单的二维成像模型是七维全光函数在一个二维投影子空间的采

样[1]。本书主要研究二维图像的复原问题，下面通过简单二维传感器阵列为例，描述二维图像获取过程，并加以简单讨论。

1.1.2 图像感知与获取

数字图像的感知获取与具体的图像传感器相关，同时也和传感器所能感知的电磁波段相关。下面以一种二维传感器阵列为例，描述简单的图像获取过程，如图 1.1 所示[2]。

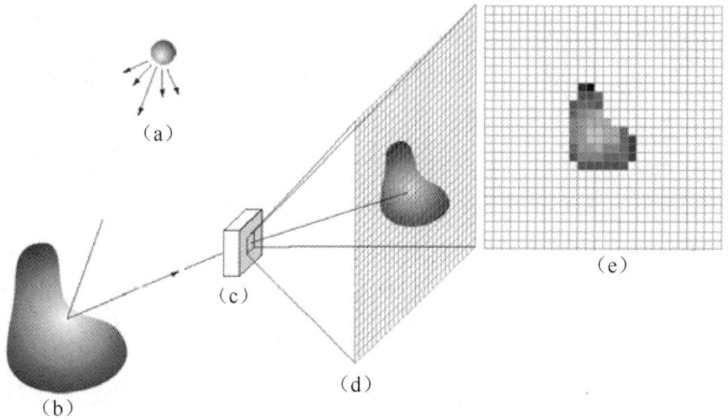

图 1.1　数字图像获取的例子

(a)照射源；(b)场景元素；(c)成像系统；(d)场景投影到图像平面；(e)输出的数字图像。

以二维函数形式 $u(x,y)$ 表示图像，在某空间坐标 (x,y) 处的值或幅度是一个正的标量，其物理意义由照射源决定。光线来自场景的照射源(图 1.1(a))，假设入射至场景元素(图 1.1(b))的入射分量光强为 $I(x,y) \in [0, +\infty)$，反射率为 $r(x,y) \in [0,1]$，并假设光线在传输过程没有衰减(实际过程往往存在大气或者介质衰减)，则成像系统(图 1.1(c))接收到的光强可简单表示为

$$u(x,y) = I(x,y) \cdot r(x,y) \tag{1.1.2}$$

式中：$I(x,y)$ 的性质取决于照射源；$r(x,y)$ 取决于场景表面的材质，界于全吸收($r(x,y)=0$)和全反射($r(x,y)=1$)之间。

成像系统接收到的光强进一步投射到一个成像平面上。例如，如果成像系统前端是一个透镜，则透镜会把观察场景投射到一个聚焦平面上(图 1.1(d))，与焦平面重合的传感器阵列产生与每个传感器接受光总量成正比的输出。数字或模拟电路扫描这些输出，并把它们转换为电信号，然后由成像系统其他部件数字化(图 1.1(e))得到数字图像。

前面已经提到经典图像成像模型是七维全光函数在一个二维投影子空间的采样。上述简单模型仅仅描述相机在二维空间维度上的采样，而对其他维度并没有涉及。实际的相机模型可能非常复杂，如成像系统的透镜组件首先可以对不同角度的光线进行积分，然后将三维信息投影至二维焦平面；具有一定光谱感知能力的传感器对连续光谱(如 RGB 三个通道)的响应曲线进行积分，并在每一帧的曝光时间内对到达传感器的光通量进行积分。同时，光线在传输过程、透镜、CCD 传感器组件等环节，还存在空间维的点扩散过程(在后面章节将继续讨论)等。因此，复杂的相机成像系统是一个低维耦合离散采样器，空间—光谱—时间维的高分辨率成像是不可能同时达到的[1]。

1.1.3 数字图像

通过对传感器感知获取的辐射能量进行数字化,可以得到数字图像。本小节简要概述图像的数字化过程,并分别介绍采样定理、频谱混叠和数字图像表示的基本概念[2-3]。

1. 采样定理

下面以二维空间维度(x,y)上的连续图像为例,描述图像的数字化过程。此时,数字化的过程包括空间采样和幅度量化等基本步骤。空间采样是将场景成像的连续图像空间域划分成离散化单元,如图 1.2 所示;幅度量化是将连续的光强值幅度范围进行划分映射到灰度等级上,如图 1.3 所示。

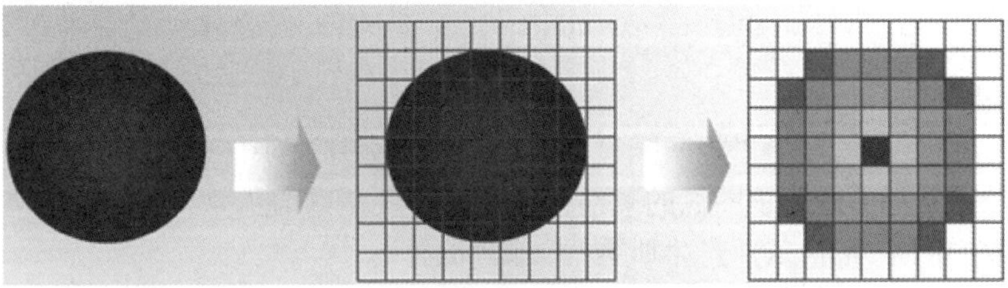

图 1.2 空间采样:对场景成像的连续图像的空间域划分成离散化单元

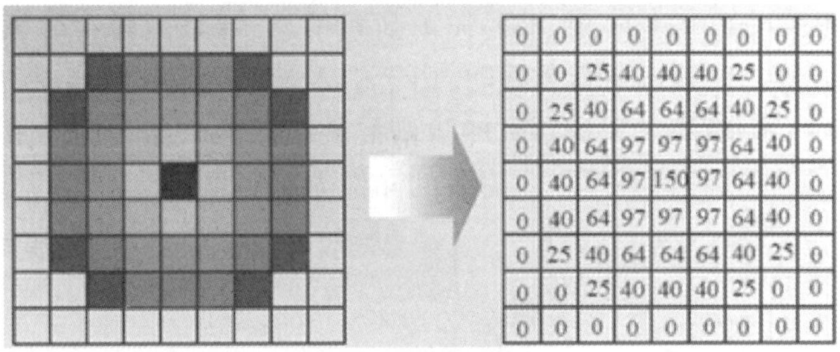

图 1.3 幅度量化:对连续的光强值幅度范围进行划分并映射到灰度等级上

对于二维图像而言,利用$u(x,y)$的傅里叶变换$F(w,v)$(见 1.3 节),可以得到如下的二维采样定理。

定理 1.1(采样定理)[2]:若$u(x,y)$是有限带宽的,设其二维频谱宽度分别为$2w_m$和$2v_n$,即当$|w|>w_m$,$|v|>v_n$时,$F(w,v)=0$,则当空间采样间隔满足奈奎斯特条件:

$$\Delta x \leqslant \frac{1}{2w_m},\ \Delta y \leqslant \frac{1}{2v_n} \tag{1.1.3}$$

由采样值$u(m\Delta x,n\Delta y)$$(m,n=0、\pm 1、\pm 2\cdots)$可以精确地重建原始图像$u(x,y)$,即

$$u(x,y)=\sum_{n=-\infty}^{+\infty} u(m\Delta x,n\Delta y)\,\mathrm{sinc}\left[\frac{\pi}{\Delta x}(x-m\Delta x)\right]\mathrm{sinc}\left[\frac{\pi}{\Delta y}(y-n\Delta y)\right]$$

基于上述采样定理,对于连续图像的空间域划分需要有足够的空间分辨率。从频谱分析的角度看,如果$F(w,v)$的非零支撑频谱区间为$[-w_m,w_m]\times[-v_n,v_n]$,则可以通过一个理想低通滤波器(Low-pass filter,LPF)提取频谱$F_p(u,v)$,并通过反傅里叶变换来重建图像,如图 1.4 所示。

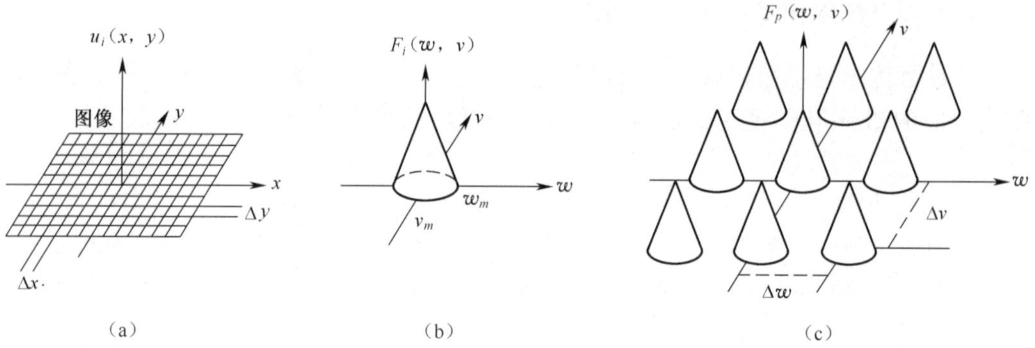

图 1.4　原始和采样图像的频谱

(a)空间采样;(b)原始图像的频谱;(c)采样图像的频谱。

2. 频谱混叠

在欠采样情况下,即当采样间隔过大而不满足奈奎斯特条件(式(1.1.3))时,将会导致采样图像的频谱中原连续图像的频谱与它的平移复制频谱重叠,$F(w,v)$的高频分量混入它的中频或低频部分,从而产生所谓的频谱"混叠"。

由于采样间隔不满足奈奎斯特条件,采样图像的频谱在阴影区及附近产生混叠(图 1.5所示),因此当出现频谱混叠现象时,将出现两个糟糕现象:一是当 LPF 采用图 1.5 中方框内的频谱进行重建时,由于丢失了高频信息,导致图像产生模糊;二是当 LPF 提取图 1.5 中粗线圆内的频谱进行重建时,由于引入了邻近平移频谱,将导致重建出来的图像存在莫尔条纹。频域的欠采样导致的频谱混叠在核磁共振等医学成像中是常见的,为了重建出高质量的图像,就必须引入更多的图像先验信息。

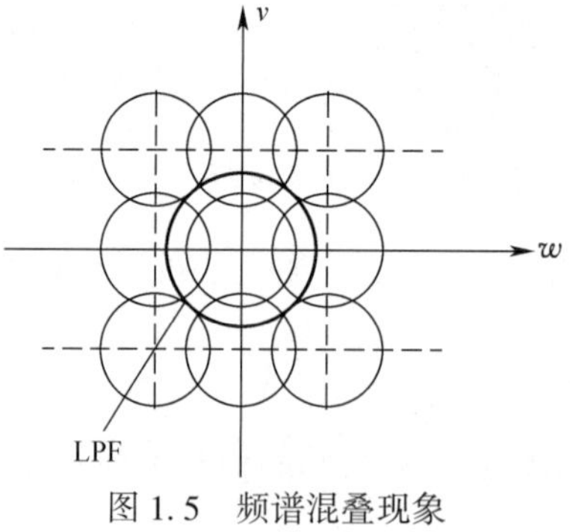

图 1.5　频谱混叠现象

3. 数字图像表示

经过采样和量化操作,可以得到数字图像。通常,数字图像采用矩阵或二维数组表示,矩阵中的元素称为像元,其值对应该像元的像素值。像素是广泛应用的表示数字图像元素的词汇,是图像的最小单元。

通常,数字图像是由有限的像元组成,每个像元都有特定的位置和整数值(灰度)。如果将经过采样和量化得到的 $u(m\Delta x, n\Delta y)$ 按照二维数组(矩阵)形式进行存储,则得到一幅计算机可处理和计算的数字图像。为表示方便,往往考虑索引形式而忽略采样间隔 Δx 和 Δy,则一幅数字灰度图像的基本形式为

$$
\boldsymbol{u} = [u(m,n)]_{M\times N} = \begin{bmatrix} u(0,0) & u(0,1) & \cdots & u(0,N-1) \\ u(1,0) & u(1,1) & \cdots & u(1,N-1) \\ \vdots & \vdots & & \vdots \\ u(M-1,0) & u(M-1,1) & \cdots & u(M-1,N-1) \end{bmatrix} \tag{1.1.4}
$$

式中：$u(m,n)$为空间索引坐标(m,n)处像元的值；图像宽度为M；高度为N。当以8比特表达一个波段图像的像素值精度时可得$0 \leqslant u(m,n) \leqslant 255$。

1.2 信号系统与图像形成

在1.1节中，仅仅考虑了一个简单的数字图像形成模型。在实际的成像过程中，由于成像系统的光学传递函数和噪声污染、光学系统不完善、相机和景物的相对位移等，都会使图像产生模糊降质和噪声引入。利用线性系统及其点扩散函数（Point Spread Function，PSF）的相关概念，就可以从数学上对模糊图像地形成过程进行建模描述[2-3]。

1. 线性系统

在数学上，可以将图像的模糊降质过程建模为一个如图1.6所示的系统变换过程。设输入信号为u，经过系统S，得到输出f，记为$f = S[u]$。

图1.6 成像过程示意图

如果对于任意两个信号u_1和u_2，以及任意的权参数α_1和α_2，有

$$
S[\alpha_1 u_1 + \alpha_2 u_2] = \alpha_1 S[u_1] + \alpha_2 S[u_2] \tag{1.2.1}
$$

则系统S称为线性系统。

显然，对于线性系统而言，必然有$S[0] = 0$。虽然实际的信号系统可能是非线性的，但是由于线性系统更容易理解和处理，因此通常采用线性系统来对非线性系统进行近似。

2. 脉冲函数和点扩散函数

成像系统的点扩散函数是引起图像模糊降质的重要因素。当定义系统的PSF为权重函数$h(x,y;x',y')$，则系统的输出可以表示为一个线性叠加积分：

$$
f(x,y) = \int_{-\infty}^{+\infty}\int_{-\infty}^{+\infty} u(x',y')h(x,y;x',y')\,\mathrm{d}x'\mathrm{d}y' \tag{1.2.2}
$$

图1.7给出了式(1.2.2)所描述的线性叠加积分的原理，输出中的每个点由所有输入点的加权和（积分）给出。权值函数$h(x,y;x',y')$称为点扩散函数，可表示每个输入点对每个输出点的贡献。

在图像处理中，常用脉冲函数（狄拉克函数）来表示空间域的点（光）源。脉冲函数可以看作是对尺度化的矩形函数$\dfrac{1}{a}\mathrm{rect}\left(\dfrac{x}{a}\right)$的宽度求极限$a \to 0$求得。

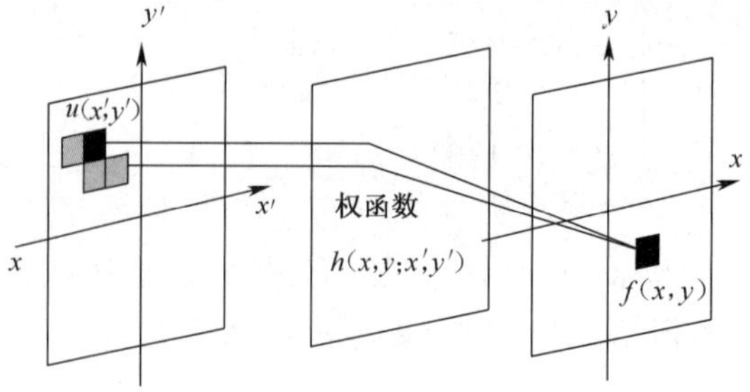

图 1.7　系统线性叠加积分原理示意图

一维矩形函数定义为

$$\mathrm{rect}\left(\frac{x}{a}\right)=\begin{cases}1, & |x|\leqslant a\\ 0, & \text{其他}\end{cases}\tag{1.2.3}$$

因此,一维脉冲函数和二维脉冲函数可分别定义为

$$\delta(x)=\lim_{a\to 0}\frac{1}{a}\mathrm{rect}\left(\frac{x}{a}\right),\delta(x,y)=\lim_{a\to 0}\frac{1}{a^2}\mathrm{rect}\left(\frac{x}{a}\right)\mathrm{rect}\left(\frac{y}{a}\right)$$

如图 1.8 所示,在一维情形下,随着 $a\to 0$,尺度矩形函数的支撑集(非零区域)的宽度趋于 0,而高度趋于无穷,但其面积仍为 1。

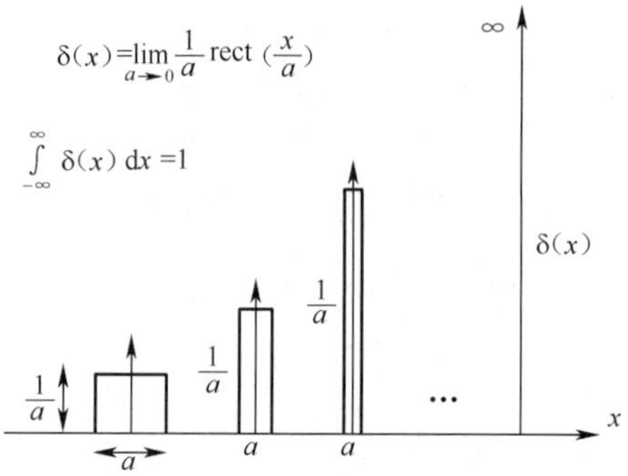

图 1.8　柱形函数逼近脉冲函数的几何示意图

这样,可定义一维广义脉冲函数:

$$\delta(x)=\begin{cases}+\infty, & x=0\\ 0, & x\neq 0\end{cases},\int_{-\infty}^{+\infty}\delta(x)\mathrm{d}x=1\tag{1.2.4}$$

和二维广义脉冲函数:

$$\delta(x,y)=\begin{cases}+\infty, & (x,y)=(0,0)\\ 0, & (x,y)\neq(0,0)\end{cases},\int_{-\infty}^{+\infty}\int_{-\infty}^{+\infty}\delta(x,y)\mathrm{d}x\mathrm{d}y=1\tag{1.2.5}$$

下面给出脉冲函数的一个最重要性质,即信号的筛选性质。

对于一维情形,有

$$\int_{-\infty}^{+\infty}u(x)\delta(x-x_0)\mathrm{d}x=u(x_0)\tag{1.2.6}$$

对于二维情形,有

$$\int_{-\infty}^{+\infty}\int_{-\infty}^{+\infty} u(x,y)\delta(x-x_0,y-y_0)\mathrm{d}x\mathrm{d}y = u(x_0,y_0) \tag{1.2.7}$$

该性质在光学和图像处理中应用广泛,可以表示点(光)源和线状源:

(1) 若 $u(x,y)=\delta(x-x_0,y-y_0)$,则 $u(x,y)$ 表示(x_0,y_0) 处的点源;

(2) 若 $u(x,y)=\delta(x-x_0)$,则 $u(x,y)$ 表示 $x=x_0$ 处的垂直方向线状源;

(3) 若 $u(x,y)=\delta(y-y_0)$,则 $u(x,y)$ 表示 $y=y_0$ 处的水平方向线状源;

(4) 若 $u(x,y)=\delta(ax+by+c)$,则 $u(x,y)$ 表示 $ax+by+c=0$ 上直线源。

脉冲函数的另一个重要用途是测试成像系统的 PSF 表现形式。如果令系统的输入为点源,即 $u(x',y')=\delta(x'-x_0,y'-y_0)$,则根据线性成像系统的叠加积分表示,即

$$f(x,y)=\int_{-\infty}^{+\infty}\int_{-\infty}^{+\infty}\delta(x'-x_0,y'-y_0)h(x,y;x',y')\mathrm{d}x'\mathrm{d}y' \tag{1.2.8}$$

以及脉冲函数对信号的筛选性质,可得

$$f(x,y)=h(x,y;x_0,y_0)$$

如果系统对点光源输入的响应完全等同于 h,则系统刻画点源扩散性质。如果输入 $u(x',y')=\delta(x'-x_0,y'-y_0)$,而输出 $f(x,y)=\delta(x-x_0,y-y_0)$ 表示系统 PSF 为脉冲函数,则系统并无扩散性质,即完美成像系统。虽然电磁衍射的基本物理学规定这样的完美成像系统在实践中永远不可能实现,但它仍然是一个有用的理论概念。一般来说,良好或“锐利”成像系统通常近似完美成像系统,具有窄的 PSF;而较差的成像系统具有宽的 PSF,其效果是输出响应与输入中的相邻点显著重叠,从而导致成像模糊。

点扩散函数是描述系统成像像质的重要性质。如图 1.9 所示,一个点源的光强分布作为输入,经过成像系统后,在成像平面的输出光强分布将具有某种扩散性质,这也是由于系统的 PSF 的影响。

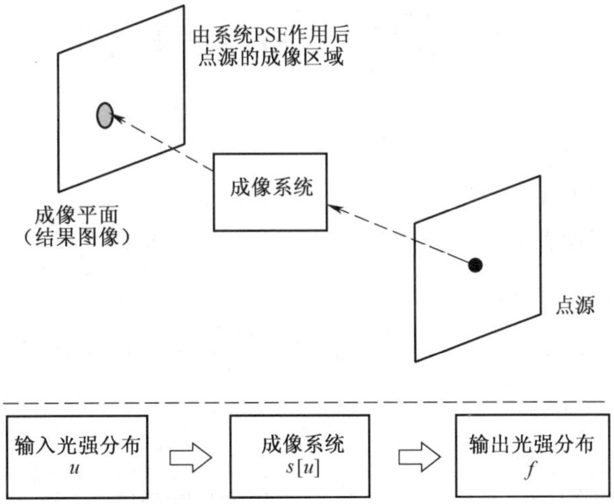

图 1.9 点扩散函数与成像系统

图 1.10 进一步揭示了成像系统 PSF 对成像的影响,即随着 PSF 变得越来越宽,原始输入分布中的点变得更宽,并重叠在一起无可分辨。可见,成像系统的 PSF 与图像的空间分辨率和图像的锐利度等均具有直接的关系。

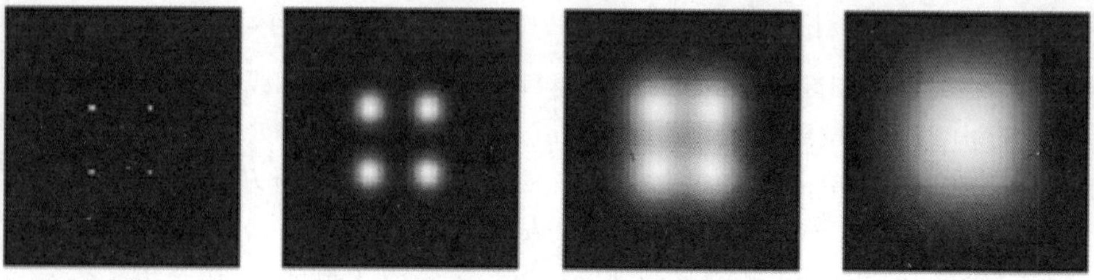

(a) (b) (c) (d)

图 1.10 成像系统 PSF 对成像的影响

3. 线性平移不变系统

上述对成像系统 PSF 的描述是空间依赖的,即取决于输入和输出空间中两点的绝对位置。换言之,上述 PSF 是四变量函数,并且 $h(x,y;x',y') \neq h(x-x',y-y')$。这种情况下,成像系统是非常复杂的。所幸的是实际中的一大类成像系统往往是平移不变的,即

$$h(x,y;x',y') = h(x-x',y-y') \tag{1.2.9}$$

从而有

$$f(x,y) = \int_{-\infty}^{+\infty}\int_{-\infty}^{+\infty} u(x',y')h(x-x',y-y')\mathrm{d}x'\mathrm{d}y' \tag{1.2.10}$$

式(1.2.10)表明对于平移不变系统,线性叠加积分可以简化为"卷积"的简单形式,并简单记为

$$f(x,y) = u(x,y) \otimes h(x,y) \tag{1.2.11}$$

实际上,当一个系统是线性且是平移不变的,则该系统可以描述为卷积过程。1.3 节将基于卷积定理在空间和频率域进一步解释和理解图像形成过程。

1.3 傅里叶变换与卷积定理

1.3.1 傅里叶变换

1. 连续傅里叶变换对

傅里叶分析是图像处理中最经典的时间-频率分析方法。利用傅里叶基函数可以定义二维连续函数的傅里叶正变换,即

$$U(w,v) = \frac{1}{\sqrt{2\pi}}\int_{-\infty}^{+\infty}\int_{-\infty}^{+\infty} u(x,y)\exp[-2\pi i(wx+vy)]\mathrm{d}x\mathrm{d}y \tag{1.3.1}$$

或

$$U(\omega_1,\omega_2) = \frac{1}{\sqrt{2\pi}}\int_{-\infty}^{+\infty}\int_{-\infty}^{+\infty} u(x,y)\exp[-i(\omega_1 x+\omega_2 y)]\mathrm{d}x\mathrm{d}y \tag{1.3.2}$$

式中:$(\omega_1,\omega_2) = (2\pi w, 2\pi v)$。

傅里叶反变换定义为

$$u(x,y) = \frac{1}{\sqrt{2\pi}}\int_{-\infty}^{+\infty}\int_{-\infty}^{+\infty} U(w,v)\exp[2\pi \mathrm{i}(wx+vy)]\mathrm{d}w\mathrm{d}v \tag{1.3.3}$$

或

$$u(x,y)=\frac{1}{\sqrt{2\pi}}\int_{-\infty}^{+\infty}\int_{-\infty}^{+\infty}U(\omega_1,\omega_2)\exp[\mathrm{i}(\omega_1 x+\omega_2 y)]\mathrm{d}\omega_1\mathrm{d}\omega_2 \tag{1.3.4}$$

对于二维图像而言,空域中(x,y)处的像素值对应于定义在笛卡儿坐标系下该点的亮度值;而在傅里叶变换域,在(ω_1,ω_2)处的复数值代表调和函数分量$\frac{1}{\sqrt{2\pi}}\exp[\mathrm{i}(\omega_1 x+\omega_2 y)]$对图像$f$的相关贡献。傅里叶变换对可以实现图像在空间域和频率域之间的互相转换,从而简化计算,如图1.11所示。

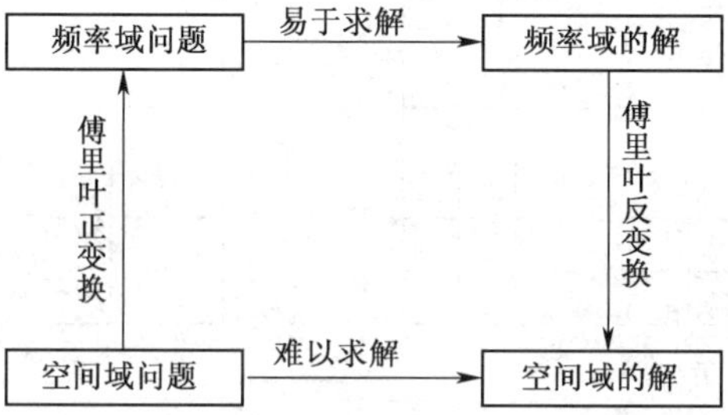

图1.11　问题求解转换:空间域与频率域

2. 离散傅里叶变换对

对于一幅大小为$M\times N$的数字图像$\{\boldsymbol{u}[m,n]\}_{0\leqslant m\leqslant M-1,0\leqslant n\leqslant N-1}$而言,可定义离散傅里叶变换(DFT)为

$$\boldsymbol{U}(w,v)=\frac{1}{\sqrt{MN}}\sum_{m=0}^{M-1}\sum_{n=0}^{N-1}\boldsymbol{u}(m,n)\exp\left[-2\pi\mathrm{i}\left(\frac{mw}{M}+\frac{nv}{N}\right)\right],0\leqslant w\leqslant M-1;0\leqslant v\leqslant N-1 \tag{1.3.5}$$

而离散逆傅里叶变换(DIFT),其定义为

$$\boldsymbol{u}(m,n)=\frac{1}{\sqrt{MN}}\sum_{u=0}^{M-1}\sum_{v=0}^{N-1}\boldsymbol{U}(w,v)\exp\left[2\pi\mathrm{i}\left(\frac{mw}{M}+\frac{nv}{N}\right)\right],0\leqslant m\leqslant M-1;0\leqslant n\leqslant N-1 \tag{1.3.6}$$

上述离散傅里叶变换对的定义中图像频率域坐标索引$0\leqslant w\leqslant M-1,0\leqslant v\leqslant N-1$,表明傅里叶系数矩阵大小与原始图像相同。上述离散傅里叶变换,其傅里叶系数矩阵频率域坐标索引是左上角为坐标原点,向右且向下移动频率增加。在实际图像傅里叶分析中,习惯于坐标原点在矩阵中心,按照径向频率增长方式进行排列。一种简单的方法是作简单的坐标中心化变换,得到中心化傅里叶变换,即

$$\begin{aligned}\boldsymbol{U}(w',v')&=\boldsymbol{U}\left(w-\frac{M}{2},v-\frac{N}{2}\right)\\&=\frac{1}{\sqrt{MN}}\sum_{m=0}^{M-1}\sum_{n=0}^{N-1}\boldsymbol{u}(m,n)\exp\left[-2\pi\mathrm{i}\left(\frac{m(w-M/2)}{M}+\frac{n(v-M/2)}{N}\right)\right]\end{aligned} \tag{1.3.7}$$

经过简单的整理，可得

$$\boldsymbol{U}(w',v') = \boldsymbol{U}\left(w - \frac{M}{2}, v - \frac{N}{2}\right) = \mathrm{DFT}((-1)^{m+n}\boldsymbol{u}(m,n)) \tag{1.3.8}$$

另一种方法是对原始傅里叶系数矩阵进行四个象限划分，如图 1.12(a)所示，然后进行对角象限互换，得到如图 1.12(b)所示的系数矩阵排列，即为中心化傅里叶变换。

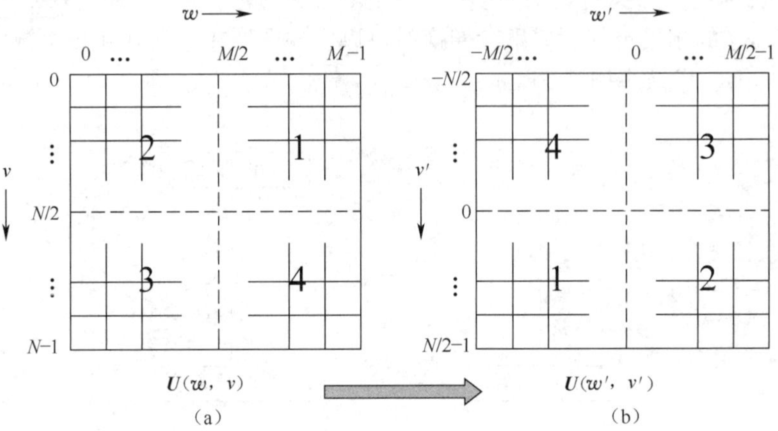

图 1.12　中心化傅里叶变换构造方法示意图

1.3.2　频域滤波

基于傅里叶分析，可以实现图像的频率滤波。记频域滤波器为 $H(\omega_1,\omega_2)$，则频率滤波方法可以描述为

$$f(x,y) = \mathcal{F}^{-1}(H(\omega_1,\omega_2)\cdot U(\omega_1,\omega_2)) \tag{1.3.9}$$

将频率域坐标系、空域图像、傅里叶幅度谱 $|F(\omega_1,\omega_2)|$ 可视化，如图 1.13 所示。

图 1.13　傅里叶变换频率坐标系与图像傅里叶变换幅度谱 $|F(\omega_1,\omega_2)|$ 可视化示例图

(a)频率域坐标系；(b)空域图像；(c)傅里叶幅度谱 $|F(\omega_1,\omega_2)|$。

频域滤波方法基本步骤如下：

(1) 对空域图像进行傅里叶变换得到频率域矩阵 $F(\omega_1,\omega_2)$。

(2) 频率域矩阵与频域滤波器相乘。要指出的是,这里的相乘不是矩阵乘法,而是矩阵之间的点乘,即对应元素相乘。

(3) 进行傅里叶逆变换,可得到滤波后的空域图像。

根据图像处理任务的需要可以很方便地设计不同的频域滤波器,包括低通、高通、带通和带阻滤波器。例如,典型的理想低通滤波器可以描述为

$$H(\omega_1,\omega_2)=\begin{cases}1, \sqrt{(\omega_1)^2+(\omega_2)^2}\leqslant\omega_c \\ 0, 其他\end{cases} \tag{1.3.10}$$

式中:ω_c 为截止频率。

随着截止频率的增加,滤波结果可以通过更多的频率信息,图像将变得更清晰;反之,图像将变得更为模糊。由于图像的噪声往往是在高频部分,因此只需要设置一定的截止频率,可以去除噪声。但是由于图像的边缘和细节纹理往往也在中高频部分,简单的低通滤波器可能在去除噪声的同时,去除一些边缘和纹理细节,从而容易出现 Gibbs 振荡波纹现象。图 1.14 给出了一个低通滤波器,在不同大小方框内低通滤波结果,其中:傅里叶变换幅度谱可表示为

$$H(\omega_1,\omega_2)=\begin{cases}1, (\omega_1,\omega_2)\in[-r,r]\times[-r,r] \\ 0, 其他\end{cases} \tag{1.3.11}$$

(a)

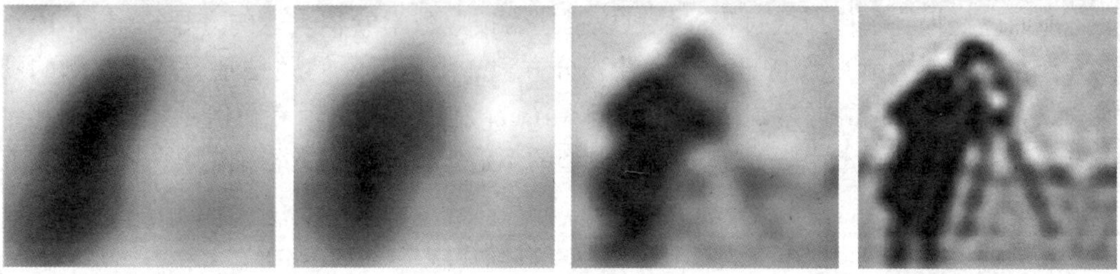

(b)

图 1.14　不同傅里叶域低通滤波器下图像滤波效果

(a)不同的低通滤波器;(b)对应的经过低通滤波后的图像。

1.3.3　卷积与傅里叶变换

在图像处理中,一个重要的概念是卷积运算。前面已经提到,很多实际的物理成像过程可以通过线性系统进行建模,特别是对于线性平移不变系统而言,可以描述为一个卷积过程。卷积运算是一个复杂度较高的积分(或加权求和)运算过程,可以将空域卷积运算

转换为傅里叶变换域中的逐点乘积运算,从而实现快速求解。这主要归于卷积定理第一形式。

对于图像 $u(x,y)$ 和卷积核函数 $h(x,y)$,卷积定理第一形式可以表述为

$$\mathcal{F}(u(x,y) \otimes h(x,y)) = U(w_1,w_2) \cdot H(w_1,w_2) \tag{1.3.12}$$

式中:$\otimes$表示卷积运算。

卷积定理第一形式具有下面非常重要信息。

(1) 空域卷积等价于傅里叶变换域的逐点乘积运算,因此没有必要按照空域卷积进行“蛮力”计算,而可以先对卷积核和处理图像分别进行傅里叶变换,然后在傅里叶变换域进行对应频率坐标逐点乘积运算后,最后执行傅里叶逆变换得到等价结果。

(2)在空间域进行滤波器设计(卷积核)往往很难理解对图像频率内容的处理过程,但是在傅里叶变换域中设计频域滤波器则简单得多。因此卷积定理第一形式也告诉我们,可以替代地通过频域滤波器反求空域卷积核,并为空域滤波器设计提供了技术思路。

作为完整性,下面给出卷积定理第二形式,即

$$\mathcal{F}(u(x,y) \cdot h(x,y)) = U(\omega_1,\omega_2) \otimes H(\omega_1,\omega_2) \tag{1.3.13}$$

两个函数乘积的傅里叶变换等价于各自函数傅里叶变换的卷积。

卷积定理第二形式在数字图像处理中应用较少,然而在傅里叶光学和光学系统图像处理中却大有用武之地,因为这些领域常常关注衍射光栅、光学孔径等器件的影响且常按照乘积运算作用于入射光场。

本书简单介绍二维信号系统建模和图像形成基础概念和知识,读者可进一步参考相关图像处理的著作[2-3]得到更为完整的知识体系。

1.4 图像复原与图像先验建模

1.4.1 反卷积图像复原问题的不适定性

前面已经提到图像形成过程往往可以描述为按照数学卷积表达的方程式(1.2.10),该方程在数学上为第一类 Fredholm 线性积分方程。图像复原问题是希望基于观测的图像$f(x,y)$,由该方程的逆过程恢复原始图像 $u(x,y)$,因此称为反卷积信号复原问题。由于第一类 Fredholm 线性积分方程是一个典型的不适定反问题,因此图像复原问题本质上也是不适定反问题。

利用傅里叶变换,式(1.2.11)的频率域等价描述为

$$F(\omega_1,\omega_2) = U(\omega_1,\omega_2) \cdot H(\omega_1,\omega_2) \tag{1.4.1}$$

于是系统输入的傅里叶变换为

$$U(\omega_1,\omega_2) = \frac{F(\omega_1,\omega_2)}{H(\omega_1,\omega_2)} \tag{1.4.2}$$

依据式(1.4.2),首先使观测图像$f(x,y)$ 的傅里叶变换通过一个滤波器 $1/H(\omega_1,\omega_2)$,然后对它的输出进行逆傅里叶变换,就得到原来的输入图像 $u(x,y)$, 这个滤波器称为逆滤波器。如果逆滤波器存在,则反卷积问题似乎可以这样处理,然而情况远非如此。因为 $H(\omega_1,\omega_2)$ 为低通滤波器,在高频域$|H(\omega_1,\omega_2)|=0$,则 $1/H(\omega_1,\omega_2)$ 将为无穷大,这使式

(1.4.2)表示的逆滤波计算是不可行的,或计算结果不可靠。

在实际问题中,观测信号总含有噪声或者建模误差 $n(x,y)$,这样图像复原的观测模型往往可以建模为

$$f(x,y) = u(x,y) \otimes h(x,y) + n(x,y) \tag{1.4.3}$$

式(1.4.3)通过傅里叶变换,得

$$F(\omega_1,\omega_2) = U(\omega_1,\omega_2) \cdot H(\omega_1,\omega_2) + \Xi(\omega_1,\omega_2) \tag{1.4.4}$$

式中: $\Xi(\omega_1,\omega_2)$ 表示噪声 $n(x,y)$ 的傅里叶变换。

这样,反卷积问题的逆滤波频域解可写成

$$U(\omega_1,\omega_2) = \frac{F(\omega_1,\omega_2) - \Xi(\omega_1,\omega_2)}{H(\omega_1,\omega_2)} \tag{1.4.5}$$

由于在高频域, $1/H(\omega_1,\omega_2)$ 将为无穷大,噪声 $\Xi(\omega_1,\omega_2)$ 引起的微小扰动,将会造成解 $U(\omega_1,\omega_2)$ 很大的扰动,从而导致复原结果的巨大误差。

在实际的信号和图像复原中,问题远比简单的反卷积问题更复杂。如果 $H(\omega_1,\omega_2)$ 未知,换而言之卷积核 $h(x,y)$ 未知,则需要同时估计未知的卷积核和原始图像,这称为盲反卷积或者盲去模糊问题。

反卷积属于数学物理问题中的一类反问题,反问题的共同属性是问题的病态性。反问题的研究由来已久,法国数学家雅克·阿达马早在19世纪就提出了不适定问题的概念:一个数学物理定解问题的解存在、唯一并且稳定,则称该问题是适定的。如果不满足适定性概念中的上述判据的任意一条,称该问题是不适定的。解决不适定问题的经典理论是正则化方法[4],其核心思想就是要充分挖掘和利用解的先验信息,将不适定问题转化为适定问题,进而得到原问题的近似解[4-5]。针对图像复原问题而言,如何挖掘和充分利用图像的先验信息,并建立相应的数学模型,成为图像复原反问题研究的核心内容之一。

1.4.2 图像先验建模

1. 全变差模型及其推广形式的若干进展

在传统数字图像反问题处理中,图像 u 被建模为 Sobolev 空间 $H = W^{1,2}(\Omega)$ 中的函数。Sobolev 空间 $W^{1,2}(\Omega)$ 中的函数适合于图像中的平坦区域的建模,但并不是一个很好的全局图像模型,因为它将平滑和模糊图像中边缘等重要的视觉特征。针对图像边缘细节的保持,一个著名的模型是利用有界变差函数空间中的函数对图像进行建模,并利用图像的全变差来对该先验进行刻画[6] TV(total variation,TV)模型,即

$$\begin{aligned}\mathrm{TV}(u,\Omega) &= \sup_{\phi}\{\langle \mathrm{D}u,\phi\rangle : \phi \in C_0^1(\Omega;\mathbb{R}^2),\ |\phi| \leqslant 1,\ \forall (x,y) \in \Omega \subset \mathbb{R}^2\} \\ &= \sup_{\phi}\left\{-\int_{\Omega} u(x,y)\,\mathrm{div}\phi(x,y)\,\mathrm{d}x\mathrm{d}y : \phi \in C_0^1(\Omega;\mathbb{R}^2),\ |\phi| \leqslant 1,\ \forall (x,y) \in \Omega\right\}\end{aligned} \tag{1.4.6}$$

式中: $\mathrm{D}u$ 为函数 u 的分布导数; Ω 为图像支撑域。

图像 u 的全变差被定义为 u 的分布导数 $\mathrm{D}u$ 在支撑域 Ω 上的积分。许多自然图像都具有有界的全变差,将有界变差和有界振幅结合起来就能得到 TV 图像模型。从几何的

观点看,TV 图像模型是将图像建模为具有典型水平集和有限长度的“轮廓”。从函数空间的角度看,TV 图像模型是将图像建模为有界变差空间中的函数。在第 3 章,将对全变差模型的基础理论进行详细介绍。

TV 模型较好地刻画了图像中视觉重要的边缘结构,但是对于图像中如纹理等小尺度的振荡结构模式地描述并不好。另外,由于有界变差函数空间允许函数是分片常数,因此用 TV 模型对图像建模时,容易出现“阶梯效应”。全变差正则化模型提出后,在图像处理领域获得了高度重视和广泛应用,人们还针对全变差模型的缺点,从不同角度对该模型进行了研究、改进和推广。

归纳起来,TV 模型的发展和推广具有下面特点。

(1) 提高模型的局部自适应能力,代表模型有采用自适应的梯度 L^p 范数的局部自适应 TV[10]。

(2) 提高模型对图像边缘等奇异性结构的方向灵敏性,由各向同性推广到各向异性,代表模型有方向 TV[11-12]。

(3) 减少模型的阶梯效应,由低阶向高阶推广,典型高阶模型包括全广义变差模型[13]和高阶变差模型(High Degree Total Variation HDTV)[14-15]。

(4) 提高模型的鲁棒性,推广为稳健统计意义下的 TV,如 Huber TV[16]。

(5) 更好地表征离散系统上的数据,连续 TV 到图上数据推广,称为 Graph TV[17-18]。

(6) 更好的纹理保持和刻画图像的非局部相似性,由局部向非局部推广,称为非局部 TV(Non-local TV,简称为 NLTV)[19]。

(7) 更好地刻画多通道图像的结构化保持能力,由标量图像向向量值图像推广,称为 Vectorial TV[20]。

值得指出的是,文献[21]从“局部点态”“非局部点态”“局部多点”和“非局部多点”等系统总结和评述了不同的图像先验模型。

(1) 局部点态。TV 先验、各向异性扩散、核回归先验等属于局部点态正则性先验。该类模型主要利用微分算子刻画图像的光滑性,缺乏图像大尺度范围下的上下文相关性,因此弱边缘和纹理等细节的刻画能力不足。

(2) 非局部点态。随着非局部正则化的兴起,非局部 TV、非局部各向异性扩散、非局部核回归等模型通过类似广义加权差分的光滑性测度表征图像几何结构,具有更精确的边缘和纹理刻画能力。

从多点建模方法来看,其思想是从点像素估计推广到块的估计和聚合。研究方法包括局部多点和非局部多点两种建模方式。

(3) 局部多点。代表性工作是形状自适应基或变换域的局部多点估计[22]和基于学习的稀疏表示域的局部多点估计[23]。

(4) 非局部多点。代表性工作包括基于块匹配三维变换迭代收缩的图像重建方法以及 Video-BM3D 方法[24],被认为是公开发表文献中性能最优的方法之一。非局部“多点”建模在图像和视频去噪、去模糊中取得巨大成功。

前面介绍的图像 TV 模型及其推广形式是基于整数阶导数或广义导数而推导出的。从数学性质讲,纹理是具有“弱导数”(分数阶导数)特性的信息,整数阶微分算子并不适合处理这类具有弱导数的信息。文献[25-26]利用分数阶微分将经典全变差模型推广为

分数阶全变差模型,即

$$\mathrm{FTV}_{\alpha}(u)=\iint_{\Omega}|\nabla^{\alpha}u|\,\mathrm{d}x\mathrm{d}y=\iint_{\Omega}\sqrt{(\mathrm{D}_x^{\alpha}u)^2+(\mathrm{D}_y^{\alpha}u)^2}\,\mathrm{d}x\mathrm{d}y \tag{1.4.7}$$

式中：$\nabla^{\alpha}u=(\mathrm{D}_x^{\alpha}u,\mathrm{D}_y^{\alpha}u)^{\mathrm{T}}$ 为 α 阶梯度，$\mathrm{D}_x^{\alpha}u,\mathrm{D}_y^{\alpha}u$ 分别表示 x 方向和 y 方向的 α 阶偏导数。这里 $1\leqslant\alpha\leqslant2$,特别是当 $\alpha=1$ 时,即通常意义下的全变差。本书后面将对分数阶全变差图像建模方法及其应用进行详细讨论。

2. 模型与偏微分方程方法的若干研究进展

偏微分方程(PDE)是图像分析与处理一类重要的数学方法。Alvarez 等提出的尺度空间理论,通过公理性描述和一系列不变性定义,建立了尺度空间理论与 PDE 之间的桥梁,成为分析和设计图像处理 PDE 的纲领性文献[34]。

典型的 PDE 图像处理例子是信号与具有不同尺度(方差)的高斯函数卷积等价于以信号为初值的热传导方程。假设 f 为初始信号,与 f 相关的“尺度空间”分析归于求解下面的热传导方程,即

$$\begin{cases}\dfrac{\partial u}{\partial t}=\mathrm{div}(\nabla u)\\ u(x,y,0)=f\end{cases} \tag{1.4.8}$$

热传导方程在本质上对应的是各向同性的扩散过程,导致图像中的边缘、角形等重要几何结构将被过分平滑,不利于后续的如边缘检测、图像分割等图像处理操作。事实上,数字图像的非高斯过程要求图像处理算法应该具有非线性和各向异性的特点,使去噪的同时能够保护图像中重要的几何信息。

事实上,对式(1.4.6)极小化,可用梯度下降方程求解：

$$\frac{\partial u}{\partial t}=\mathrm{div}\left(\frac{\nabla u}{|\nabla u|_{\varepsilon}}\right) \tag{1.4.9}$$

式中：$|\nabla u|_{\varepsilon}=\sqrt{u_x^2+u_y^2+\varepsilon}$,其中参数 $\varepsilon>0$ 是为了防止分母为 0。

TV 模型梯度下降流是以曲率驱动的(事实上，$\mathrm{div}\left(\dfrac{\nabla u}{|\nabla u|}\right)$ 为曲率)，同时与热传导方程式(1.4.8)不同,它是各向异性扩散方程。这种思想对后续基于 PDE 的非线性图像处理算法影响深远。例如,Perona-Malik 各向异性扩散方程就可以看作 TV 模型梯度下降流的改进形式[27],通过在热传导方程中引入取值在 0 和 1 之间的单调下降“边缘停止”函数$c(\cdot)$,实现边缘保持的图像滤波,即

$$\frac{\partial u}{\partial t}=\mathrm{div}[c(|\nabla u|)\nabla u] \tag{1.4.10}$$

虽然 Perona-Malik 方程式(1.4.10)能够一定程度上实现边缘保持的图像滤波,但仍存在严重缺陷。例如,初始图像被噪声严重污染时,会导致大量伪边缘结构的出现;Perona-Malik 方程本身是不适定问题,函数 $c(\cdot)$ 的选取往往导致逆扩散造成解的不稳定性。自 Perona-Malik 方程之后,基于 PDE 的非线性图像处理也成为调和分析数学家和计算机视觉研究者的关注。多数基于 PDE 的图像处理研究都是基于式(1.4.10)的 Perona-Malik 方程展开的,包括 Lions 等提出的选择性扩散 Perona-Malik 方程[28],Osher 和 Rudin 提出的图像增强型 Shock 滤波器[29],Weickert 提出的基于结构张量的散度型各

向异性 PDE[30-32],Alvarez 和 Mazorra 提出的结合 Shock 滤波器和各向异性扩散方程的混合 PDE[33]等。大多数 PDE 都设法改变图像的曲率以实现特定的图像处理任务,图像工程师往往单纯从图像处理的角度设计 PDE,虽然一些 PDE 模型能够从黏性解的角度分析方程解的存在性,但大多数仍需进一步理论探讨。

3. TV 范数与函数空间先验建模

利用 TV 范数来对图像进行度量,实际上是将图像建模为属于有界变差空间(BV 空间)中的函数。由于 BV 空间中的函数允许存在跳跃间断,因此全变差模型可以较好地保持图像的边缘等重要视觉结构。然而,研究表明 BV 空间不适合于对于纹理等带有"振荡"性质等结构进行建模。

2001 年,Meyer Y. 在对全变差模型进行仔细研究之后,提出了 G 空间的概念,利用 G 空间来对图像纹理等具有“振荡”性质等结构进行建模,利用 G 空间的范数进行刻画,提出了 BV-G 模型[35]。G 空间实际上是负指数 Sobolev 空间 $W^{-1,\infty}$,即 Sobolev 空间 $W_0^{1,1}$ 的对偶空间,是近似于 BV 空间对偶空间的一个函数空间。Meyer 提出的 G 空间建模在理论上有很好的结果,但由于 G 空间中的范数是在 L^1 范数基础上定义的,计算非常困难。因此,在 Meyer 工作的基础上,许多学者基于对 G 间的近似或者基于 Meyer 提出的利用对偶函数空间图像建模的思想,对图像的函数空间建模方法进行了更多的研究,并提出了许多函数空间对图像纹理进行先验建模。2002 年,Vese L. 和 Osher S. 利用 $W^{-1,p}$ $(1 < p < +\infty)$ 空间来近似 G 空间,提出了 OV 模型[36]作为 BV-G 模型的近似,实验表明 OV 模型在纹理分割方面有比较好的效果,但在有噪声的情况下不够稳定。2003 年,Osher S. 等进一步用负指数 Sobolev 空间 H^{-1} 对图像纹理进行建模,提出了 OSV 模型[37]。OSV 模型能很好地保持图像的边缘、纹理等细节信息,但 OSV 模型的去噪效果并不是很好。2005 年,Lieu L.和 Vese L.在 OSV 模型基础上,用负实指数 Sobolev 空间 H^{-s} 对图像纹理进行建模,提出了 BV- H^{-s} 模型[38],该模型对于不同的图像可以选择不同的负实指数 Sobolev 空间(s 取值不同)对图像的纹理进行建模,能在纹理保持和去噪两方面综合达到较好的效果。2005 年,Aujol 等在 Osher 等工作的基础上,提出了更一般的 BV-Hilbert 模型[39]。该模型除了包含 TV 模型、BV-G 模型、OSV 模型等之外,还特别地考虑图像边缘、纹理的方向性以及频率自适应,利用 Gabor 小波构造新的空间对图像纹理进行建模,在具有方向性纹理或者对纹理的频率估计是已知的,并且纹理相当的光滑的情况下,这种模型的效果是比较好的。此外,还有许多学者利用负指数齐次 Besov 空间[40]、负指数齐次 BMO 空间[41]等函数空间,对图像的纹理等“振荡”成分进行先验建模,也都取得了较好的效果。

对偶空间等函数建模空间主要针对具有“振荡”性质等纹理等结构,对于图像的卡通成分通常采用 BV 空间进行建模,并利用 TV 范数进行度量。然而,BV 空间建模容易引起“阶梯效应”。针对这个问题,最主要的改进方法就是利用基于高阶导数的函数空间建模方法。其代表性的工作包括 Lefkimmiatis 等[42-43]提出的二阶全变差建模以及 Bredies[13]提出的广义全变差建模等。本书作者也在这方面开展了系列研究工作,主要包括针对二阶全变差模型的改进工作[15,44],以及基于分数阶微积分提出的分数阶有界变差函数空间建模等。

1.5 本书内容导读

本书的读者对象是图像与信号处理、应用数学等专业的高年级本科生、研究生、教师和科研人员。由于图像复原问题是图像处理中最典型的应用问题,因此必然涉及二维信号、信号系统和数字图像处理的基本概念和相关方法;同时图像复原又属于数学和物理上的反问题,必然需要相关的数学理论基础和知识。为了使读者能够尽快了解本领域的研究和发展背景,掌握必要的理论和图像工程基础,本书补充了相关图像及其复原问题所涉及的数字图像处理内容,并系统整理了关于图像全变差建模理论的相关数学知识。

本书分为 8 章,具体如下:

第 1 章介绍了与图像复原问题相关的若干图像处理基础知识及其全变差正则化模型的基本进展。

第 2 章介绍了图像复原及其建模基础。图像模糊退化建模,包括不同的卷积核和噪声类型,进而介绍图像复原的滤波方法,这些方法可以看作是经典维纳滤波方法的拓展。本章的重点在于讨论图像复原的正则化方法,涵盖图像复原的广义解分析、截断奇异值正则化、Tikohonov 正则化、非二次正则化、稀疏正则化、复合正则化和形态成分正则化等相关原理。同时,本章也从贝叶斯推理的角度审视了图像复原问题,并探讨了正则化参数的选取方法。本章有助于读者了解常用的正则化方法的基本脉络和相关基本技巧。

第 3 章介绍了全变差及其演化,是全变差及其推广模型应用的理论基础。首先,介绍了全变差和有界变差函数空间的一些基本数学概念,包括函数空间、函数的广义导数和分布导数等,这是理解图像处理有界变差函数空间建模理论的数学基础。然后,重点介绍了全变差、有界变差函数空间以及全变差图像建模的基本理论模型,这是本书的理论基础。最后,介绍了全变差正则化的演化和推广,主要包括高阶全变差、非局部全变差以及分数阶全变差推广。

第 4 章系统介绍了全变差图像复原的优化算法。首先,从非线性最优化基础开始,简要回顾 Banach 空间的微分学基础,泛函变分最小化和软阈值算子等相关数学基础。其次,介绍了全变差正则化模型求解的几类常用算法,主要包括传统的梯度下降算法,基于对偶问题优化的 Chambolle 投影算法,以及基于算子分裂方法的迭代算法。最后,本章还总结了全变差推广模型的几种算法,包括非局部全变差正则化算法、二阶广义全变差正则化算法以及分数阶全变差正则化优化算法。虽然本书仅围绕全变差正则化模型及其推广模型的优化算法进行介绍,但是这些方法在目前图像反问题研究中使用广泛,具有极高的应用价值。

第 5 章提出全变差图像复原的复合正则化方法。本章研究全变差模型与其他先验模型复合的问题,其主要工作有两个:第一,考虑相干成像系统一类特殊的服从伽马分布的乘性噪声去除问题,提出基于 Weberized 全变差和全变差先验复合正则化模型,该模型可以较好地保持图像边缘结构和对比度特性。第二,提出加权各向异性全变差与稀疏性先验相结合的复合正则化模型,能够在图像复原时,较好地保持图像重要边缘和小尺度细节信息。

第 6 章研究图像盲去模糊应用。鉴于图像盲去模糊中同时估计模糊核以及复原图像问题的挑战性,很难通过简单的全变差正则化取得满意的去模糊结果。因此,本章提出了一种图像卡通-纹理分解启发式边缘增强图像盲去模糊框架,该框架综合了卡通-纹理分解的强边缘恢复、基于自适应方向导数滤波器的模糊核估计、ℓ_1-TV 的快速盲去模糊等 3 个阶段。对于盲去模糊问题,全变差可能不是很好的图像先验,但仍然可以结合其他变分优化方法,在盲去模糊问题中取得很好的效果。本章有助于读者进一步加深对全变差模型在图像去模糊应用的了解。

第 7 章系统研究高阶全变差正则化的图像复原。图像全变差模型的一个局限性是"阶梯效应"。本章介绍的高阶全变差模型是基于高阶方向导数,是全变差模型的高阶情形推广。本章针对图像伽马分布的乘性噪声去除及图像复原等问题展开了应用研究,介绍了二阶全变差模型的应用结果。同时,本章也介绍了混合高阶图像全变差正则化模型及其应用。

第 8 章系统介绍分数阶全变差正则化方法。经典全变差正则化能够有效保持图像边缘,但并不能很好保持纹理等细节信息。高阶全变差方法虽然可以有效克服"阶梯效应",但仍然在纹理保持方面局限性明显。因此,本章首先系统介绍了分数阶正则化模型的应用,主要分析了自适应分数阶迭代正则化、重加权残差反馈迭代等新型去噪方法,表明分数阶方法能够较好保持图像纹理。然后,本章通过一类特殊的泊松噪声图像复原问题,给出了相关的应用模型和算法。

参 考 文 献

[1] 季向阳,戴琼海,索津莉.计算摄像学:全光视觉信息的计算采集[M].北京:清华大学出版社,2016.

[2] Gonzalez R C,Woods R E. Digital image processing[M].Newjersey:Pearson Education,Inc, 2010.

[3] Solomon C, Breckon T. Fundaments of Digital Image Processing: A Practial Approach with Examples in Matlab[M]. Oxford:John Wiley and Sons, Ltd, 2011.

[4] A N Tikhonov and V Y Arsenin, solutions of ill posed problems[J].Bulletin of the American Mathematical Society,1979, 1(3):521-524.

[5] 邹谋炎.反卷积和信号复原[M].北京:国防工业出版社,2001.

[6] Rudin L I, Osher S, Fatemi E. Nonlinear total variation based noise removal algorithms[J]. Physica D,1992,60: 259-268.

[7] Mumford D,Shah J. Boundary detection by minimizing functionals.IEEE Conference on Computer Vision and Pattern Recognition[C]. San Fransisco:IEEE,1985:22-26.

[8] Mumford D,Shah J.Optimal approximations by piecewise smooth functions and associated variational problems [J].Communications on Pure and Applied Mathematics,1989,42(5):577-685.

[9] Carriero M,Leaci A. Existence theorem for a Dirichlet problem with free discontinuity set[J].Nonlinear Analysis-theory Methods and Applications,1990,15(7):661-677.

[10] Li Xuelong,Hu Yanting,Gao Xinbo,et al. A multi-frame image superresolution method[J]. Signal Processing,2010, 90(2):405-414.

[11] Bayram I,Kamasak M E. Directional total variation[J]. IEEE Signal Processing Letters,2012,19(12):781-784.

[12] 黄丽丽,刘鹏飞,肖亮.图像方向纹理保持的方向全变差正则化去噪模型及其主优化算法[J].电子学报,2014,42(11):2205-2212.

[13] Bredies K, Kunisch K, Pock T. Total generalized variation[J]. SIAM Journal on Imaging Sciences,2010, 3(3):

492-526.

[14] Hu Y,Jacob M. Higher degree total variation (HDTV) regularization for image recovery[J].IEEE Transactions on Image Processing, 2012,21(5):2559-2571.

[15] Liu Pengfei, Xiao Liang, Xiu Liancun. Mixed higher order variational model for image recovery [J]. Mathematical Problems in Engineering, 2014:1-15.

[16] Lu Yao, Krol A, Vogelsang L,et al. Total variation and Huber prior regularization for OSEM SPECT reconstruction in mesh domain[J]. Society of Nuclear Medicine Annual Meeting Abstracts,2009,50(Supplement 2).

[17] Zhou Dengyong,Scholkopf B. Regularization on Discrete Spaces[M].Berlin:Springer, 2005.

[18] Lezoray O, Elmoataz A,Bougleux S. Graph regularization for color image processing[J]. Computer Vision and Image Understanding,2007, 107(1-2):38-55.

[19] Gilboa G,Osher S. Nonlocal linear image regularization and supervised segmentation[J].SIAM Journal on Multiscale Modeling and Simulation,2007,6(2):595-630.

[20] Duran J, Moeller M, Sbert C,et al. Collaborative total variation:A general framework for vectorial TV models[J]. SIAM Journal on Imaging Sciences,2015, 9(1):116-151.

[21] Katkovnik V, Foi A, Egiazarian K,et al. From local kernel to nonlocal multiple model image denoising[J]. International Journal of Computer Vision,2010, 86(1):1.

[22] Foi A, Katkovnik V, Egiazarian K O. Pointwise shape-adaptive PCT for high-quality denoising and deblocking of grayscale and color images[J]. IEEE Transactions on Image Processing,2007,16(5):1395.

[23] Mairal J, Sapiro G,Elad M. Learning multiscale sparse representations for image and video restoration[J]. SIAM Journal on Multiscale Modeling and Simulation,2008,7(1):214-241.

[24] Dabov K, Foi A, Katkovnik V,et al. Image denoising by sparse 3D transformdomain collaborative filtering[J]. IEEE Transactions on Image Processing,2007,16(8):2080.

[25] Zhang Jun,Wei Zhihui. A class of fractional-order multi-scale variational models and alternating projection algorithm for image denoising[J]. Applied Mathematical Modelling.2011,35(5):2516-2528.

[26] Zhang Jun, Wei Zhihui, Xiao Liang. Adaptive fractional-order multiscale method for image denoising[J]. Journal of Mathematical Imaging and Vision,2012, 43(1):39-49.

[27] Perona P ,Malik J. Scale-space and edge detection using anisotropic diffusion[J].IEEE Transactions on Pattern Analysis and Machine Intelligence,1990,12(7):629-639.

[28] Lions P L, Morel J M,Coll T. Image selective smoothing and edge detection by nonlinear diffusion[J]. SIAM Journal on Numerical Analysis,1992,29(1):182-193.

[29] Osher S,Rudin L I. Feature-oriented image enhancement using shock filters[J]. SIAM Journal on Numerical Analysis, 1990,27(4):919-940.

[30] Weickert J. Theoretical Foundations of Anisotropic Diffusion in Image Processing[M].Vienna:Springer, 1996.

[31] Weickert J. Coherence-enhancing diffusion filtering[J]. International Journal of Computer Vision,1999,31(2-3): 111-127.

[32] Weickert J, Ishikawa S,Imiya A. Linear scale-space has first been proposed in Japan[J]. Journal of Mathematical Imaging and Vision,1999,10(3):237-252.

[33] Alvarez L,Mazorra L. Signal and image restoration using shock filters and anisotropic diffusion[J]. SIAM Journal on Numerical Analysis,1994,31(2):590-605.

[34] Alvarez L, Guichard F, Lions P,et al. Axioms and fundamental equations of image processing[J]. Archive for Rational Mechanics and Analysis,1993,123(3):199-257.

[35] Meyer Y. Oscillating patterns in image processing and nonlinear evolution equations: The Fifteenth Dean Jacqueline B. Lewis Memorial Lectures[J].American Mathematical Society,2001(22):122.

[36] Vese L A,Osher S. Image denoising and decomposition with total variation minimization and oscillatory functions[J]. Journal of Mathematical Imaging and Vision,2004,20(1):7-18.

[37] Osher S, Sole A F,Vese L A. Image decomposition and restoration using total variation minimization and the H^{-1} norm

[J]. Multiscale Model Simul,2003,1(3):349-370.
[38] Lieu L,Vese L A. Image restoration and decomposition via bounded total variation and negative Hilbert-Sobolev spaces [J]. Applied Mathematics and Optimization,2008,58(2):167-193.
[39] Aujol J, Aubert G, Blancferaud L,et al. Image decomposition into a bounded variation component and an oscillating component[J]. Journal of Mathematical Imaging and Vision,2005,22(1):71-88.
[40] Garnett J B, Le T M, Meyer Y,et al. Image decompositions using bounded variation and generalized homogeneous Besov spaces[J].Applied and Computational Harmonic Analysis,2007,23(1):25-56.
[41] Aujol J F,Chambolle A.Dual norms and image decomposition models[J].International Journal of Computer Vision,2005, 63(1):85-104.
[42] Lefkimmiatis S, Bourquard A,Unser M. Hessian-based norm regularization for image restoration with biomedical applications[J]. IEEE Trans Image Process,2012,21(3):983-995.
[43] Lefkimmiatis S, Ward J P,Unser M. Hessian Schatten-norm regularization for linear inverse problems[J]. IEEE Transactions on Image Processing,2013,22(5):1873-1888.
[44] Liu Pengfei,Xiao Liang. Efficient multiplicative noise removal method using isotropic second order total variation[J]. Computers and Mathematics with Applications,2015,70(8):2029-2048.

第 2 章　图像复原及其建模基础

2.1　引　　言

图像是现实三维场景在二维成像平面的投影,并以二维强度分布的形式作用于人的视觉。由于光学系统的缺陷、成像环境不理想、传输过程的数据丢失以及存储介质的瑕疵等因素,因此所获取图像往往是场景理想二维映射图像的退化形式。图 2.1 所示为典型的数码相机图像获取过程。理想场景经过数字成像系统时,也通常受到运动变形、光学模糊、运动模糊、感光器模糊、下采样,以及随机噪声等退化因素的影响[1]。

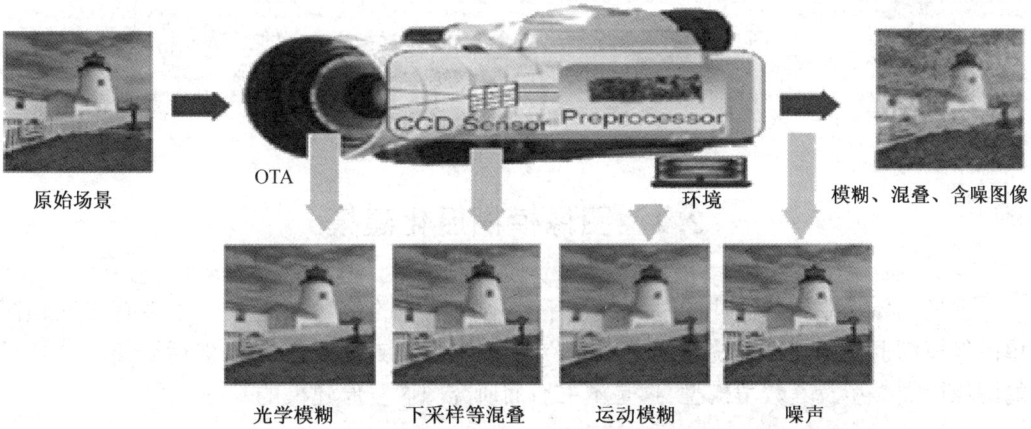

图 2.1　典型的数码相机图像获取过程

图像复原是从实际得到的退化或降质图像中恢复(估计)清晰图像的处理技术,具有广阔的应用前景。一般而言,所有非理想或者欠定条件下的图像获取过程都可应用图像复原技术来提升图像质量,包括手持相机用户、天文成像、深空探测、对地遥感、军事侦察和医学成像等领域。例如,在天文成像中,天文望远镜所获取的图像不仅受到望远镜本身成像系统缺陷的制约,还由于大气湍流等因素的影响,所获取的图像往往是模糊的。例如,图 2.2(a)、(b)给出了具有光学缺陷的哈勃天文望远镜所拍摄的两幅木星图像,应用一种在天文图像复原广泛使用的 Richardson-Lucy 方法[2],可以得到更加清晰的图像,如图 2.2(c)、(d)所示。

图像复原作为图像处理的经典问题备受广大研究者的青睐,不仅是因为该技术在图像处理领域中具有广泛应用价值,还因为图像复原问题本身在数学上是一类典型的反问题。由于反问题研究在科学计算、物理系统和工业应用中具有重要的理论意义,因此图像复原反问题的深入系统的研究还可以促进相关学科和应用的发展。

图 2.2　具有光学缺陷的哈勃天文望远镜所拍摄的两幅木星图像及其复原结果

(a)、(b)观测木星图像;(c)、(d)图像复原结果。

2.2　图像模糊退化建模

常见图像复原问题往往建模为线性平移不变系统的信号恢复[3]。本节首先回顾简单图像模糊退化的信号系统建模原理以及图像模糊的数学表示形式,然后介绍一些常见的图像模糊类型及其数学模型,这是本书后面研究图像复原建模的基础。

2.2.1　图像模糊的信号系统建模

图像的退化过程常常建模为一个与光学传递函数和噪声污染相关过程,一般与光学系统的成像过程相关。光学系统不完善、拍摄时抖动、相机和景物的相对位移等,都会使图像不清晰。图 2.3 所示为一个典型退化过程的输入—输出信号系统,图中 $H(x,y)$ 表示该信号系统的物理过程。原始图像 $u(x,y)$ 经过退化算子或退化系统 $H(x,y)$ 的作用,并与噪声 $n(x,y)$ 叠加,形成退化的图像 $f(x,y)$。

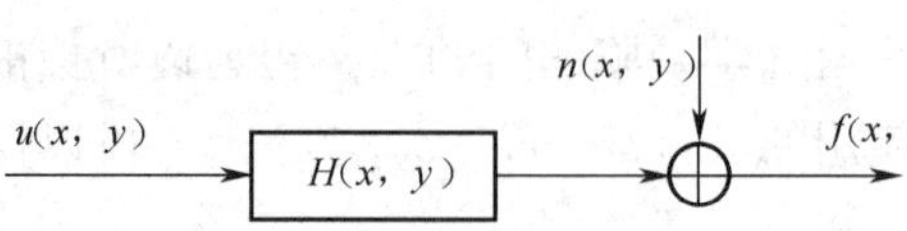

图 2.3　图像退化过程的输入—输出信号系统建模

从输入—输出信号系统建模的角度看,图像的退化过程的数学表示可写为

$$f(x,y) = H[u(x,y)] + n(x,y) \tag{2.2.1}$$

式中:$H[\cdot]$ 可看作综合退化因素的信号系统。

一般而言，信号系统可分为线性系统和非线性系统。若信号系统 $H[\cdot]$ 是线性系统，则对任意两个输入图像（或信号）$u_1(x,y)$ 和 $u_2(x,y)$，满足下面的线性关系：

$$H[\alpha_1 u_1(x,y)+\alpha_2 u_2(x,y)]=\alpha_1 H[u_1(x,y)]+\alpha_2 H[u_2(x,y)] \tag{2.2.2}$$

信号系统的重要性质：移不变的系统，或是移可变的系统。如果一个信号系统满足：当 $H[u(x,y)]=\bar{u}(x,y)$ 时 $H[u(x-s,y-t)]=\bar{u}(x-s,y-t)$，则该系统为是移不变的系统。换言之，移不变的系统不因位置而变化，是空间不变的。如果 $H[\cdot]$ 是移不变的，则说明图像中某一像素的退化过程取决于像素值，而与位置无关。

为了更好地从数学上刻画信号系统的退化过程，引入冲激函数：

$$\delta(x,y)=\begin{cases}0, & (x,y)\neq 0\\ +\infty, & (x,y)=0\end{cases} \tag{2.2.3}$$

且满足 $\iint_{\Omega}\delta(x,y)\,\mathrm{d}x\mathrm{d}y=1$。

将某个位置 (s,t) 处的冲激函数作为输入，则系统 $H[\cdot]$ 的输出为

$$H[\delta(x-s,y-t)]=h(x,y;s,t) \tag{2.2.4}$$

此时，$h(x,y;s,t)$ 称为系统 $H[\cdot]$ 的脉冲响应，也称为点扩散函数（Point Spread Function，PSF），在图像复原问题中通常也被称为模糊核。

可以验证，如果 $H[\cdot]$ 是线性系统，则有

$$\begin{aligned}H[u(x,y)]&=H\left[\iint_{\Omega}u(s,t)\delta(x-s,y-t)\,\mathrm{d}s\mathrm{d}t\right]\\&=\iint_{\Omega}H[u(s,t)\delta(x-s,y-t)]\,\mathrm{d}s\mathrm{d}t\\&=\iint_{\Omega}u(s,t)H[\delta(x-s,y-t)]\,\mathrm{d}s\mathrm{d}t\\&=\iint_{\Omega}u(s,t)h(x,y;s,t)\,\mathrm{d}s\mathrm{d}t\end{aligned}$$

可见，线性系统 $H[\cdot]$ 完全可由其脉冲响应表征出来。

图像降质在数学上可简化建模为带有混叠的过程，可用一个叠加积分来描述，即

$$f(x,y)=\int_{-\infty}^{+\infty}\int_{-\infty}^{+\infty}h(x,y;s,t)u(s,t)\,\mathrm{d}s\mathrm{d}t+n(x,y) \tag{2.2.5}$$

式中：(x,y) 和 (s,t) 表示像平面和物平面上点的二维空间坐标；$h(x,y;s,t)$ 为刻画成像过程模糊效应的点扩散函数；$n(x,y)$ 表示加性噪声。

对于点扩散函数 $h(x,y;s,t)$ 而言，如果 $h(x,y;s,t)\neq h(x-s,y-t)$，则称它为空间变化的。对于一大类成像过程，点扩散函数与景物空间位置无关的，称为空间不变的，这时点扩散函数可表示为 $h(x,y;s,t)=h(x-s,y-t)$。如果成像系统是线性系统，则成像过程可以建模为第一类卷积型方程（事实上，目前大部分信号处理都采取该类模型），即

$$\begin{aligned}f(x,y)&=\int_{-\infty}^{+\infty}\int_{-\infty}^{+\infty}h(x-s,y-t)u(s,t)\,\mathrm{d}s\mathrm{d}t+n(x,y)\\&=(h\otimes u)(x,y)+n(x,y)\end{aligned} \tag{2.2.6}$$

式中:⊗表示卷积运算。

图像复原的一类基本问题是反卷积,其目的是由观测图像 $f(x,y)$ 来估计原始图像 $u(x,y)$ 。如果点扩散函数已知,则该问题为非盲图像复原的问题;如果点扩散函数未知,则该问题为盲图像复原的问题。

2.2.2 图像退化的矩阵-向量表示

在图像建模中,一般有两种图像表示方式:一种是将图像看作是二维函数形式,另一种是将图像看作是矩阵-向量形式。将图像看作二维函数形式,有利于图像模型的分析,但在实际计算中,也需要将模型进行离散化,回归到离散形式条件下进行求解。因此,下面主要介绍图像退化模型的矩阵-向量离散化表示。

不失一般性,将未知连续图像 u 和观测退化图像 f 分别离散为大小为 $A\times B$ 的矩阵,将卷积核 h 离散为大小为 $C\times D$ 的矩阵,其矩阵元素分别为

$$\begin{cases} u(i,j),i=0,1,2,\cdots,A-1;j=0,1,2,\cdots,B-1 \\ f(i,j),i=0,1,2,\cdots,A-1;j=0,1,2,\cdots,B-1 \\ h(i,j),i=0,1,2,\cdots,C-1;j=0,1,2,\cdots,D-1 \end{cases} \tag{2.2.7}$$

为了有效地表示离散卷积运算,将离散化之后的 u、f 以及卷积核进行延拓:

$$\begin{cases} u_e(i,j)=\begin{cases} u(i,j) & ,0\leqslant i\leqslant A-1;0\leqslant j\leqslant B-1 \\ 0 & ,A\leqslant i\leqslant M-1;B\leqslant j\leqslant N-1 \end{cases} \\ f_e(i,j)=\begin{cases} f(i,j) & ,0\leqslant i\leqslant A-1;0\leqslant j\leqslant B-1 \\ 0 & ,A\leqslant i\leqslant M-1;B\leqslant j\leqslant N-1 \end{cases} \\ h_e(i,j)=\begin{cases} h(i,j) & ,0\leqslant i\leqslant C-1;0\leqslant j\leqslant D-1 \\ 0 & ,C\leqslant i\leqslant M-1;D\leqslant j\leqslant N-1 \end{cases} \end{cases}$$

则延拓后的图像可以看作是周期函数,其在水平和垂直方向的变化周期分别为 M 和 N。

在经过图像及模糊核进行延拓之后,图像的退化模型可表示为下面的二维卷积形式:

$$f_e(i,j)=\sum_{k_1=0}^{M-1}\sum_{k_2=0}^{N-1}h_e(i-k_1,j-k_2)u_e(k_1,k_2)+n_e(i,j),0\leqslant i\leqslant M-1;0\leqslant j\leqslant N-1 \tag{2.2.8}$$

并可简记为

$$f_e=h_e\otimes u_e+n_e \tag{2.2.9}$$

令 Vec(·)表示将矩阵转换为列向量的算子,并记

$$\boldsymbol{u}=\mathrm{Vec}[u_e],\ \boldsymbol{f}=\mathrm{Vec}[f_e],\ \boldsymbol{n}=\mathrm{Vec}[n_e] \tag{2.2.10}$$

则式(2.2.9)可以重写为矩阵-向量形式,即

$$\boldsymbol{f}=\boldsymbol{Hu}+\boldsymbol{n} \tag{2.2.11}$$

式中:$\boldsymbol{f}$、$\boldsymbol{u}$ 和 $\boldsymbol{n}$ 均为 $MN\times 1$ 维列向量;$\boldsymbol{H}$ 为 $MN\times MN$ 维矩阵,且具有分块循环矩阵的结构[3],即

$$
\boldsymbol{H}=\begin{bmatrix} H_0 & H_{M-1} & H_{M-2} & \cdots & H_1 \\ H_1 & H_0 & H_{M-1} & \cdots & H_2 \\ H_2 & H_1 & H_0 & \cdots & H_3 \\ \vdots & \vdots & \vdots & & \vdots \\ H_{M-1} & H_{M-2} & H_{M-3} & \cdots & H_0 \end{bmatrix} \tag{2.2.12}
$$

式中：每一个 $\boldsymbol{H}_j(j=0,\cdots,M-1)$ 为大小为 $N\times N$ 分块矩阵，具有循环结构，即矩阵的前一行的尾和后一行的头首尾连接、交替循环出现，即

$$
\boldsymbol{H}_j=\begin{bmatrix} h_e(j,0) & h_e(j,N-1) & h_e(j,N-2) & \cdots & h_e(j,1) \\ h_e(j,1) & h_e(j,0) & h_e(j,N-1) & \cdots & h_e(j,2) \\ h_e(j,2) & h_e(j,1) & h_e(j,0) & \cdots & h_e(j,3) \\ \vdots & \vdots & \vdots & & \vdots \\ h_e(j,N-1) & h_e(j,N-2) & h_e(j,N-3) & \cdots & h_e(j,0) \end{bmatrix} \tag{2.2.13}
$$

实际上，数学上可以证明周期延拓信号的二维卷积可以表达为分块循环矩阵与向量乘形式。

注意到循环矩阵的每一列都是前一列向下移动一个位置得到的，定义下移置换矩阵为

$$
\boldsymbol{S}=\begin{bmatrix} \boldsymbol{0} & \boldsymbol{0} & \boldsymbol{0} & \cdots & \boldsymbol{I} \\ \boldsymbol{I} & \boldsymbol{0} & \boldsymbol{0} & \cdots & \boldsymbol{0} \\ \boldsymbol{0} & \boldsymbol{I} & \boldsymbol{0} & \cdots & \boldsymbol{0} \\ \vdots & \vdots & \vdots & & \vdots \\ \boldsymbol{0} & \boldsymbol{0} & \boldsymbol{I} & \cdots & \boldsymbol{0} \end{bmatrix} \tag{2.2.14}
$$

式中：$\boldsymbol{I}$ 为 $N\times N$ 单位矩阵；0 为 $N\times N$ 的零矩阵。

若定义

$$
\boldsymbol{C}=[H_0,H_1,\cdots,H_{M-1}] \tag{2.2.15}
$$

则 $\boldsymbol{H}$ 可以生成

$$
\boldsymbol{H}=[\boldsymbol{C},\boldsymbol{SC},\boldsymbol{S}^2\boldsymbol{C},\cdots,\boldsymbol{S}^{M-1}\boldsymbol{C}] \tag{2.2.16}
$$

基于矩阵分析理论，对于分块循环矩阵 $\boldsymbol{H}$，具有下面矩阵分解形式

$$
\boldsymbol{H}=\boldsymbol{FDF}^{-1},\boldsymbol{H}^{\mathrm{T}}=\boldsymbol{F}^{-1}\boldsymbol{D}^*\boldsymbol{F} \tag{2.2.17}
$$

式中：矩阵 $\boldsymbol{F}$ 是由矩阵 $\boldsymbol{H}$ 的特征向量构成的正变矩阵；$\boldsymbol{D}$ 为矩阵 $\boldsymbol{H}$ 的特征值组成的对角阵；$\boldsymbol{D}^*$ 为 $\boldsymbol{D}$ 的共轭矩阵。

可以进一步证明，正交矩阵 $\boldsymbol{F}$ 为离散傅里叶变换矩阵，而且 $\boldsymbol{D}=\mathrm{diag}(\boldsymbol{FC})$，即

$$
\boldsymbol{H}=\boldsymbol{F}^{-1}\mathrm{diag}(\boldsymbol{FC})\boldsymbol{F} \tag{2.2.18}
$$

式(2.2.18)表明 $\boldsymbol{Hu}$ 的运算可以通过三次快速傅里叶变换获得。

需要指出的是，虽然卷积类型的模糊退化过程可以通过延拓转化为分块循环结构的矩阵向量形式，但是并不是所有的退化过程都具有分块循环结构。同时，在一些图像反问题中，$\boldsymbol{H}$ 也并非是方阵，而可以是更一般的矩阵形式。例如，在压缩感知问题中，$\boldsymbol{H}$ 表现为扁长形的长阵，其行数远远小于列数，此时 $\boldsymbol{H}$ 为测量矩阵，而 f 为 u 的测量信息，n 为测量误差。本书主要关注经典图像复原问题，对于更为欠定的压缩感知问题，建议读者参阅

相关著作[5]。

2.2.3 图像退化的频域表示

当图像的退化过程可以表达为卷积式(2.2.8),利用卷积定理,即空间域的卷积等价于频域上的点乘,则可以把式(2.2.8)的模型写为等价的频域表述:

$$\mathcal{F}(f)(\xi,\eta)=\mathcal{F}(h)(\xi,\eta)\cdot\mathcal{F}(u)(\xi,\eta)+\mathcal{F}(n)(\xi,\eta) \tag{2.2.19}$$

式中:(ξ,η) 表示频域坐标;$\mathcal{F}(\cdot)$表示二维傅里叶变换。

特别需要说明的是$\boldsymbol{H}=\mathcal{F}(h)$为 PSF 的傅里叶变换,称为调制传递函数。

2.2.4 常用模糊模型

本小节简要回顾模糊核常见类型,关于该方面的详细介绍,可参见文献[6-7]。

1. 无模糊

对应为完美成像过程,离散图像中没有模糊,此时对应的空间连续 PSF 可以建模为冲击函数 $h(x,y)=\delta(x,y)$,而离散 PSF 可以建模为单位脉冲响应,即

$$h(i,j)=\delta(i,j)=\begin{cases}+\infty, & i=j=0\\ 0, & 其他\end{cases} \tag{2.2.20}$$

需要指出的是,由于$\delta(x,y)$在数学上并不是传统意义下的函数(在原点处"等于"∞),因此在理论上,连续形式的 PSF 在实际中是无法满足的。

2. 线性运动模糊

线性运动模糊是由于相机曝光时间内相机和景物之间的相对运动所导致的。假设在相机的曝光时间间隔$[0,t_{\text{explosure}}]$内,相机相对景物的运动速度为 v_{relative},运动方向定义为与垂直方向的夹角 ϕ 的方向,运动长度为 $L=v_{\text{relative}}\cdot t_{\text{explosure}}$,则运动模糊的 PSF 可描述为

$$\boldsymbol{h}(x,y;L,\phi)=\begin{cases}\dfrac{1}{L}, & \sqrt{x^2+y^2}\leqslant\dfrac{L}{2},\ \dfrac{x}{y}=-\tan\phi\\ 0, & 其他\end{cases} \tag{2.2.21}$$

对于 $\phi=0$ 的特殊情况,一个合适的离散逼近可表达为

$$\boldsymbol{h}(i,j;L)=\begin{cases}\dfrac{1}{L}, & i=0;\ |j|\leqslant\left\lfloor\dfrac{L-1}{2}\right\rfloor\\ \dfrac{1}{2L}\left\{(L-1)-2\left\lfloor\dfrac{L-1}{2}\right\rfloor\right\}, & j=0;\ |i|\leqslant\left\lfloor\dfrac{L-1}{2}\right\rfloor\\ 0, & 其他\end{cases} \tag{2.2.22}$$

图 2.4 所示为运动模糊的 PSF 的傅里叶频谱$|\boldsymbol{H}(u,v)|$,在不同参数条件下的频谱图。可以看出,运动模糊的低通滤波特性,如图 2.4(a)对应的是水平方向低通滤波。

3. 均匀离焦模糊

当相机将三维场景影射为二维成像平面时,一部分场景是聚焦的,另一部分场景是离焦的。如果相机孔径是圆,由几何光学分析表明,光学系统散焦造成模糊的 PSF 是一个均匀分布的圆形光斑,该模糊核可简化为

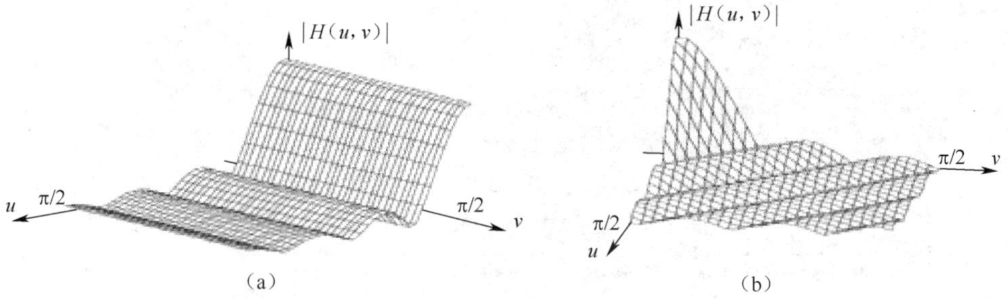

图 2.4　运动模糊的 PSF 的傅里叶频谱

(a) $L=7.5$；(b) $L=7.5$。

$$\boldsymbol{h}(x,y;L,\phi)=\begin{cases}\dfrac{1}{\pi R^2}, & \sqrt{x^2+y^2}\leqslant R\\ 0, & \text{其他}\end{cases} \tag{2.2.23}$$

式中：R 为散焦斑半径。

在离散情况下，可以近似采取

$$\boldsymbol{h}(i,j;L)=\begin{cases}\dfrac{1}{C}, & \sqrt{i^2+j^2}\leqslant R\\ 0, & \text{其他}\end{cases} \tag{2.2.24}$$

式中：参数 C 为满足归一化条件的常数。

上面近似的 PSF 在圆周边缘的像素是不精确的。一种更精确的近似是在圆周边缘像素之处的函数值为所覆盖的区域的连续 PSF 的积分，如图 2.5 所示。图 2.6 所示为离焦模糊图像实例。

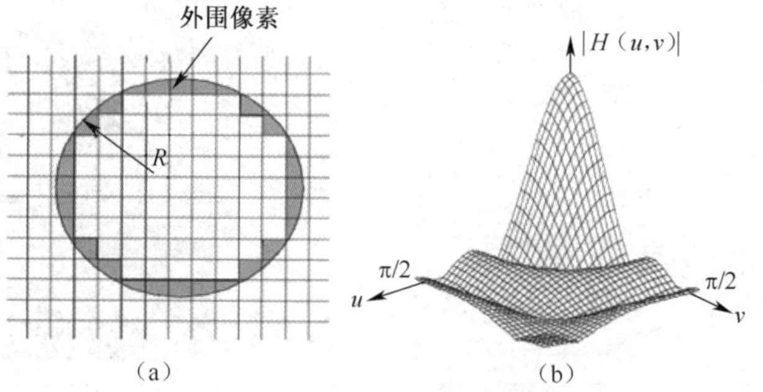

图 2.5　连续 PSF 的积分

(a) 用于积分计算的离散离焦模糊的外围像素；(b) 散焦斑半径为 2.5 的 PSF 频谱。

4. 高斯模糊

高斯模糊函数是许多成像系统常见的模糊函数，典型的成像系统如光学相机、CCD 摄像机、CT 机、成像雷达等。在卫星遥感和天文观测中，大气湍流造成的图像模糊虽然依赖诸多因素，如温度、风速和曝光时间，但是对于长时间曝光而言，PSF 也可以建模为高斯函数，即

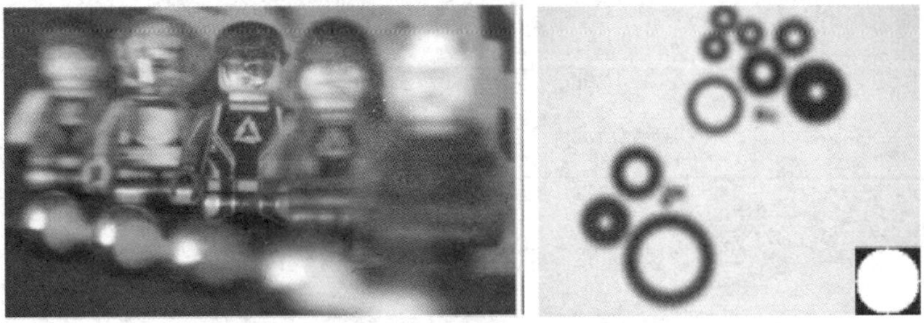

(a)　　　　　　　　　　　　　　(b)

图 2.6　离焦模糊图像实例

$$\boldsymbol{h}(x,y;\sigma_G)=C\cdot\exp\left(-\frac{x^2+y^2}{2\sigma_G^2}\right) \tag{2.2.25}$$

式中：σ_G 为模糊的弥散程度；常数 C 为归一化因子。

由于高斯函数水平方向和垂直方向可分离，因此离散时可以计算一维高斯点扩散函数，其元素的数值为计算一维采样网格 $\left[i-\frac{1}{2},i+\frac{1}{2}\right]$ 的积分，即

$$\bar{h}(i;\sigma_G)=C\int_{i-\frac{1}{2}}^{i+\frac{1}{2}}\exp\left(-\frac{x^2}{2\sigma_G^2}\right)\mathrm{d}x \tag{2.2.26}$$

则二维离散高斯模糊核为

$$\boldsymbol{h}(i,j;\sigma_G)=\bar{h}(i;\sigma_G)\bar{h}(j;\sigma_G) \tag{2.2.27}$$

由于空间连续的 PSF 没有有限支撑，因此计算时需要适当截断。图 2.7(a)所示为高斯模糊的 PSF 的傅里叶频谱；图 2.7(b)为仿真生成的高斯模糊图像。

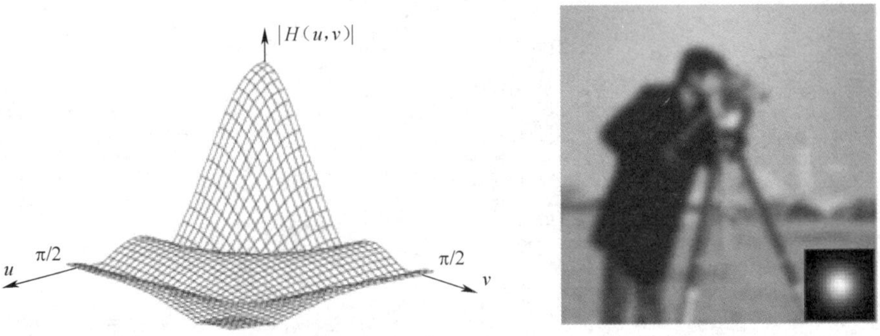

(a)　　　　　　　　　　　　　　(b)

图 2.7　高斯模糊及仿真图像

(a)高斯模糊的 PSF 的傅里叶频谱；(b)仿真生成的高斯模糊图像。

5. 相机抖动模糊

相机抖动模糊是由于相机在曝光时间内与目标场景的相对运动造成的。该模糊退化现象通常出现在手持相机或者长时间曝光的情况下。相机抖动模糊与目标运动模糊不同的是相机抖动模糊通常假设目标场景是静态的，考察是相机的不规则运动，如平移、旋转等。这种复杂的模糊退化过程所对应的模糊核模型难以表达，而且所对应的模糊大多是空间变化的(图 2.8)。有效解决相机抖动模糊的方法是对相机的运动轨迹进行建模，表

现在退化模型上是最终的模糊图像是由目标场景经过一系列仿射变换叠加得到的。

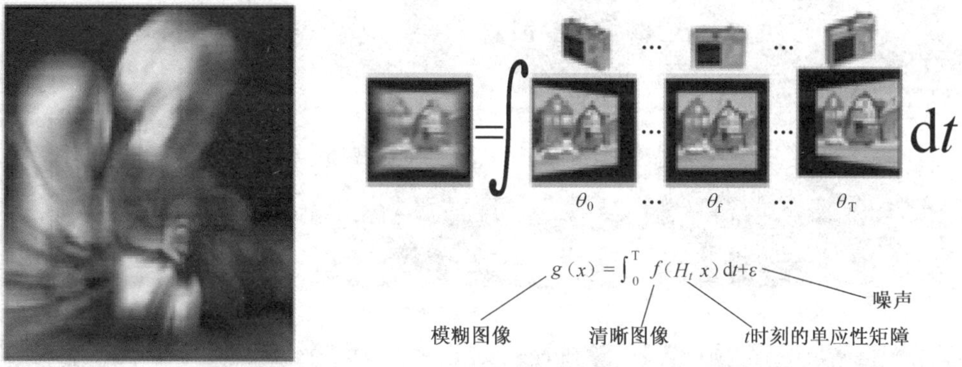

(a)　　　　(b)

图 2.8　空间变化模糊

考虑一种较为理想的情况,即不考虑相机的旋转运动,而仅考虑相机在平行于像平面内的平移运动。若目标场景的景深是一致的,此时所对应的模糊则是空间不变的相机抖动模糊(图 2.9),从而可以利用式(2.2.1)的模型对该退化过程进行描述。然而,即使基于理想的假设,在这种情况下不规则的相机运动所对应的模糊核仍然是非常复杂的。这种模糊核通常难以用某种参数化的形式进行描述,因此这种模糊核的先验知识尤为重要。

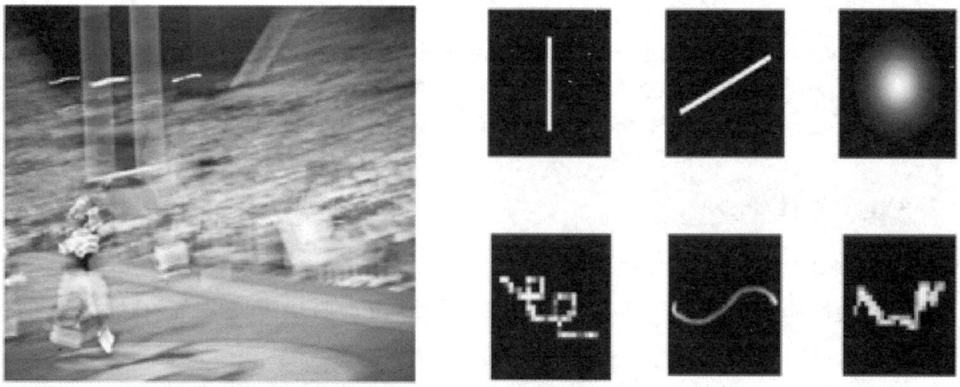

图 2.9　空间不变的抖动模糊[8]

2.3　常用噪声建模

在图像的退化过程中,噪声污染是一个重要的退化因素。在图像处理中,噪声通常分为加性噪声和乘性噪声[8-9]。通常将噪声假设为加性高斯分布,但是在一些特殊的应用领域,噪声也表现为其他分布形式。例如,电影胶片可能出现盐椒噪声、合成孔径雷达图像呈现伽玛分布的相干斑噪声、天文图像中的噪声表现为泊松分布。图 2.10 为基于噪声统计特性仿真合成的几种典型分布的含噪声图像[8]。

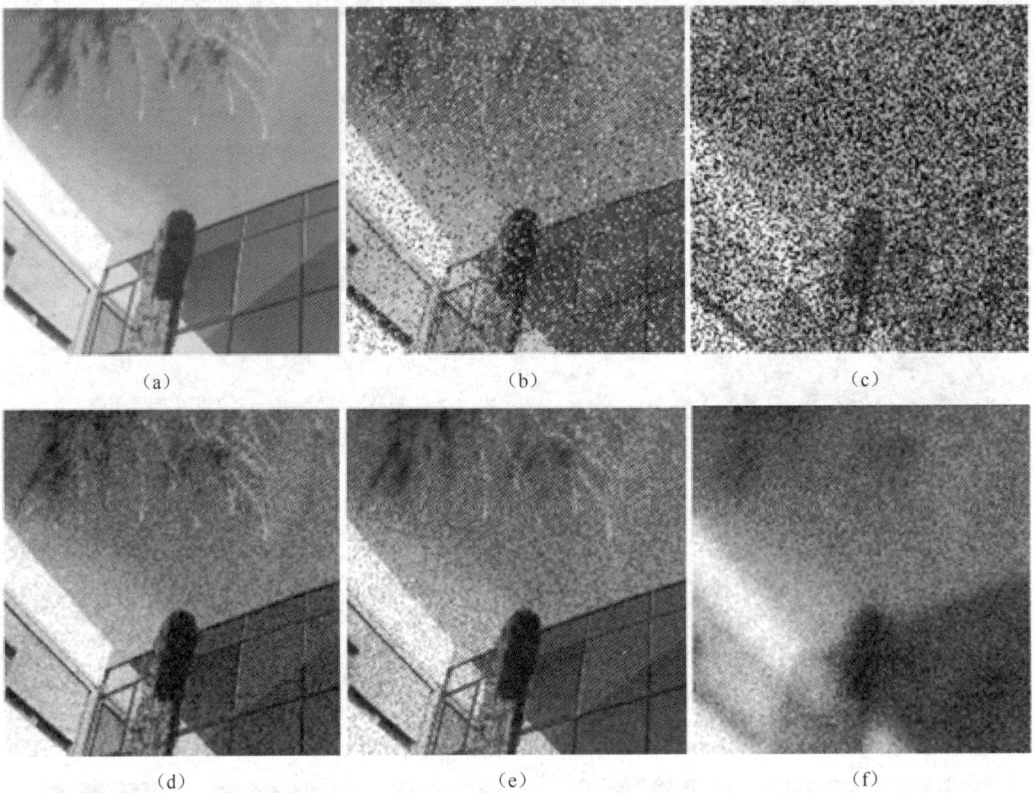

图 2.10　不同噪声污染图像的表现形式

(a)原始图像;(b)含椒盐噪声图像;(c)含相干斑噪声图像;(d)含加性高斯噪声图像;
(e)含乘性高斯噪声图像;(f)含加性高斯噪声和模糊的图像。

2.3.1　加性噪声

1. 高斯噪声

常用的加性噪声为满足高斯分布的噪声。设噪声为服从高斯分布的随机变量 η,其概率密度函数(PDF)为

$$p_\eta(x)=\frac{1}{\sqrt{2\pi}\sigma}\mathrm{e}^{-(x-\mu)^2/2\sigma^2} \tag{2.3.1}$$

式中:x 为灰度值;μ 为 η 的数学期望;σ 为 η 的标准差。

在实际中,高斯噪声的取值范围可限定为$\pm3\sigma$ 范围内,如果可能的话,则高斯噪声的取值也需适当截断以保证图像像素值为非负。

对于多维随机向量情形,多变量高斯密度函数为

$$p_\eta(\boldsymbol{x})=(2\pi)^{-N/2}\mathrm{e}^{-(\boldsymbol{x}-\mu)^{\mathrm{T}}\boldsymbol{\Sigma}^{-1}(\boldsymbol{x}-\mu)/2} \tag{2.3.2}$$

式中:$\boldsymbol{x}\in\mathbb{R}^N$;$\mu\in\mathbb{R}^N$;$\boldsymbol{\Sigma}=\boldsymbol{E}[(\eta-\mu)(\eta-\mu)^{\mathrm{T}}]$为协方差矩阵。

在特定条件下,大量统计独立的随机变量和分布趋于正态分布,即中心极限定理。中心极限定理表明:独立随机变量本身并不要求满足高斯分布,甚至并没有限定这些独立随机变量服从同一个分布。

将噪声建模为高斯分布,可以考察以下具体准则。

(1) 必须有大量的随机变量对"和"贡献。

(2)"和"中的随机变量必须是独立的或者近似独立。

(3)"和"中每一项的作用非常小。

例如,热噪声是由大量电子热振动所产生的结果,电子之间的振动是相互独立的,单个电子的贡献对于其他所有电子而言是微不足道的。因此,可将热噪声看作是高斯分布的噪声。

2. 重尾分布噪声

随机变量 η 及其分布函数 $F(\eta)$ 服从重尾分布,若 $\alpha>0$,则其累积分布函数为

$$P(\eta > x) = 1 - F(x) \approx cx^{-\alpha}, x \to \infty \tag{2.3.3}$$

重尾分布的随机变量的互累积分布函数曲线衰减慢于指数分布,意味着相当大的概率质量集中于分布的尾部。如果噪声符合重尾分布特性,则意味着对于较大的 x,$p_\eta(x)\to 0$的速度比高斯函数慢(慢衰减)。在图像处理中,典型的重尾分布噪声有以下类型。

1) 双指数分布噪声

在很多图像压缩算法中,预测误差通常建模为双指数分布,即

$$p_\eta(x) = \frac{1}{\sqrt{2\pi}\sigma}e^{-\sqrt{2}|x-\mu|/\sigma} \tag{2.3.4}$$

式中:μ 为 η 的数学期望;σ 为 η 的标准差。

对于服从指数分布的噪声而言,关于 μ 的最佳估计往往不是平均值,而是中值。

2) 负指数分布

在合成孔径雷达等相干成像系统的图像中,经常出现斑点噪声。该噪声可以建模为负指数分布,即

$$p_\eta(x) = \frac{1}{\mu}e^{-x/\sigma} \tag{2.3.5}$$

式中:$x>0$;μ 表示 η 的数学期望;σ 为 η 的标准差。

3) 混合高斯分布

令 $p_0(x)$,$p_1(x)$ 分别为平均值分别为 μ_0 和 μ_1,方差分别为 σ_0^2 和 σ_1^2 的高斯分布密度函数,则混合高斯分布噪声的密度函数为

$$p_\eta(x) = (1-\alpha)p_0(x) + \alpha p_1(x) \tag{2.3.6}$$

式中:$\alpha \in [0,1]$。

4) 广义高斯分布

噪声服从均值为 0 的广义高斯分布为

$$P_\eta(x) = \frac{p}{2\sigma\Gamma(1/p)}\exp\left(-\frac{|x-\mu|^p}{\sigma^p}\right) \tag{2.3.7}$$

式中:μ 为均值;$\Gamma(\cdot)$为伽马函数,即 $\Gamma(z) = \int_0^\infty e^{-t}t^{z-1}dt, (z>0)$;$p$、$\sigma$ 分别为广义高斯分布的形状参数和标准方差。

广义高斯分布的形状参数 p 反映了噪声的分布类型。当 $p=1$ 时,则噪声的分布类型

退化为拉普拉斯分布；当 $p=2$ 时，则噪声的分布类型为高斯分布；当 $0<p<1$ 时，则噪声的分布类型为重尾分布；当 $p\to\infty$ 时，则噪声的分布类型可以近似为均匀随机分布。图 2.11 为当 $\mu=0$ 时具有不同形状参数的广义高斯分布（从上到下 p 分别选为 3、2.5、2、1.5、1、0.5、0.2）。

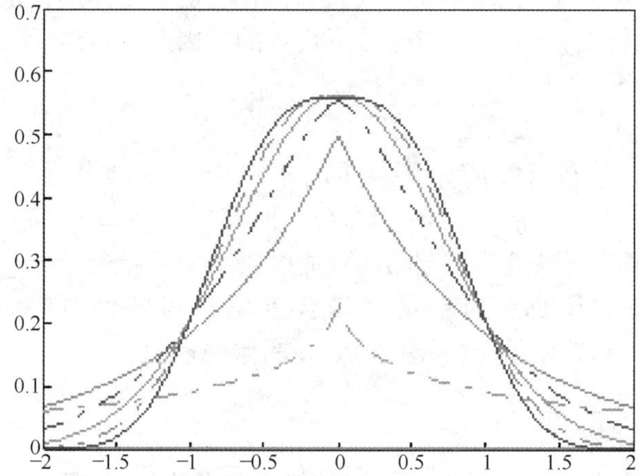

图 2.11　具有不同形状参数的广义高斯分布示意图

3. 椒盐噪声

椒盐噪声称为脉冲噪声，是图像中经常见到的一种噪声，是一种随机出现的白点或者黑点，可能是在亮的区域有黑色像素或在暗的区域有白色像素（或是两者皆有）。椒盐噪声的成因可能是影像信号受到突如其来的强烈干扰而产生，与数位转换器或位元传输错误等相似。例如，失效的感应器导致像素值为最小值，饱和的感应器导致像素值为最大值。

椒盐噪声可认为是一种极度重尾分布的噪声。令 $u(x,y)$ 为原始图像、$f(x,y)$ 为椒盐噪声污染的图像，则一种简单的椒盐噪声的生成模型为

$$\begin{cases} P(f=u)=1-\alpha \\ P(f=\mathrm{Max})=\alpha/2 \\ P(f=\mathrm{Min})=\alpha/2 \end{cases} \tag{2.3.8}$$

式中：Max 和 Min 分别代表图像的最大值和最小值（典型的例子是 Max = 255、Min = 0）。

式(2.3.8)表示图像中的像素按照 $1-\alpha$ 的概率保持不变，而按照 $\alpha/2$ 的概率将图像中的像素修改为最大值和最小值。

2.3.2　非加性噪声

非加性噪声通常是图像依赖型噪声，有两种典型形式：乘性相干斑噪声和泊松噪声。乘性相干斑噪声通常出现在合成孔径雷达、激光成像、超声成像等过程；泊松噪声通常出现在医学显微成像、天文成像中。与加性噪声相比较，非加性噪声去除和统计参量估计更具挑战性，如高斯化处理的方法，乘性相干斑噪声通常采取对数变换，而泊松噪声采取方差稳定变换。下面分别进行简单概述。

1. 乘性相干斑噪声及其高斯化处理

在各种主动成像系统中，如合成孔径雷达成像、激光或者超声成像中噪声特性通常表

现为信号依赖的乘性噪声。假设潜在未知信号数据为 u,被乘性噪声污染后的观测数据为 f,则一个常用的观察模型为

$$f(k)=u(k)\cdot\eta(k) \tag{2.3.9}$$

式中:第 k 个像素处噪声随机变量 η 服从参数为 K 的伽马分布,即

$$P_{\eta}(\eta(k))=\frac{K^K(\eta(k))^{K-1}\exp(-K\eta(k))}{(K-1)!} \tag{2.3.10}$$

对于乘性噪声的处理,最为常用的方法是通过对数变换转换为加性噪声:

$$f_S(k)=\log(f(k))=\log(u(k))+\log(\eta(k))=\log(u(k))+n(k) \tag{2.3.11}$$

式中:$n(k)$的概率密度函数为

$$P_n(n(k))=\frac{K^K\mathrm{e}^{K(n(k)-\mathrm{e}^{n(k)})}}{(K-1)!} \tag{2.3.12}$$

可以证明,$n(k)$ 的均值和方差分别是 $\psi_0(K)-\log K$ 和 $\psi_1(K)$,其中 $\psi_n(z)=\left(\frac{\mathrm{d}}{\mathrm{d}z}\right)^{n+1}\log\Gamma(z)$ 是有理伽马函数。噪声 $n(k)$是非零均值也非高斯,但是当 K 很大时它以方差 $\psi_1(K)$ 接近高斯分布。当利用多尺度几何分析(如小波、Ridgelet、Curvelet 等)对经过对数变换后的数据 f_s 作变换时,会得到更好的渐近高斯性。其基本原理是中心极限定理。在这种情况下,首先对输入的数据施加对数变换,如式(2.3.11);然后对施加变换后的数据运用合适的去噪方法;最后对去噪数据施加指数变换返回得到结果。由于对数变换后噪声 n 的均值为 $\psi_0(K)-\log K$,因此在指数变换之前须要去掉这个均值加以修正。

2. 泊松噪声及其高斯化处理

在光量子计数成像系统中,如 CCD 固态光电检测器阵列、计算机断层扫描、核磁共振、天文成像、计算 X 射线成像、共焦显微成像等。由于量子结构引起的光子流统计波动现象,因此最终获取的图像往往受到量子噪声的污染。量子噪声服从泊松分布的统计特征,是一种信号依赖噪声,且噪声强度与方差均与信号强度相关。在这样的情况下,泊松分布是一种近似的噪声模型,随机变量只在一个整数集合中取值。一个随机变量 n 具有泊松分布是指随机变量 n 取整值 k 的概率可以表达为

$$P(n=k)=\frac{\lambda^k\mathrm{e}^{-\lambda}}{k!},0\leqslant k\leqslant\infty \tag{2.3.13}$$

式中:λ 为随机变量 n 的均值。

观测数据 f 为未知真实信号 u 的泊松过程实现,即

$$f(k)\propto\mathrm{Possion}(u(k)) \tag{2.3.14}$$

式中:$u(k)$为真实信号(所谓的泊松亮度)。图 2.12 为不同程度泊松过程噪声污染仿真生成图像。

泊松成像的难点是噪声的方差与噪声的均值 $u(k)$ 相等,即噪声是依赖信号的。当 $u(k)$的亮度很大时,可以采取方差稳定变换使其转化为渐进高斯信号[13]。

最常用的方差稳定化变换是 Anscombe 变换,其定义为

$$f_s(k)=A(f(k))=2\sqrt{f(k)+\frac{3}{8}} \tag{2.3.15}$$

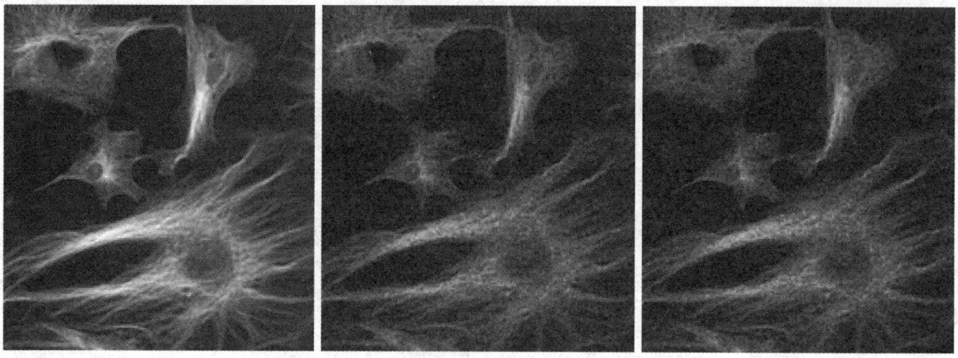

图 2.12　不同程度泊松噪声污染的图像

(a)原图像;(b)泊松噪声轻度污染;(c)泊松噪声严重污染图像。

文献[10]的研究表明:观测数据经过方差稳定变换后可近似为渐进高斯的,即 $f_s(k) \sim N(2\sqrt{u(k)},1)$,成立的条件是亮度 $u(k)$ 足够大。对于低亮度情形,上述变换处理逼近效果欠佳,文献[11]给出了更多的高斯化处理方法。这样,经过方差稳定化变换以后,将泊松噪声度为加性高斯噪声,从而可以按照高斯噪声形式运用相应的算法对 $f_s(k)$ 进行噪声抑制,运用逆方差稳定化变换得到 $u(k)$ 的估计值。

3. 高斯和泊松混合噪声及其高斯化处理

电荷耦合器件(CCD)检测到光子通过电子的数目来表达的,除了可以用泊松分布来建模,读出噪声之外,还可以用加性高斯的方法读出噪声,因此综合表现为高斯和泊松噪声的混合。可以将 Anscombe 变换(见式(2.3.15))进行推广。考虑信号在 k 处的采样 $f(k)$,是高斯随机变量 $\varepsilon(k) \sim N(\mu,\sigma^2)$ 和泊松随机变量 $\xi(k) \propto \text{Possion}(u(k))$ 的混合,即

$$f(k) = \varepsilon(k) + f_0\xi(k), \forall k, \tag{2.3.16}$$

式中:f_0 为 CCD 检测器的增益。

混合泊松-高斯噪声的推广 Anscombe VST 变换为

$$f_s(k) = A_{\text{MPG}}(f(k)) = \frac{2}{f_0}\sqrt{f_0 \cdot f(k) + \frac{3}{8}f_0^2 + \sigma^2 - f_0\mu} \tag{2.3.17}$$

当取 $f_0=1$、$\sigma=0$ 和 $\mu=0$ 时,式(2.3.17)退化为式(2.3.15)中的 Anscombe 变换。当 $u(k)$ 的亮度很大时,Murtagh 等的研究[12]已经证明混合噪声在经过推广的方差稳定化处理后近似服从高斯分布,即

$$f_s(k) \sim N(2\sqrt{u(k)/f_0},1) \tag{2.3.18}$$

但是,该结论仅对 $u(k)$ 足够大时成立,对于低亮度情形须要特殊的处理,参见文献[13-15]。

上面介绍了非加性噪声的高斯化或渐进高斯化处理的相关办法。在图像恢复或噪声去除的变分框架中,首先利用噪声的统计特性,可以建立图像的数据似然项;然后联合图像先验项(如正则性和稀疏性);最后建立变分模型[16-18]。这方面的研究可以在贝叶斯框架内进行机理分析和有效建模。

2.4 图像复原的滤波方法

本节简单回顾经典图像复原的滤波方法，包括逆滤波、维纳滤波和几何均值滤波和约束最小二乘滤波[3]。

2.4.1 逆滤波

逆滤波方法是寻找一个线性滤波器，其点扩散函数 h_{inv} 是模糊函数 h 的逆，即满足

$$h_{\mathrm{inv}}(i,j) \otimes h(i,j) = \sum_{m=0}^{M-1}\sum_{n=0}^{N-1} h_{\mathrm{inv}}(m,n)h(i-m,j-n) = \delta(i,j) \tag{2.4.1}$$

基于傅里叶变换，令 $H_{\mathrm{inv}}(\xi,\eta) = \mathcal{F}(h_{\mathrm{inv}})$，$H(\xi,\eta) = \mathcal{F}(h)$，则式(2.4.1)等价于

$$H_{\mathrm{inv}}(\xi,\eta) \cdot H(\xi,\eta) = 1 \Rightarrow H_{\mathrm{inv}}(\xi,\eta) = \frac{1}{H(\xi,\eta)} \tag{2.4.2}$$

逆滤波的优势是如果完全知道模糊核的 PSF，则可据此为先验设计可逆滤波器，即

$$\mathcal{F}(u) = \frac{\mathcal{F}(f) - \mathcal{F}(n)}{H(\xi,\eta)} \tag{2.4.3}$$

利用递傅里叶变换，可得到 u 的估计值(去噪图像)。

然而，式(2.4.3)所示逆滤波存在很多问题。第一，不能完全知道模糊核的 PSF；第二，即使模糊核的 PSF 已知，但是在很多情况下 $H(\xi,\eta)$ 在频率 (ξ,η) 处是趋于 0，如线性运动模糊和离焦模糊；第三，即使 $H(\xi,\eta)$ 在频率 (ξ,η) 处不为 0，但是有可能值很小，这样容易导致噪声的放大。这在数学上属于不适定问题。图 2.13 和图 2.14 分别给出了逆滤波对于模糊但无噪声图像的逆滤波复原以及模糊含高斯噪声图像的逆滤波复原结果。实验结果表明，逆滤波对噪声是非常敏感的，虽然在无噪声时可以得到较好的复原结果，但是当存在噪声时，则逆滤波图像复原完全失败。

(a)　　(b)　　(c)　　(d)

图 2.13　模糊但无噪声图像的逆滤波复原结果

(a)模糊但无噪声图像；(b)高斯 PSF；(c)相应的高斯调制传递函数 MTF；(d)复原结果图像。

2.4.2 维纳滤波

一种克服逆滤波不适定性的经典方法是维纳(Wiener)滤波方法。该方法是基于最

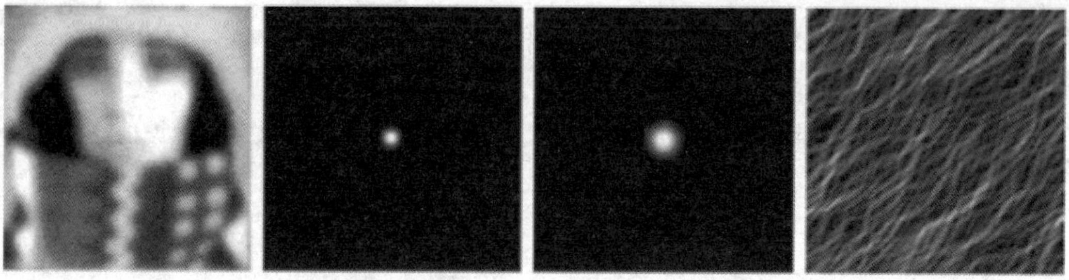

(a)　　(b)　　(c)　　(d)

图 2.14　模糊含高斯噪声图像的逆滤波复原结果

(a)模糊但含高斯噪声的图像(均值为 0,方差为 0.002);(b)高斯核的 PSF;
(c)相应的高斯调制传递函数 MTF;(d)复原结果图像。

小均方误差(MSE)估计。

定义 2.1　最小均方误差(MSE)定义为

$$\mathrm{MSE} = E[(u - \hat{u})^2] \approx \frac{1}{M \times N}\sum_{m=0}^{M-1}\sum_{n=0}^{N-1}(u(m,n) - \hat{u}(m,n))^2 \tag{2.4.4}$$

式中:$E[\cdot]$表示随机变量的数学期望;$\hat{u}$ 为 u 的近似估计。

最小化 MSE,可以推导出一个频域表达的滤波器:

$$\begin{aligned} H_{\text{wiener}}(\xi,\eta) &= \frac{H^*(\xi,\eta)}{H^*(\xi,\eta)H(\xi,\eta) + \dfrac{S_n(\xi,\eta)}{S_u(\xi,\eta)}} \\ &= \frac{H^*(\xi,\eta)}{|H(\xi,\eta)|^2 + \dfrac{S_n(\xi,\eta)}{S_u(\xi,\eta)}} = \frac{1}{H(\xi,\eta)}\frac{|H(\xi,\eta)|^2}{|H(\xi,\eta)|^2 + \dfrac{S_n(\xi,\eta)}{S_u(\xi,\eta)}} \end{aligned} \tag{2.4.5}$$

式中:$H(\xi,\eta)$ 为退化核函数的傅里叶变换;$H^*(\xi,\eta)$ 为 $H(\xi,\eta)$ 的复共轭;$S_n(\xi,\eta) = |\mathcal{F}(n)(\xi,\eta)|^2$ 为噪声的功率谱;$S_u(\xi,\eta) = |F(u)(\xi,\eta)|^2$ 为理想图像 u 的功率谱。

当无噪声时,即 $S_n(\xi,\eta) = 0$,维纳滤波退化为逆滤波:

$$H_{\text{wiener}}(\xi,\eta) = \begin{cases} \dfrac{1}{H(\xi,\eta)}, & H(\xi,\eta) \neq 0 \\ 0, & H(\xi,\eta) = 0 \end{cases} \tag{2.4.6}$$

当存在噪声时,维纳滤波在逆滤波和其 $H(\xi,\eta) \to 0$ 处的噪声抑制两方面进行平衡。若定义此值因子 $\gamma = \dfrac{S_n(\xi,\eta)}{S_u(\xi,\eta)}$,则维纳滤波取决于该比值因子。当 $S_n(\xi,\eta) \ll S_u(\xi,\eta)$,$r \to 0$时维纳滤波趋于逆滤波;当 $S_u(\xi,\eta) \ll S_n(\xi,\eta)$ 时,维纳滤波表现为一个频率阻止滤波。

维纳滤波须要对噪声和理想图像的功率谱进行估计。

(1) 假设噪声是独立的高斯白噪声,其所有频率的功率谱与噪声方差相同,则

$$S_n(\xi,\eta) = \sigma_n^2, \forall(\xi,\eta) \tag{2.4.7}$$

因此,噪声方差是噪声功率谱估计的充分量。在实际中,噪声方差可以作为维纳滤波的经

验调节参数,交由用户完成。

(2) 理想图像功率谱估计。该问题相对复杂,因为并不知道理想图像。此时,对功率谱一般有三种简单的估计方法。

第一种方法是通过模糊图像的功率减去噪声的方差进行简单估计,即

$$S_u(\xi,\eta) \approx S_f(\xi,\eta) - \sigma_n^2, \forall(\xi,\eta) \tag{2.4.8}$$

该方法并没有利用理想图像的先验知识。

第二种方法是通过选择与待复原图像内容相似的干净图像集,利用该图像集的功率谱进行估计。

第三种方法是充分挖掘图像内部的统计相关性,达到对理想图像的建模。

一种广泛使用的图像先验模型是图像局部自回归模型:

$$u(i,j) = \sum_{(m,n)\in\Lambda} \alpha_{m,n} \cdot u(i-m,j-n) + v(i,j) \tag{2.4.9}$$

式中:$\alpha_{m,n}$ 为自回归系数;$v(i,j)$ 为建模误差;Λ 为局部邻域像素位置索引。其中:回归系数可以通过一些方法进行估计。一旦回归系数确定,则理想图像的功率谱便可以进行估计。

例如,取位置索引 $\Lambda=\{(1,0),(0,1),(1,1)\}$,可得

$$S_u(\xi,\eta) = \frac{\sigma_v^2}{|1-\alpha_{0,1}\mathrm{e}^{-\mathrm{i}\eta}-\alpha_{0,1}\mathrm{e}^{-\mathrm{i}\xi}-\alpha_{1,1}\mathrm{e}^{-\mathrm{i}\xi-\mathrm{i}\eta}|} \tag{2.4.10}$$

式中:σ_v^2 为建模误差的方差,是引入的另一个经验调节参数,交由用户完成。

维纳滤波是建立在最小统计准则的基础上,在平均意义上是最优的。然而,它须要估计噪声和理想图像的功率谱,虽然前面提到一些估计方法,但功率谱的比值一般还没有合适的解。另外,维纳滤波虽然能取得不错的图像复原效果,但容易在边缘附近出现"振铃"和"鬼影"效应。图 2.15 为利用估计功率谱比值进行维纳滤波复原的图像以及利用已知功率谱比值进行复原的结果。从该图可以说明功率谱比值是一个关键要素,其估计的准确性影响复原的效果。

(a) (b) (c)

图 2.15 模糊含高斯噪声图像的维纳滤波复原结果

(a)模糊但含高斯噪声的图像(均值为 0,方差 0.01);(b)利用估计功率谱比值进行复原的图像;(c)利用已知功率谱比值进行复原的图像。

2.4.3 几何均值滤波

前面分析了逆滤波和维纳滤波,可以对其滤波器进行修改,建立一种统一的滤波格

式。通常采用具有幂次形式的几何均值滤波，即

$$H_{\text{Wiener}}(\xi,\eta)=\left[\frac{H^*(\xi,\eta)}{|H(\xi,\eta)|^2}\right]^{\alpha}\left[\frac{H^*(\xi,\eta)}{|H(\xi,\eta)|^2+\beta\dfrac{S_n(\xi,\eta)}{S_u(\xi,\eta)}}\right]^{1-\alpha} \tag{2.4.11}$$

式(2.4.11)可以看作是一个统一表达式的滤波器族，具体如下：

（1）当 $\alpha=1$ 时，滤波退化为逆滤波；

（2）当 $\alpha=0$ 时，滤波为维纳滤波；

（3）当 $\alpha=\dfrac{1}{2}$ 时，滤波为标准的几何均值滤波；

（4）当 $\alpha=\dfrac{1}{2}$、$\beta=1$ 时，称为谱均衡滤波器；

（5）当 $\beta=1$、$\alpha>\dfrac{1}{2}$ 时，滤波越来越接近维纳滤波；当 $\beta=1$、$\alpha<\dfrac{1}{2}$ 时，滤波越来越接近逆滤波。

2.4.4 约束最小二乘滤波

考虑退化模型：

$$f(i,j)=h(i,j)\otimes u(i,j)+n(i,j),0\leqslant i\leqslant M-1;0\leqslant j\leqslant N-1 \tag{2.4.12}$$

则复原结果图像应该满足：

$$\frac{1}{MN}\sum_{i=0}^{M-1}\sum_{j=0}^{N-1}[f(i,j)-h(i,j)\otimes u(i,j)]^2\approx\sigma_n^2 \tag{2.4.13}$$

满足上述准则的解可能有很多，为此需要限定解的求解空间。一种常用的先验约束是认为复原图像是尽可能“光滑”的。

令一个高通滤波的 PSF 为 $C(i,j)$，则可以认为高通滤波图像能量是有限的，从而可以对满足最小二乘解施加新的约束，即

$$\min_u\left\{\|C\otimes u\|_2^2=\frac{1}{MN}\sum_{i=0}^{M-1}\sum_{j=0}^{N-1}[C(i,j)\otimes u(i,j)]^2\right\} \tag{2.4.14}$$

引入拉格朗日乘子，则可以建立无约束的优化模型，即

$$\min_u\sum_{i=0}^{M-1}\sum_{j=0}^{N-1}[f(i,j)-h(i,j)\otimes u(i,j)]^2+\beta\sum_{i=0}^{M-1}\sum_{j=0}^{N-1}[C(i,j)\otimes u(i,j)]^2 \tag{2.4.15}$$

式中：$\beta>0$ 为参数。

一种常用的高通滤波算子是拉普拉斯算子，即

$$C(i,j)=\begin{bmatrix}0&-1&0\\-1&4&-1\\0&-1&0\end{bmatrix} \tag{2.4.16}$$

在实际计算中，对模型中参与运算的信号和滤波函数进行延拓。基于傅里叶变换，可导出约束最小二乘滤波，即

$$H_{\text{Wiener}}(\xi,\eta)=\frac{H^*(\xi,\eta)}{|H(\xi,\eta)|^2+\beta|\boldsymbol{L}(\xi,\eta)|^2} \tag{2.4.17}$$

式中:$L(\xi,\eta)$表示拉普拉斯算子经过零延拓后的傅里叶变换;β为优化模型中的拉格朗日乘子,是经验参数。显然$\beta=0$时,约束最小二乘滤波退化为逆滤波。

图2.16给出了在不同参数β取值时,约束最小二乘复原对于模糊含高斯噪声图像的结果。可见,随着参数β的增加,正则化项调节作用增大。

(a)　　　　(b)　　　　(c)

图2.16　模糊含高斯噪声图像的约束最小二乘复原结果

(a)模糊但含高斯噪声的图像(均值为0,方差为0.01);(b)约束最小二乘复原的图像,取为噪声功率谱;(c)约束最小二乘复原的图像,取值为10倍噪声功率谱。

2.5　图像复原的正则化方法

2.4节介绍了若干图像复原的滤波方法。本节将基于图像退化过程的矩阵-向量形式,分析图像复原的广义解形式及其问题,进而引入图像复原的若干经典正则化方法[9]。

2.5.1　图像复原的广义解分析

给定退化模型(式(2.2.11))$\boldsymbol{f}=\boldsymbol{Hu}+\boldsymbol{n}$,图像复原相当于根据模糊图像$f$求解清晰图像$u$的过程。图像复原本质上是一个不适定的数学反问题。换句话说,式(2.2.11)的解不能完全满足"存在性、唯一性、稳定性"三个条件。这里,不稳定性的含义是$\boldsymbol{H}$的微小误差和少量噪声$\boldsymbol{n}$可能会导致恢复图像与真实图像偏离甚远。

对于退化模型(式(2.2.11)),利用下面最小二乘估计进行图像复原,得

$$\hat{\boldsymbol{u}}=\arg\min_{u}\|\boldsymbol{f}-\boldsymbol{Hu}\|_2^2 \tag{2.5.1}$$

但是,图像复原问题转化为求解欧拉-拉格朗日(Euler-Lagrange)方程$\boldsymbol{H}^{\mathrm{T}}\boldsymbol{Hu}=\boldsymbol{H}^{\mathrm{T}}\boldsymbol{f}$。为此,根据线性代数中关于$\boldsymbol{H}$的零空间性质,对最小二乘解的性态进行分析。

(1) 当矩阵$\boldsymbol{H}$是列满秩的,零空间为空,则其唯一解可由法方程$\boldsymbol{H}^{\mathrm{T}}\boldsymbol{Hu}=\boldsymbol{H}^{\mathrm{T}}\boldsymbol{f}$求解。

(2) 当零空间非空时,其解不唯一。这种情况下,一种典型做法是寻求广义解。例如,寻找最小二乘解集合中满足最小化能量的解,即

$$\hat{\boldsymbol{u}}=\arg\min_{u}\|\boldsymbol{u}\|_2^2,\ \mathrm{s.t}\ \min\|\boldsymbol{f}-\boldsymbol{Hu}\|_2^2 \tag{2.5.2}$$

该广义解$\hat{\boldsymbol{u}}^{+}$往往表达为

$$\hat{\boldsymbol{u}}^{+}=\boldsymbol{H}^{+}\boldsymbol{f} \tag{2.5.3}$$

式中:$\boldsymbol{H}^{+}$表示$\boldsymbol{H}$的广义逆。

对矩阵 $\boldsymbol{H}$ 作奇异值分解,则

$$\boldsymbol{H}=\boldsymbol{U}\sum\boldsymbol{V}^{\mathrm{T}} \tag{2.5.4}$$

式中:$\boldsymbol{U}$、$\boldsymbol{V}$ 分别为 $MN\times MN$ 大小的单位正交矩阵;$\sum=\mathrm{diag}(s_1,s_2,\cdots,s_{MN})$ 为以奇异值 $s_1,\cdots,s_{MN}$ 为对角线的对角阵。

这样,最小二乘估计的解可表示为

$$\hat{\boldsymbol{u}}=\boldsymbol{V}\sum{}^{-1}\boldsymbol{U}^{\mathrm{T}}f=\boldsymbol{V}\mathrm{diag}(s_i^{-1})\boldsymbol{U}^{\mathrm{T}}f \tag{2.5.5}$$

式中:u_i、v_i 分别为 $\boldsymbol{U}$、$\boldsymbol{V}$ 的列向量。

令 $\mathrm{rank}(\boldsymbol{H})=r$,即具有 r 个非 0 奇异值,即 $s_1\geqslant s_2\geqslant\cdots\geqslant s_r>s_{r+1}=\cdots s_{MN}=0$,则

$$\hat{\boldsymbol{u}}=\sum_{i=1}^{r}\frac{u_i^{\mathrm{T}}f}{s_i}v_i \tag{2.5.6}$$

无论图像退化过程能否表达为卷积过程,上述表达式对任意的矩阵 $\boldsymbol{H}$ 都是有效的。若观测图像有小扰动,并记扰动图像为 $\tilde{f}$,则

$$\hat{u}-\hat{\tilde{u}}=\sum_{i=1}^{r}\frac{u_i^{\mathrm{T}}f}{s_i}v_i-\sum_{i=1}^{r}\frac{u_i^{\mathrm{T}}\tilde{f}}{s_i}v_i=\sum_{i=1}^{r}\frac{u_i^{\mathrm{T}}(f-\tilde{f})}{s_i}v_i \tag{2.5.7}$$

式(2.5.7)表明:当 s_i 中有非常接近于 0 的值时,f 的小扰动就会引起解的很大扰动。根据上述分析可知,解决不适定问题的一个根本办法是弱化较小奇异值对解的灾难性影响,将原来的不适定性问题转化为适定性问题,同时保证与原问题真实解的保真度。

2.5.2 截断 SVD 正则化

基于 2.5.1 小节的分析,广义解的严重问题是由于小奇异值引起的噪声放大。为解决该问题,一种简单的方法是对奇异值进行变换,使其远离 0,即作变换:

$$\hat{\boldsymbol{u}}_\lambda=\sum_{i=1}^{r}\omega_\lambda(s_i)(u_i^{\mathrm{T}}f)v_i \tag{2.5.8}$$

式中:$\omega_\lambda(s_i)$ 为以 $\lambda>0$ 为参数的函数。

对于 $\omega_\lambda(s_i)$ 的构造,如果满足:当 $\lambda\to 0$ 时,$\omega_\lambda(s)=\dfrac{1}{s}$;存在 $C>0$,使得 $|\omega_\lambda(s)|<C$,即 $\omega_\lambda(s)$ 一致有界;则式(2.5.8)为一个正则化策略,λ 称为正则化参数。

最简单的正则化策略之一是截断奇异值(Truncated SVD,TSVD)方法,此时取

$$\boldsymbol{w}_\lambda(s_i)=\begin{cases}\dfrac{1}{s_i},s_i\geqslant\lambda\\0,\quad s_i<\lambda\end{cases} \tag{2.5.9}$$

这种简单的权值函数定义形式将使 TSVD 方法具有正则化性质,它简单地扔掉了那些讨厌的较小奇异值分量,使数值结果稳定。然而,TSVD 方法和广义解一样,并没有新增数据分量,即 $\boldsymbol{H}$ 零空间的未观测数据是不能恢复的。

另外,可以从 $\boldsymbol{H}$ 的秩-$\boldsymbol{r}$ 逼近的角度理解 TSVD 算法。令 $\boldsymbol{H_r}$ 为 $\boldsymbol{H}$ 的秩-$\boldsymbol{r}$ 逼近,则简单的 TSVD 解可以建模为以下优化问题:

$$\hat{\boldsymbol{u}}=\underset{u}{\mathrm{argmin}}\,\|\boldsymbol{u}\|_2^2,\mathrm{s.\,t}\ \min\|\boldsymbol{f}-\boldsymbol{H_r}u\|_2^2 \tag{2.5.10}$$

$\boldsymbol{H}$ 的秩-$\boldsymbol{r}$ 逼近得到的 $\boldsymbol{H_r}$ 具有更好的条件数,克服噪声的敏感性。从 TSVD 的一般

公式(2.5.9)来看,可以通过选择更为合理的奇异值阈值收缩函数,对奇异值做更精细化处理。因此,更为复杂的奇异值阈值收缩函数可能对应不同的正则化模型,值得进一步深入研究。

2.5.3 Tikohonov 正则化

在图像复原中,一种广泛使用的正则化方法是 Tikohonov 正则化方法[19-20]。该方法是在最小二乘(称为数据保真项)的基础上,引入图像的先验信息,通过引入额外的正则化项(先验项),构造能量最小化模型。Tikohonov 正则化估计可以定义为下面优化问题,即

$$\hat{\boldsymbol{u}}=\underset{u}{\operatorname{argmin}}\lambda\|\boldsymbol{L}\boldsymbol{u}\|_2^2+\|\boldsymbol{f}-\boldsymbol{H}\boldsymbol{u}\|_2^2 \tag{2.5.11}$$

式中:第一项中的 $\boldsymbol{L}$ 为光滑化算子所生成的矩阵;λ 为正则化参数,对正则化项和数据项进行平衡。

模型式(2.5.11)解服从下面的欧拉-拉格朗日方程:

$$(\boldsymbol{H}^{\mathrm{T}}\boldsymbol{H}+\lambda\boldsymbol{L}^{\mathrm{T}}\boldsymbol{L})\hat{\boldsymbol{u}}=\boldsymbol{H}^{\mathrm{T}}\boldsymbol{f} \tag{2.5.12}$$

当矩阵 $\boldsymbol{L}$ 和矩阵 $\boldsymbol{H}$ 的零空间不重合,上述问题一般有最小解。如何定义 $\boldsymbol{L}$ 是一个重要的问题。一种简单的方法是取 $\boldsymbol{L}=\boldsymbol{I}$,其中 $\boldsymbol{I}$ 为单位矩阵,则式(2.5.11)退化为最小二乘解集合中满足信号能量最小的解,即

$$\hat{\boldsymbol{u}}=\underset{u}{\operatorname{argmin}}\{\lambda\|\boldsymbol{u}\|_2^2+\|\boldsymbol{f}-\boldsymbol{H}\boldsymbol{u}\|_2^2\} \tag{2.5.13}$$

通过式(2.5.13),可得

$$(\boldsymbol{H}^{\mathrm{T}}\boldsymbol{H}+\lambda\boldsymbol{I})\hat{\boldsymbol{u}}=\boldsymbol{H}^{\mathrm{T}}\boldsymbol{f} \tag{2.5.14}$$

另外,也可以从奇异值分解角度,式(2.5.14)的最小解可表示为

$$\hat{\boldsymbol{u}}_{\mathrm{tik}}=\sum_{i=1}^{r}\left(\frac{s_i}{s_i^2+\lambda^2}\right)(u_i^{\mathrm{T}}f)v_i \tag{2.5.15}$$

由此可以知,Tikohonov 正则化方法采用了不同的奇异值正则化策略。

在实际的图像复原中,研究者对 $\boldsymbol{L}\neq\boldsymbol{I}$ 的情形可能更感兴趣。常见的模型包括二维梯度算子和拉普拉斯算了导出的矩阵。这些算子的先验假设是图像具有一定的正则性,因此更倾向于光滑解。值得指出的是,尽管式(2.5.15)给出了 Tikohonov 正则化方法在 SVD 意义下的显式解形式,但是这样直接计算 SVD 获得问题解的做法是不可取的。原因是对于 $MN\times MN$ 维矩阵 $\boldsymbol{H}$ 和 $\boldsymbol{L}$,其 SVD 的计算复杂度为 $O(M^3N^3)$。对于大规模计算而言,计算复杂度太高。在实际的去模糊算法中,可以考虑以下情况对算法进行加速。

(1) 当 $\boldsymbol{H}$ 和 $\boldsymbol{L}$ 具有分块循环结构(实际上对应移不变系统),则根据前面的结论,可以利用傅里叶矩阵进行对角化,从而问题可通过快速傅里叶变换快速实现。

(2) 当 $\boldsymbol{H}$ 和 $\boldsymbol{L}$ 不具有分块循环结构时,但有带状稀疏结构时,式(2.5.14)可以通过预优的共轭梯度法求解。

2.5.4 非二次正则化

2.5.3 小节分析的 Tikohonov 正则化方法的主要特征是正则化项均为二次惩罚项。从范数的角度看,数据项和正则化项都是基于 ℓ_2 范数的,这样最小化问题是光滑的。它

有两个好处,一方面是能够限定最小二乘解的搜索空间,施加关于解的最小能量约束或者光滑性约束;另一方面是该问题往往具有闭式解,可以推导出快速高效的算法。然而,二次惩罚项虽然能较好地抑制噪声,但是同时也减少了图像中的高频能量,所以容易模糊细节。为了克服这一缺点,对于给定退化模型式(2.2.11),基于正则化理论的图像复原可采取更一般的框架:

$$\hat{\boldsymbol{u}}=\underset{u}{\operatorname{argmin}}\{\Im(f,u)+\lambda\cdot\mathcal{R}(\mathbf{u})\} \tag{2.5.16}$$

式中:$\Im(f,u)$衡量观测数据和真实数据之间的保真或拟合程度,称为数据保真项;$\mathcal{R}(\mathbf{u})$的作用是将不适定问题(式(2.2.11))转化为适定性问题,$\mathcal{R}(\mathbf{u})$对解的正则性(光滑性)等进行约束,称为正则项;λ 在数据保真项和正则项之间进行均衡,称为正则化参数。具体地说,正则项$\mathcal{R}(\mathbf{u})$体现了关于图像 u 的先验知识,正则项$\mathcal{R}(\mathbf{u})$可以采取非二次正则化项,以更好地保持图像的边缘、纹理等几何结构。目前,人们已经提出了系列非二次正则化模型,其中比较著名的模型包括最大熵模型、全变差模型等。

最大熵方法是非二次正则化的一种方法。对于一个像素值为正的图像而言,一种简单的图像熵的度量定义为

$$\text{Entropy}(u)=-\sum_{i=1}^{MN}u[i]\log u[i] \tag{2.5.17}$$

从信息论的角度看,图像熵可以衡量图像的复杂性和不确定性。上述定义的解释是如果图像的像素值归一化到和为1,即 $\sum_{x\in\Omega}u(x)=1$,则归一化图像像素值可以看作是概率密度函数。其目的是最大熵方法可以确保获得非负的图像解。这样,结合最小二乘数据保真和图像熵模型,可以建立正则化模型,即

$$\hat{\boldsymbol{u}}=\underset{u}{\operatorname{argmin}}\left\{\|\boldsymbol{f}-\boldsymbol{H}\boldsymbol{u}\|_2^2+\lambda\cdot\sum_{i=1}^{MN}u[i]\log u[i]\right\} \tag{2.5.18}$$

最大熵方法往往可以获得相对锐利的恢复图像,如其在天文图像中应用较广。

另外,还有一种著名的非二次正则化方法是全变差正则化方法。本书将在后面章节继续分析该方法。本小节仅以离散形式简要概述其原理。

离散全变差模型(Total Variation,TV)可以定义为[20]

$$\text{TV}(u)=\sum_{i=1}^{MN}\sqrt{(\boldsymbol{D}_i^v u)^2+(\boldsymbol{D}_i^h u)^2} \tag{2.5.19}$$

式中:$\boldsymbol{D}_i^v u$、$\boldsymbol{D}_i^h u$ 分别代表图像第 i 个像素的垂直和水平方向的一阶差分算子。这样,可以建立 TV 正则化图像复原模型,即

$$\hat{\boldsymbol{u}}=\underset{u}{\operatorname{argmin}}\{\|\boldsymbol{f}-\boldsymbol{H}\boldsymbol{u}\|_2^2+\lambda\cdot\text{TV}(u)\} \tag{2.5.20}$$

TV 模型是凸模型,倾向图像分片光滑解,也是一个具有边缘保持能力的图像模型,与 Tikohonov 正则化相比较,TV 模型可以获得边缘锐利的图像。目前,研究者提出一大类边缘保持的正则化模型,即

$$\mathcal{R}(u)=\sum_{i=1}^{MN}\varphi(|[\boldsymbol{D}u]_i|) \tag{2.5.21}$$

式中:函数 $\varphi(x)$ 为梯度惩罚性函数。

对于 $\varphi(x)$ 的选择基于选择性扩散原理,有以下两个重要准则[9]。

(1) 原则1:平坦区域的各向同性扩散。在图像的均匀平坦区域,如果$|\nabla \mathbf{u}|$较小,则应该有较大的平滑。因此,$\varphi(x)$ 应满足

$$\lim_{s\to 0+}\varphi'(s)/s = \lim_{s\to 0+}\varphi''(s) = a > 0 \tag{2.5.22}$$

(2) 原则2:边缘附近的各向异性扩散。在图像的边缘附近,希望沿着边缘的切线方向平滑,而梯度下降的方向不进行扩散。从而$|\nabla \mathbf{u}|$应满足

$$\lim_{s\to 0+}\varphi'(s)/s=\beta>0,\ \lim_{s\to 0+}\varphi''(s)=0 \tag{2.5.23}$$

由于严格满足上述两个原则的 $\varphi(x)$ 并不存在,因此一般通过修改原则2,得到折中的方案。例如,可假设 c_t,c_n 随梯度增大时均趋于0,但是 c_n 趋于0的速度比 c_t 更快,则

$$\lim_{s\to 0+}\varphi'(s)/s = \lim_{s\to 0+}\varphi''(s) = 0,\ \lim_{s\to +\infty}\frac{\varphi''(s)}{\varphi'(s)/s} = 0 \tag{2.5.24}$$

满足原则1和原则2的 $\varphi(x)$ 仅是从图像处理的角度出发,因此有可能是非凸的,并不一定能够保证能量泛函是适定的。

非二次正则化往往导致求解方程是高度非线性,因此求解较为困难。针对非凸问题,一种经常采用的技术是半二次正则化。半二次正则化技术基于以下对偶性定理。

定理2.1(对偶性定理[21]):令 $\varphi:[0,+\infty)\to(0,+\infty)$,满足$\varphi(\sqrt{s})$ 在$[0,+\infty)$是凹函数且$\varphi(s)$ 为非递减函数,令 $L=\lim\limits_{s\to+\infty}\varphi'(s)/2s$,$M=\lim\limits_{s\to 0}\varphi'(s)/2s$,则存在一个递减的凸函数 $\psi:(L,M]\to[\beta_1,\beta_2]$,可得

$$\varphi(s) = \inf_{L\leqslant b\leqslant M}(bs^2+\psi(b)) \tag{2.5.25}$$

其中:$\beta_1=\lim\limits_{s\to 0^+}\varphi(s)$,$\beta_2=\lim\limits_{s\to+\infty}(\varphi(s)-s\varphi'(s)/2)$;对任意 $s\geqslant 0$,对偶变量 b 取值为 $b=\dfrac{\varphi'(s)}{2s}$ 时 $bs^2+\psi(b)$ 取最小值。

表2.1列出了几种常用的 $\varphi(x)$ 的选取,图2.17给出了表2.1中对应不同 $\varphi(x)$ 的函数$\dfrac{\varphi'(s)}{2s}$曲线。

表2.1 若干边缘惩罚性函数[21]

序号	$\varphi(x)$	凸性	$\psi(b)$	$b=\dfrac{\varphi'(s)}{2s}$
1	$2\sqrt{1+s^2}-2$	凸	$b+\dfrac{1}{b}$	$\dfrac{1}{\sqrt{1+s^2}}$
2	$\ln(1+s^2)$	非凸	$b-\ln(b)-1$	$\dfrac{1}{\sqrt{1+s^2}}$
3	$\dfrac{s^2}{1+s^2}$	非凸	$b-2\sqrt{b}+1$	$\dfrac{1}{(1+s^2)^2}$

例如,取 $\mathcal{R}(u)=\sum\limits_{i=1}^{MN}\ln(1+|[\boldsymbol{Du}]_i|^2)$,则结合最小二乘保真项,可建立图像复原模型:

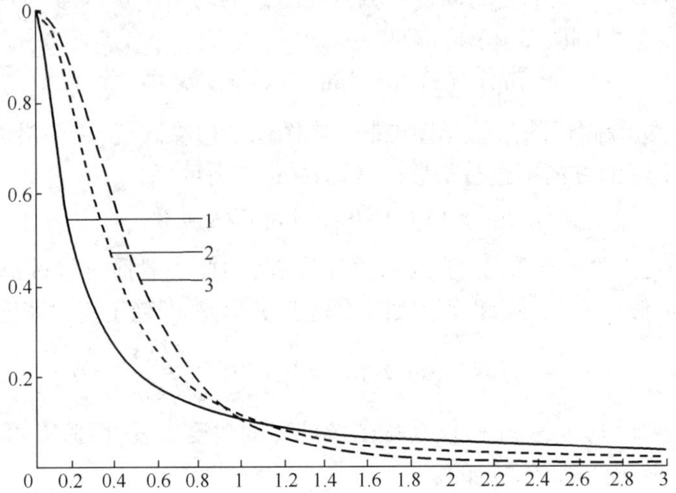

图 2.17　表 2.1 中对应不同 $\varphi(x)$ 的函数 $\frac{\varphi'(s)}{2s}$ 曲线

$$E(u)=\|f-\boldsymbol{H}\boldsymbol{u}\|_2^2+\lambda\cdot\sum_{i=1}^{MN}\log(1+|[\boldsymbol{D}u]_i|^2) \tag{2.5.26}$$

虽然 $\mathcal{R}(u)$ 是非凸的，$E(u)$ 非凸，但是应用定理 2.1，即

$$E(u)=\{\lambda\cdot\mathcal{R}(u)+\|f-\boldsymbol{H}u\|_2^2\}=\left\{\sum_{i=1}^{MN}\min_b b|[\boldsymbol{D}u]_i|^2+\psi(b)+\lambda\cdot\|f-\boldsymbol{H}b\|_2^2\right\} \tag{2.5.27}$$

验证

$$\begin{aligned}\inf_u E(u)&=\min_u\min_b\{\lambda\cdot\sum_{i=1}^{MN}b|[\boldsymbol{D}u]_i|^2+\psi(b)+\|\boldsymbol{f}-\boldsymbol{H}u\|_2^2\}\\&=\min_b\min_u\left\{\lambda\cdot\sum_{i=1}^{MN}b|[\boldsymbol{D}u]_i|^2+\psi(b)+\|f-\boldsymbol{H}u\|_2^2\right\}\end{aligned}$$

令

$$J(u,b)=\lambda\cdot\sum_{i=1}^{MN}b|[\boldsymbol{D}u]_i|^2+\psi(b)+\|f-\boldsymbol{H}u\|_2^2 \tag{2.5.28}$$

虽然 $J(u,b)$ 关于 (u,b) 不是联合凸的，但 $J(u,b)$ 对于 u 是凸的，且当固定 u 时，$J(u,b)$ 对 b 也是凸的。这样可以通过交替迭代法进行求解：

(1) $u^{(n+1)}=\underset{u}{\operatorname{argmin}}J(u,b^{(n)})$。由于 $J(u,b)$ 关于 u 是二次的，可以快速求解。

(2) $b^{(n+1)}=\underset{b}{\operatorname{argmin}}J(u^{(n+1)},b)$。根据定理 2.1，可知

$$[b^{(n+1)}]_i=\frac{1}{1+|[\boldsymbol{D}u]_i|^2}$$

从上述过程可以看出，半二次正则化的交错迭代求解中辅助变量 $\{b^{(n)}\}$ 可以看作是边缘检测的示性函数。当 $[b^{(n+1)}]_i\to 0$，该像素点倾向于边缘轮廓；$[b^{(n+1)}]_i\to 1$，该像素点倾向于同质均匀区域。该示性信息将关于图像 $u^{(n+1)}$ 的迭代步骤控制扩散的方向性

和强度,达到各向异性选择性扩散。

2.5.5 稀疏正则化

前面提到的正则化方法往往是对全部梯度加以惩罚,这种基于梯度信息的正则化是一种“光滑性”正则化。在信号与图像表示领域,稀疏域模型广为关注[22]。信号向量称为稀疏的,是指只有少量元素是非零的,绝大数信号元素为零或者小幅值的。从统计上看,信号表现为“重尾分布”。实际中,原始域信号可能不是稀疏的,但经过有限差分、变换或者字典表示后,往往是稀疏的,这样可以通过ℓ_p-范数,$0\leqslant p\leqslant 1$ 进行刻画。

例如,定义图像的梯度算子:

$$[\boldsymbol{D}u]_i=(\boldsymbol{D}_i^v u,\boldsymbol{D}_i^h u)^{\mathrm{T}}$$

则 TV 模型可描述为

$$\mathrm{TV}(u)=\sum_{i=1}^{MN}|[\boldsymbol{D}u]_i|=\|\boldsymbol{D}u\|_1 \tag{2.5.29}$$

由此可见,全变差模型可以理解为刻画梯度场的ℓ_1-稀疏性度量,属于分析先验。引入其他稀疏表示变换,ℓ_1-分析先验往往具有以下形式:

$$\mathcal{R}(u)=\|\boldsymbol{\Phi}u\|_1=\sum_{i=1}^{MN}|[\Phi u]_i| \tag{2.5.30}$$

式中:Φ 可以是有限差分、正交变换(如傅里叶变换、Wavelet 等正交变换)、框架(Frame)和分析字典等。

同时,可以采取其他稀疏性度量。例如,常见的ℓ_p-范数($0<p\leqslant 2$),则有

$$\mathcal{R}(\mathbf{u})=\|\Phi u\|_p^p=\sum_{i=1}^{MN}|[\Phi u]_i|^2 \tag{2.5.31}$$

稀疏域中另一个代表性模型称为合成先验。令 $u=\Phi^*\alpha$,则 α 称为表示系数,Φ^* 称为合成字典。合成形式要求系数是稀疏的,对表示系数引入稀疏先验,即

$$\mathcal{R}(\alpha)=\|\alpha\|_p^p=\sum_{i=1}^{MN}|[\alpha]_i|^2 \tag{2.5.32}$$

同时数据的最小二乘项替换为 $\|f-\boldsymbol{H}\Phi^*\alpha\|_2^2$。

概言之,在图像复原等反问题研究中,存在分析和合成两类先验正则化方法,将其类比如下:

对于分析先验,有

$$\min\|f-\boldsymbol{H}u\|_2^2+\lambda\cdot\|\boldsymbol{\Phi}u\|_p^p \tag{2.5.33}$$

对于合成先验,有

$$\min\|f-\boldsymbol{H}\Phi^*\alpha\|_2^2+\lambda\cdot\|\alpha\|_p^p \tag{2.5.34}$$

对于正交的合成字典 Φ^*,$\Phi^*\Phi=\Phi\Phi^*=\boldsymbol{I}$,此时合成先验和分析先验形式下的解显然是一样的。当合成字典 Φ^* 过完备时,两种形式是不同的。对于合成先验,解的集合限制在合成字典 Φ^* 的列向量空间;而对于分析先验,解则是$\mathbb{R}^{MN}$空间中的特定向量。相比较于冗余的合成字典 Φ^*,分析形式具有更少的未知量,从而使得问题更加简单。与分析形式相反,合成方法提供了信号的一种由系列原子的线性组合形式,可以从更高的冗余性获得好处,以合成更为丰富复杂的信号。

关于分析先验和合成先验优劣性的争论是一个开放的问题。目前,关于合成形式的先验正则化因其结构通用和计算方便而备受推崇,大量算法层出不穷。尽管如此,关于分析先验的研究最近欣起了新的浪潮。Elad 在其稀疏与冗余表示的专著[23]报道了分析先验优于合成先验的一些成果,但这些现象还没有从理论上较好解释,亟待深入研究。

2.5.6 复合正则化

前面分析的正则化方法仅局限于一个正则化项的形式。由于不同正则化项的惩罚性质或者刻画的解空间不同,因此获得的解的性质也不同。例如,TV 模型倾向于分片光滑的解,而基于ℓ_1的合成先验正则化项倾向于在字典中选择原子信号的线性组合进行解的合成。在一些问题中,希望所获得的解同时满足多个正则化项的性质。这样,研究者提出所谓的多个不同性质的正则化项的叠加,形成复合正则化优化问题。以两个正则化项为例,其基本形式为

$$\hat{u} = \underset{u}{\operatorname{argmin}}\{ \Im(f,u) + \lambda_1 \cdot \mathbf{R}_1(u) + \lambda_2 \cdot \mathbf{R}_2(u)\} \tag{2.5.35}$$

式中:$\mathbf{R}_1:\mathbb{R}^N \to \mathbb{R}$,$\mathbf{R}_2:\mathbb{R}^N \to \mathbb{R}$ 为两个不同的正则化函数;λ_1 和 λ_2 为正则化参数。

复合正则化方法的关键是如何选择具有不同惩罚性质的正则化项。从函数空间的角度看,两个(或多个)赋范空间分别刻画了解的不同性质,但是各自空间的交集可能是合适的解空间。一个例子是 TV 分析先验和小波域分析先验的组合,即

$$\hat{u} = \underset{u}{\operatorname{argmin}} \frac{1}{2}\| \boldsymbol{H}u - \boldsymbol{f}\|_2^2 + \lambda_1 \mathrm{TV}(u) + \lambda_2 \| \boldsymbol{W}u \|_1 \tag{2.5.36}$$

式中:$\boldsymbol{W}$ 为小波变换矩阵。

由于 TV 分析先验倾向于分片光滑的解,而小波稀疏性倾向于“点状奇异性”,因此对于一些图像可以有望获得更优的结果。上述问题的一个挑战性在于设计快速复原算法。然而,随着分裂 Bregman 迭代和交替方向乘子(ADMM)等快速算法的出现[24-26],上述问题并不难求解。

下面给出分裂 Bregman 迭代方法,记为

$$J(u) = \frac{1}{2}\| \boldsymbol{H}u - \boldsymbol{f}\|_2^2 + \lambda_1 \mathrm{TV}(u) \tag{2.5.37}$$

并且引入辅助变量 v,则上述问题可以转化为约束优化问题:

$$\hat{u} = \underset{u}{\operatorname{argmin}}\, J(u) + \lambda_2 \| v \|_1 \quad \text{s. t.}\ \| v - \boldsymbol{W}u \|_2^2 = 0 \tag{2.5.38}$$

基于分裂 Bregman 迭代,上述问题可以转化为两步算法:

$$\begin{cases} (u^{(n+1)}, v^{(n+1)}) = \underset{u、v}{\operatorname{argmin}} J(u) + \lambda_2 \| v \|_1 + \dfrac{\mu}{2}\| v - \boldsymbol{W}u - z^{(n)} \|_2^2 \\ z^{(n+1)} = z^n + \boldsymbol{W}\boldsymbol{u}^{(n+1)} - v^{(n+1)} \end{cases} \tag{2.5.39}$$

这样,通过交替方向迭代,最小化过程可以表示为

$$
\begin{cases}
\boldsymbol{u}^{(n+1)} = \underset{u}{\operatorname{argmin}} L(\boldsymbol{u}, v^{(n)}) = \dfrac{1}{2} \| \boldsymbol{H}u - \boldsymbol{f} \|_2^2 + \lambda_1 \mathrm{TV}(u) + \dfrac{\mu}{2} \| v^{(n)} - \boldsymbol{W}\boldsymbol{u} - z^{(n)} \|_2^2 \\
\qquad\quad = \underset{u}{\operatorname{argmin}} \lambda_1 \mathrm{TV}(u) + \dfrac{1}{2} \| \widetilde{\boldsymbol{H}}u - \widetilde{\boldsymbol{f}} \|_2^2 \\
v^{(n+1)} = \underset{v}{\operatorname{argmin}} L(\boldsymbol{u}^{(n)}, v) = \lambda_2 \| v \|_1 + \dfrac{\mu}{2} \| v - \boldsymbol{W}\boldsymbol{u}^{(n)} - z^{(n)} \|_2^2 \\
z^{(n+1)} = z^n + \boldsymbol{W}\boldsymbol{u}^{(n+1)} - v^{(n+1)}
\end{cases}
$$

其中

$$
\widetilde{\boldsymbol{H}} = \begin{bmatrix} \boldsymbol{H} \\ \sqrt{\mu}\boldsymbol{I} \end{bmatrix}, \quad \widetilde{\boldsymbol{f}} = \begin{bmatrix} f \\ \sqrt{\mu}(v^{(n)} + z^{(n)}) \end{bmatrix}
$$

观察上述迭代格式：$\boldsymbol{u}$ 问题对应一个关于 $\boldsymbol{u}$ 的 TV 去模糊问题；$\boldsymbol{v}$ 问题对应一个 e_1 去噪问题。通过初始化迭代值（$u^{(0)}, v^{(0)}, z^{(0)}$），进行迭代，当满足终止条件时终止。

2.5.7 形态成分正则化

图像建模的另一个重要思想是形态成分分解模型。2001 年 Meyer 提出"$\boldsymbol{u}_c+\boldsymbol{u}_t$"模式的图像分解模型[27]，将图像建模为边缘卡通成分 $\boldsymbol{u}_c$（包括平滑与边缘轮廓等几何结构）和纹理成分 $\boldsymbol{u}_t$ 的"和"，即

$$
\boldsymbol{u} = \boldsymbol{u}_c + \boldsymbol{u}_t \tag{2.5.40}
$$

这样可以建立成分自适应正则化模型：

$$
(\hat{u}_c, \hat{u}_t) = \underset{u_c, u_t}{\operatorname{argmin}} \{ \Im(f, u_c + u_t) + \lambda_1 \cdot \mathcal{R}_1(u_c) + \lambda_2 \cdot \mathcal{R}_2(u_t) \} \tag{2.5.41}
$$

另外，还有一个思路式通过建立两个合成字典 $\boldsymbol{\Phi}_c$ 和 $\boldsymbol{\Phi}_t$，分别对应图像成分 $\boldsymbol{u}_c$ 和 $\boldsymbol{u}_t$。选择 ℓ_1 范数作为稀疏性度量标准，基于多成分字典的多形态稀疏表示模型为

$$
\begin{gathered}
\min_{\alpha_c, \alpha_t} \| \alpha_c \|_1 + \| \alpha_t \|_1 \\
\text{s. t. } \boldsymbol{u} = \boldsymbol{\Phi}_c \alpha_c + \boldsymbol{\Phi}_t \alpha_t
\end{gathered} \tag{2.5.42}
$$

借助于子字典对图像结构形态的分类稀疏表示能力，求解此模型在对图像形成稀疏表示的同时，能够将其分解为卡通成分 $\boldsymbol{u}_c = \boldsymbol{\Phi}_c \alpha_c$ 与纹理成分 $\boldsymbol{u}_t = \boldsymbol{\Phi}_t \alpha_t$。

则图像退化模型式(2.2.11)可表示为

$$
\boldsymbol{f} = \boldsymbol{H}(\boldsymbol{\Phi}_c \alpha_c + \boldsymbol{\Phi}_t \alpha_t) + n \tag{2.5.43}
$$

因此，多形态稀疏性正则化的图像恢复可建模为以下变分问题[28]：

$$
(\alpha_c^*, \alpha_t^*) = \underset{\alpha_c, \alpha_t}{\operatorname{argmin}} \| \boldsymbol{H}(\boldsymbol{\Phi}_c \alpha_c + \boldsymbol{\Phi}_t \alpha_t) - \boldsymbol{f} \|_2^2 + \lambda_1 \varphi_c(\alpha_c) + \lambda_2 \varphi_t(\alpha_t) \tag{2.5.44}
$$

式中：φ_c、φ_t 分别为对重建图像中卡通成分与纹理成分表示系数的稀疏性度量函数。最小能量目标泛函式(2.5.44)可恢复出高分辨率图像，即

$$
\widetilde{\boldsymbol{u}} = \widetilde{\boldsymbol{u}}_c + \widetilde{\boldsymbol{u}}_t = \boldsymbol{\Phi}_c \alpha_c^* + \boldsymbol{\Phi}_t \alpha_t^* \tag{2.5.45}
$$

上述模型的挑战性在于依据多成分字典的构造要求，这两个子字典对图像的几何结构和纹理分量应是类内强稀疏的，而类间强不相干的。虽然一些文献通过采取 Curvelet（可刻画曲线奇异性）和 Wavelet（可刻画点奇异性）等构造不同形态成分的稀疏表

示变换，但如何学习复杂自然图像表示的互补性和形态多样性字典仍然是挑战性问题。

2.6 贝叶斯推断

对于图像复原甚至更广义的图像超分辨问题，可以从经典统计学的角度进行估计，常用的贝叶斯估计方法包括最大似然估计（Maximum Likelihood，ML）、最大后验估计（Maximum A Posteriori，MAP），以及分层贝叶斯方法[29-30]。

1. 最大似然估计

考虑退化模型式（2.2.11）中的模糊图像 $\boldsymbol{f}$ 恢复清晰图像 $\boldsymbol{u}$ 的 ML 估计。假设噪声向量 n 服从多元正态密度：

$$L(u;f)=P(f\mid u)=\frac{1}{2\pi^{KN/2}\mid \boldsymbol{C}_{nn}{}^{1/2}}\exp\left\{-\frac{1}{2}(\boldsymbol{f}-\boldsymbol{H}u)^{\mathrm{T}}\boldsymbol{C}_{nn}^{-1}(\boldsymbol{f}-\boldsymbol{H}u)\right\} \quad (2.6.1)$$

式中：$n=[n_1,\cdots,n_K]^{\mathrm{T}}$，$\boldsymbol{C}_{nn}$ 为协方差矩阵，通常是对称并且半正定；$|\boldsymbol{C}_{nn}|$ 和 $\boldsymbol{C}_{nn}^{-1}$ 分别是其行列式的值和逆；$(\boldsymbol{f}-\boldsymbol{H}u)^{\mathrm{T}}$ 是 $\boldsymbol{f}-\boldsymbol{H}u$ 的转置。

这样，待求图像 $\boldsymbol{u}$ 的 ML 估计，即求

$$\hat{u}_{ML}=\underset{u}{\operatorname{argmax}}L(u;f) \quad (2.6.2)$$

进一步化简后，得

$$\begin{aligned}\hat{\boldsymbol{u}}_{\mathrm{ML}}&=\underset{u}{\operatorname{argmax}}L(f;u)\\&=\underset{u}{\operatorname{argmax}}\log L(u;f)=\underset{u}{\operatorname{argmin}}-\log L(u;f)\\&=\underset{u}{\operatorname{argmin}}\left\{\frac{1}{2}(\boldsymbol{f}-\boldsymbol{H}u)^{\mathrm{T}}\boldsymbol{C}_{nn}^{-1}(\boldsymbol{f}-\boldsymbol{H}u)\right\}\\&=\underset{u}{\operatorname{argmin}}\|\boldsymbol{f}-\boldsymbol{H}u\|_{\boldsymbol{C}_{nn}^{-1/2}}^{2}\end{aligned} \quad (2.6.3)$$

这样，ML 估计等价为加权最小二乘估计。利用广义逆算子，可得

$$\hat{\boldsymbol{u}}_{\mathrm{ML}}=(\boldsymbol{H}^{\mathrm{T}}\boldsymbol{C}_{nn}^{-1}\boldsymbol{H})^{\dagger}\boldsymbol{H}^{\mathrm{T}}\boldsymbol{C}_{nn}^{-1}\boldsymbol{f} \quad (2.6.4)$$

一个特殊的例子是当假设噪声向量 n 的各个分量为高斯独立同分布的，则对于 f，图像 u 的似然函数定义为

$$L(u;f)=p(f;u)=\left(\frac{1}{\sqrt{2\pi\sigma^2}}\right)^{MN}\exp\left\{-\frac{\|\boldsymbol{f}-\boldsymbol{H}u\|_2^2}{2\sigma^2}\right\} \quad (2.6.5)$$

式中：σ 为高斯分布的方差。

这样，图像 $\boldsymbol{u}$ 的 ML 估计为

$$\hat{\boldsymbol{u}}_{\mathrm{ML}}=\underset{u}{\operatorname{argmax}}\{L(u;f)\}=\underset{u}{\operatorname{argmin}}\{\|\boldsymbol{f}-\boldsymbol{H}u\|_2^2\} \quad (2.6.6)$$

其解的广义逆形式为 $\hat{\boldsymbol{u}}_{\mathrm{ML}}=(\boldsymbol{H}^{\mathrm{T}}\boldsymbol{H})^{\dagger}\boldsymbol{H}^{\mathrm{T}}\boldsymbol{f}$。

比较式（2.6.3）和式（2.6.6）可知，噪声向量 $\boldsymbol{n}$ 的各个分量满足高斯独立同分布时，最小二乘估计和 ML 估计之间是相互等价的。

2. 最大后验估计

根据上述的分析可知，ML 估计都只利用了样本信息，因此利用 ML 估计求解图像复

原问题同样必须引入一定的先验信息进行约束，以将不适定问题转化为适定问题。事实上，这正是贝叶斯统计学与经典统计学的本质区别。换句话说，贝叶斯统计学同时利用样本信息和先验信息进行统计推断。因此，将信号恢复重建看作一个贝叶斯统计推断问题，根据贝叶斯公式和最大后验概率准则，恢复图像 $\boldsymbol{u}$ 的 MAP 估计为

$$\begin{aligned}\hat{\boldsymbol{u}} &= \underset{u}{\operatorname{argmax}} P(u-f) \\ &= \underset{u}{\operatorname{argmax}} \frac{P(f-u)p(u)}{P(f)} \\ &= \underset{u}{\operatorname{argmax}} P(f-u)P(u) \\ &= \underset{u}{\operatorname{argmax}} \log P(f-u) + \log P(u) \\ &= \underset{u}{\operatorname{argmin}} -\log P(f-u) - \log P(u)\end{aligned} \tag{2.6.7}$$

式中：$p(f|u)$ 为 ML 估计中的似然函数，主要由退化模型的噪声类型决定，可以选取为随机噪声的概率密度函数；$p(u)$ 为图像的先验概率密度函数，$p(u)$ 的确定对应着图像的统计建模。

最具影响力的统计模型就是将图像建模为 Markov 随机场（Markov Random Field, MRF）以及与之等价的 Gibbs 随机场（Gibbs Random Field, GRF）[20,31]。当图像模型取为 MRF 时，$p(u)$ 可以用 Gibbs 概率密度函数表示为

$$p(u) = Z^{-1} \cdot \exp\left\{-\frac{\mathcal{R}(u)}{T}\right\} \tag{2.6.8}$$

式中：T 为温度参数；Z 为配分函数（Partition Function），可表示为

$$Z = \sum \exp\{-U(u)/T\} \tag{2.6.9}$$

$\mathcal{R}(\mathrm{u})$ 为能量函数，通常定义为

$$\mathcal{R}(u) = \sum_{c \in C} V_c(u) \tag{2.6.10}$$

式中：c 为 MRF 的簇；$\boldsymbol{C}$ 为 MRF 的所有族组成的集合；V_c 为和族 c 关联的位势函数。

这样，当退化模型中噪声向量 $\boldsymbol{w}$ 取多元正态密度时，式(2.6.7)可建模为以下正则化模型：

$$\hat{\boldsymbol{u}} = \underset{u}{\operatorname{argmin}} \|\boldsymbol{f}-\boldsymbol{H}u\|_{C_{\boldsymbol{ww}}^{-1/2}}^2 + \lambda \cdot \mathcal{R}(\mathrm{u}) \tag{2.6.11}$$

当噪声向量各个分量高斯独立同分布并且图像统计模型取为式(2.6.5)时，式(2.6.11)退化为

$$\hat{\boldsymbol{u}} = \underset{u}{\operatorname{argmin}} \|\boldsymbol{f}-\boldsymbol{H}u\|_2^2 + \lambda \cdot \mathcal{R}(\mathrm{u}) \tag{2.6.12}$$

2.7 正则化参数作用与选取方法

2.7.1 正则化参数作用

上面已经提到正则化模型的作用是抑制噪声的放大并稳定化估计图像，而优化模型往往包含数据保真项和先验正则项，正则化参数的作用是平衡数据保真项和先验正则项。下面以模型为例说明正则化参数作用，即

$$\hat{\boldsymbol{u}}_\lambda = \underset{u}{\operatorname{argmin}}\{E^\lambda(u) = \|f - Hu\|_2^2 + \lambda \cdot \mathcal{R}(u)\} \tag{2.7.1}$$

从数学上讲，上述模型的解 $\hat{\boldsymbol{u}}_\lambda$ 是正则解，与参数 λ 相关的。随着参数 λ 逐渐增大，正则化惩罚越大，得到的解光滑性（正则性）逐渐增强；但是随着 λ 逐渐增加，数据保真项的作用降低，其正则解也将偏离原始观测图像。文献[8]从连续形式给出满足尺度空间的若干不变性质，从信噪比（SNR）的角度观察，如果已知参考的真实图像 $\boldsymbol{u}$ 且 $\boldsymbol{H}=\boldsymbol{I}$，对应为图像去噪模型，计算 $\mathrm{SNR}_\lambda = \mathrm{SNR}(\hat{\boldsymbol{u}}_\lambda, \boldsymbol{u})$，则信噪比曲线如图 2.18 所示，呈现一种先升后降的态势。事实上当 $\boldsymbol{H}=\boldsymbol{I}$ 以及 $\mathcal{R}(u)$ 为凸，参数 λ 可以看作是尺度空间参数。从初始的模糊含噪图像 $\boldsymbol{f}$ 开始，正则解图像族 u 构成一个尺度空间，形成不同尺度下的平滑图像。

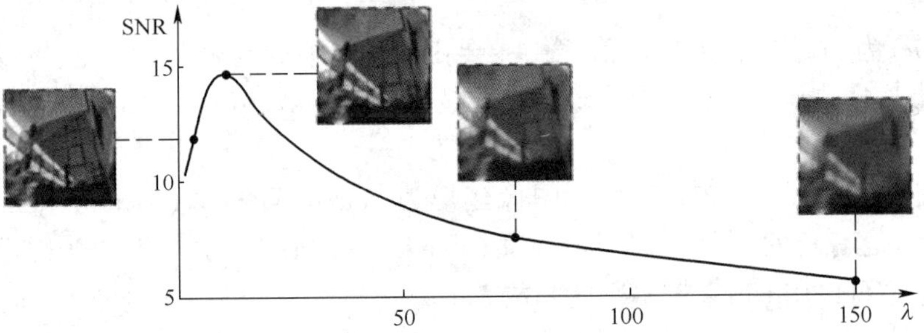

图 2.18　随着正则化参数递增得到的不同去噪图像及其信噪比曲线

2.7.2　正则化参数的选取方法

如何选取正则化参数是一个非常重要的问题。一般而言，正则化参数选取有两个代表性方法：先验的方法和后验的方法。先验的方法是在求出正则解以前就已将正则化参数确定下来，而且是多值的。这也导致对解的误差最小化的正则化参数的存在性与确定方法的研究。不少先验的策略在理论分析的价值明显，但在实际图像处理工程中难以验证其实施条件。因此，人们更多关注确定参数的后验方法，即在计算正则解的过程中根据一定的原则确定与原始图像的误差水平相匹配的正则化参数。后验的方法在实际工程中较为实用，且颇为盛行。后验的方法主要包括以偏差原理及其广义偏差原理为代表的方法、L 形曲线和广义交叉验证（generalized cross-validation，GCV）的方法[32-34]。

1. 偏差原理

一种最普遍的选取正则参数的后验方法是偏差原理（Discrepancy Principle）和广义偏差原理，广义偏差原理是对偏差原理进行改造和推广而得到的。在给出偏差原理之前，引入以下记号。

令

$$\hat{\boldsymbol{u}}_\lambda = \underset{u}{\operatorname{argmin}}\{E^\lambda(u) = \lambda \mathcal{R}(u) + \|\boldsymbol{f} - \boldsymbol{H}u\|_2^2\}$$

并记

$$m(\lambda) = \|\boldsymbol{f} - \boldsymbol{H}\hat{\boldsymbol{u}}_\lambda\|_2^2 + \lambda \mathcal{R}(\hat{\boldsymbol{u}}_\lambda), \phi(\lambda) = \|\boldsymbol{f} - \boldsymbol{H}\hat{\boldsymbol{u}}_\lambda\|_2^2, \psi(\lambda) = \mathcal{R}(\hat{\boldsymbol{u}}_\lambda)$$

式中：$m(\lambda)$ 和 $\phi(\lambda)$ 是关于 λ 的非降函数，而 $\psi(\lambda)$ 是非增函数。随着 λ 的增加，正则化惩罚增强，将得到更为光滑的解，因此 $\psi(\lambda)$ 会越来越小，而误差项 $m(\lambda)$ 将增加，如图 2.19所示。这样，为了防止数据的过拟合（对应欠正则的），需要选择较大的正则化参数；同时为防止过正则化，该参数又不能太大。

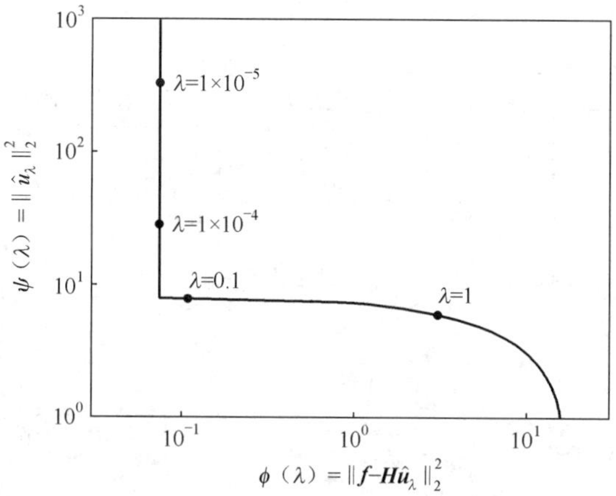

图 2.19　参数化曲线($\phi(\lambda)$,$\psi(\lambda)$)

偏差原理具有以下结论：如果 $\phi(\lambda)$ 是单值函数，当 $\|\boldsymbol{f}-\boldsymbol{H}\hat{\boldsymbol{u}}_0\|_2^2 \geqslant \delta$ 时，其中：$\hat{\boldsymbol{u}}_0 \in \{\min\limits_u \mathcal{R}(u)\}$，则存在 $\lambda=\lambda(\delta)$，可得

$$\|\boldsymbol{f}-\boldsymbol{H}\hat{\boldsymbol{u}}_{\lambda(\delta)}\|_2^2=\delta$$

上述结论表明最优的正则化参数是上述等式的根。

同时偏差原理也表明，正则化参数与原始观测数据的误差水平密切相关。当已知噪声的能量有最大上界，即 $\|n\|_2^2 \leqslant \sigma^2$，则 $\delta=\sigma^2$；对于随机噪声，可以设置为噪声的方差 $\delta=\mathrm{var}(n)$。

在实际中，面临的不仅是观测图像 $\boldsymbol{f}$ 含有噪声，$\boldsymbol{H}$ 也是估计不准确的，实际的退化模糊矩阵是 $\boldsymbol{H}+\delta_{\boldsymbol{H}}$。这样考虑关于 $\boldsymbol{H}$ 的扰动，可以建立更为广义的偏差方程，其方程的根对应最优的正则化参数。

2. L 形曲线

基于偏差原理的正则化曲线方法往往需要知道噪声或者 $\boldsymbol{H}$ 的扰动水平。当不知道这些先验信息时，偏差原理并不适应。此时一种更实用的方法是考察关于参数 λ 的曲线 ($\phi(\lambda)$,$\psi(\lambda)$)。一般而言，该曲线往往会呈现一种 L 形结构，如图 2.19 所示 $\phi(\lambda)=\|\boldsymbol{f}-\boldsymbol{H}\hat{\boldsymbol{u}}_\lambda\|_2^2$ 与 $\psi(\lambda)=\|\hat{\boldsymbol{u}}_\lambda\|_2^2$ 的参数曲线。

在实际中，为了增强 L 形曲线，通过 log-log 尺度来描述 $\phi(\lambda)=\|\boldsymbol{f}-\boldsymbol{H}\hat{\boldsymbol{u}}_\lambda\|_2^2$ 与 $\psi(\lambda)=\mathcal{R}(\hat{\boldsymbol{u}}_\lambda)$ 的加强曲线对比，进而根据该对比结果来确定正则参数的方法。运用 L 形曲线准则的关键是给出 L 形曲线隅角（角点）的数学定义，进而应用该准则选取参数[33]。

目前，有很多寻找 L 形曲线隅角的方法。其基本思想是定义 L 形曲线的隅角为 L 形曲线在 log-log 尺度条件下的最大曲率，如图 2.20 所示。

令

$$\rho = \log\phi(\lambda), \theta = \log\psi(\lambda) \tag{2.7.2}$$

则该曲率作为参数 λ 的函数定义为

$$c(\lambda) = \frac{\rho'\theta'' - \rho''\theta'}{(\rho')^2 + (\theta')^2} \tag{2.7.3}$$

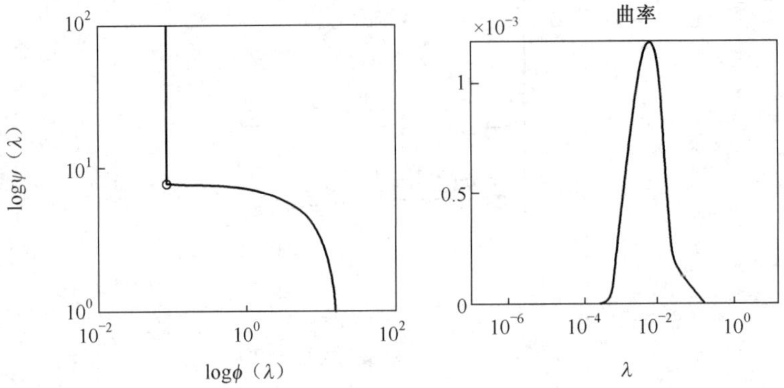

图 2.20　log-log 尺度 L 形曲线及其曲率函数图形

3. 广义交叉验证(GCV)

另一个不需要噪声水平的正则化参数估计方法是广义交叉验证方法。传统交叉验证的基本原理是当式 $\boldsymbol{f} = \boldsymbol{H}u$ 的测量值 $\boldsymbol{f}$ 中的任意一项 $\boldsymbol{f}[i]$ 被移除时,所选择的正则参数应能预测到移除项所导致的变化。广义交叉验证法是由 Golub 等提出[34],其基本思想是使预测误差最小。对于图像恢复的正则化方法而言,能得到已知观测数据的正则化解,即

$$\hat{\boldsymbol{u}}_\lambda = \boldsymbol{H}^\# \boldsymbol{f} \tag{2.7.4}$$

式中:$\boldsymbol{H}^\#$ 表示正则化逆。

例如,对于 Tikhonov 正则化模型式(2.5.11),有 $\boldsymbol{H}^\# = (\boldsymbol{H}^{\mathrm{T}}\boldsymbol{H} + \lambda I)^{-1}\boldsymbol{H}^{\mathrm{T}}$, 其 GCV 定义为

$$G(\lambda) = \frac{\| \boldsymbol{f} - \boldsymbol{H}\hat{\boldsymbol{u}}_\lambda \|_2^2}{[\mathrm{tr}(\boldsymbol{I} - \boldsymbol{H}\boldsymbol{H}^\#)]^2} \tag{2.7.5}$$

式中:tr(·)为矩阵的迹。

则最优的正则化参数应满足:

$$\lambda^* = \underset{\lambda}{\operatorname{argmin}} G(\lambda) \tag{2.7.6}$$

从式(2.7.6)可知,GCV 方法并不需要知道噪声的强度水平,因而是一个很实用的正则化参数估计方法。

但是,计算 GCV 的难度在于计算正则化逆 $\boldsymbol{H}^\#$,当一些正则化方法并不能明显地表达为正则化逆形式时很不方便。在实际中,GCV 方法是相对鲁棒的方法,但是有时得到的 GCV 曲线过于平坦,因此往往得到的估计值较小,这样应用到图像恢复时,对应的正则解往往是过拟合的,如图 2.21 所示。

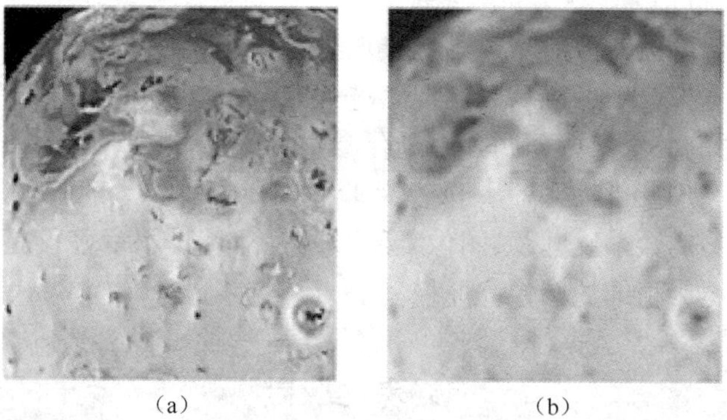

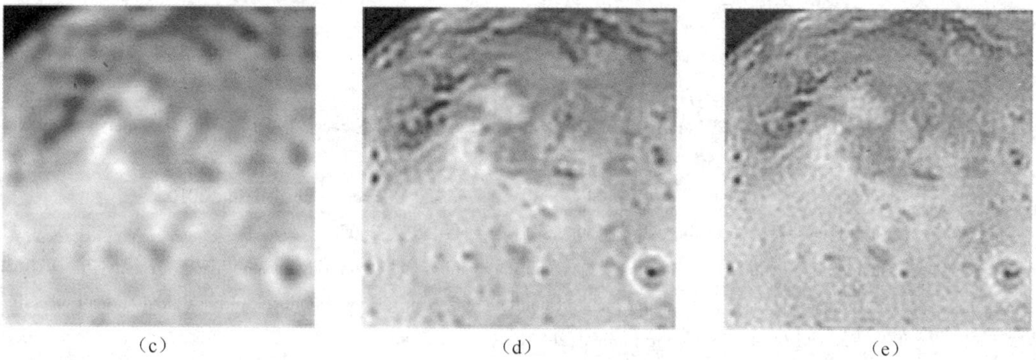

图 2.21　不同正则化参数下的复原结果
(a)清晰月球表面图像;(b)模糊图像;(c)参数过大;(d)参数适中;(e)参数过小。

2.8　本 章 小 结

本章系统介绍了图像复原的基本概念及其建模基础。本章的出发点是以图像复原的基本数学建模方法为主线。本章的核心是介绍图像复原的正则化方法,其建模思路涉及数据保真项和图像先验正则项的建模。本章主要是以加性高斯噪声阐述各种图像复原方法。

(1) 对成像系统的物理过程建立更加符合实际情况的观测过程模型,是解决图像复原问题的核心,也是设计数据保真项的基本出发点。因为数据保真项是须要更精确地拟合成像过程,使其数据拟合误差最小。为此,2.2 节给出了图像退化的信号系统建模,主要通过线性平移不变系统刻画图像成像过程。这一类观测图像,模糊原因主要是 PSF 的卷积过程。图像的退化往往受到噪声污染,因此 2.3 节主要介绍了常见的几类噪声概率分布建模方法。

(2) 为了有助于理解正则化方法的抑制噪声放大以及克服图像复原的不适定性,2.4 节介绍了基本的图像复原滤波算法。这些算法是基于傅里叶变换域的,具有逆滤波或者正则化逆滤波的形式。在此基础上,2.5 节基于矩阵与向量形式集中介绍了图像复原的正则化方法,从截断 SVD 正则化和 Tikohonov 正则化开始,逐步过渡到非二次正则化,以及目前广泛流行的稀疏正则化及其多个惩罚函数的正则化方法,并在 2.6 节给出正则化方法的贝叶斯推断机理。

值得指出的是,既然图像的噪声可能出现非高斯分布或者其他概率分布形式,因此从贝叶斯角度看,数据拟合项可以从数据似然进行推导,这对一些特殊的图像复原问题非常重要。正则化方法的一个重要问题是正则化参数的选取问题,在 2.7 节给出了一些基本的方法,包括偏差原理、L 形曲线和广义交叉验证。

总之,作为典型的数学反问题,图像复原极具挑战性。本章仅仅是抛砖引玉,在后面的章节中,将讨论更为精细的图像复原模型。

参 考 文 献

[1] Park S C, Min K P, Kang M G. Super-resolution image reconstruction: a technical overview[J]. IEEE Signal Processing Magazine, 2003, 20(3): 21-36.

[2] Richardson W H. Bayesian-based iterative method of image restoration[J]. Journal of the Optical Society of America (1917-1983), 1972, 62(1): 55-59.

[3] Gonzalez R C, Woods R E. Digital image processing [M]. New dersey: Pearson Education, Inc, 2010.

[4] 王颜飞. 反演问题的计算方法及其应用[M]. 北京:高等教育出版社,2007.

[5] Eldar Y C, Kutyniok G. Compressed sensing : theory and applications[M]. Cambridge: Cambridge University Press, 2012.

[6] Lagendijk R L, Biemond J. Basic methods for image restoration and identification. Handbook of Image and Video Processing [M]. Bradford: Emerald Group Publishing Limited, 2005.

[7] 肖亮,韦志辉,邵文泽,等. 基于图像先验建模的超分辨增强理论与算法[M]. 北京:国防工业出版社,2015.

[8] Charles B. Image noise models, in Handbook of Image and Video Processing[M]. Bradford: Emerald Group Publishing Limited, 2005.

[9] Aubert G, Kornprobst P. Mathematical problems in image processing: Partial differential equations and the calculus of variations[J]. Applied Intelligence, 2006, 40(2): 291-304.

[10] Anscombe F J. The transformation of Poisson, binomial and negative-binomial data[J]. Biometrika, 1948, 35(3/4): 246-254.

[11] Zhang B, Fadili J M, Starck Jeanluc. Wavelets, ridgelets and curvelets for Poisson noise removal[J]. IEEE Transactions on Image Processing, 2008, 17(7): 1093-1108.

[12] Murtagh F, Starck J, Bijaoui A. Image restoration with noise suppression using a multiresolution support[J]. Astronomy and Astrophysics Supplement Series, 1995: 179-189.

[13] Deledalle C A, Tupin F, Denis L. Poisson nl means: Unsupervised non local means for poisson noise. IEEE International Conference on Image Processing[C]. Hong Kong: IEEE, 2010: 801-804.

[14] Salmon J, Harmany Z T, Deledalle C, et al, Poisson noise reduction with non-local pca[J]. Journal of Mathematical Imaging and Vision, 2014, 48(2): 279-294.

[15] Zhao Lingyan, Zhang Jun, Wei Zhihui. Skellam distribution based adaptive two-stage nonlocal methods for photon-limited Poisson noisy image reconstruction. IEEE International Conference on Image Processing[C]. Beijing: IEEE, 2018: 2433-2437.

[16] 吴慧中,肖亮,韦志辉. 基于最大后验概率和鲁棒估计的图像恢复推广变分模型[J]. 计算机研究与发展,2007,44(7):1105-1113.

[17] Xiao Liang, Huang Li Li, Wei Zhi Hui. A weberized total variation regularization-based image multiplicative noise removal algorithm[J]. Eurasip Journal on Advances in Signal Processing, 2010, (1): 490384.

[18] Zhang Zhengrong, Zhang Jun, Wei Zhihui, et al. Cartoon-texture composite regularization based non-blind deblurring method for partly-textured blurred images with poisson noise[J]. Signal Processing, 2015, 116(C): 127-140.

[19] Levine H A. Review: A N Tikhonov and V Y Arsenin, Solutions of ill posed problems[J]. Bulletin of the American

MathematicalSociety,1979,1(3):521-524.
[20] 邹谋炎,反卷积和信号复原[M]. 北京:国防工业出版社,2001.
[21] Charbonnier P,Blancferaud L,Aubert G,et al. Deterministicedge-preserving regularization in computed imaging[J]. IEEE Transactions on Image Processing,1997,6(2):298-311.
[22] 斯塔克,穆尔塔格. 稀疏图像和信号处理:小波,曲波,形态多样性[M]. 肖亮,张军,刘鹏飞,译. 北京:国防工业出版社,2015.
[23] Elad M. Sparse and Redundant Representations: From Theory to Applications in Signal and Image Processing[M].New York:Springer,2010.
[24] Goldstein T,Osher S. The split Bregman method for l_1-regularized problems[J].SIAM Journal on Imaging Sciences, 2009,2(2):323-343.
[25] Osher S,Burger M,Goldfarb D,et al. An iterative regularization method for total variation-based image restoration[J]. SIAM Journal on Multiscale Modeling and Simulation,2005,4(2):460-489.
[26] Combettes P L,Pesquet J.Proximal splitting methods in signal processing[J]. Optimization and Control,2011:185-212.
[27] Meyer Y.Oscillating patterns in image processing and nonlinear evolution equations: The fifteenth dean jacqueline B. lewis memorial lectures[J].American Mathematical Soclety,2001,22:122.
[28] 肖亮,孙玉宝,韦志辉,等. 多形态稀疏性正则化的图像超分辨率算法[J]. 电子学报,2010,38(12):2898-2903.
[29] Derin Babacan S,Molina R,Katsaggelos A K. Variational Bayesian super resolution[J].IEEE Transactions on Image Processing,2011,20(4):984-999.
[30] Milanfar P. Super-resolution imaging[M].New Yonk: CRC Press,2011.
[31] 韦志辉,邵文泽. 基于广义 Huber-MRF 图像建模的超分辨率复原算法[J]. 软件学报,2007,18(10):2434-2444.
[32] Hochstenbach M E,Reichel L,Rodriguez G. Regularization parameter determination for discrete ill-posed problems[J]. Journal of Computational and Applied Mathematics,2015,273(273):132-149.
[33] Castellanos J L,Gómez S,Guerra V. The triangle method for finding the corner of the l-curve[J]. Applied Numerical Mathematics,2002,43(4):359-373.
[34] Golub G,Matt U. Generalized cross-validation for large-scale problems[J]. Journal of Computational and Graphical Statistics,1997,6(1):1-34.

第 3 章　全变差及其演化：从整数阶到分数阶

3.1 引　言

在数字图像处理中，图像往往被看作是一个函数，图像的建模实际上是要找到合适的函数对图像进行描述和表示。在实际中，一幅图像往往具有边缘、纹理、噪声等不同图像成分，而不同的图像成分具有不同的特征，因此人们需要找到能有效刻画这些不同特征的函数空间，并利用这些函数空间中的函数对图像的不同成分进行建模。在众多函数空间中，有界变差函数空间由于允许函数存在跳跃间断，因此有利于图像边缘等重要结构的建模，从而成为图像建模最常用的函数空间，而基于有界变差函数空间建模的全变差（Total Variation，TV）正则化方法[1]则成为最常用的图像建模方法之一。

全变差正则化在图像处理领域产生了巨大影响，极大地推动了变分正则化方法在图像处理领域中的应用，但全变差正则化也有缺点。由于全变差极小化趋向于分片常数的极小解，这就导致全变差正则化不利于图像纹理等"振荡"细节的保持，而且在图像灰度渐变区域容易出现"阶梯效应"。针对纹理保持问题，借助非局部方法的思想[2]，Gilboa 等提出了非局部全变差（Nonlocal Total Variation，NLTV）正则化方法[3]，在纹理保持方面取得了较好的效果，NLTV 可以看作是传统的一阶全变差的非局部化推广。针对图像"阶梯效应"的抑制，最常见的方法就是引入高阶导数加强对函数光滑性的约束，这类高阶全变差正则化方法[4-5]在抑制"阶梯效应"方面取得了较好的效果。

无论是基于一阶导数的全变差，还是引入高阶导数的高阶全变差，都是基于整数解微分算子的正则化方法。从神经生理学角度分析，经典的整数阶微分检测算子实际上都是在数学上对人类视觉感知感受野模型的仿生实现。事实表明这些整数阶微分算子虽然可以很好地刻画图像的强边缘结构，但对图像弱边缘及纹理结构的处理并不理想，而基于分数阶微分算子的感受野模型由于更符合人类视觉感知特性，因此可以更好地处理弱边缘及纹理等细节信息[6-7]。随着分数阶微积分在图像处理领域中的研究开展，传统的全变差推广到分数阶全变差[8-9]，分数阶全变差引入图像处理广泛得到了应用。

本章结合图像复原模型从经典的一阶全变差到高阶全变差，再到分数阶全变差的演化，重点介绍图像建模涉及的基本数学概念，为后面章节的分析奠定良好的理论基础。首先，3.2 节重点介绍函数空间以及广义导数等基本数学概念[10]，以帮助读者更好地理解本书涉及的数学模型。然后，按照全变差正则化的演化，依次介绍一阶全变差及其非局部推广（见 3.3 节、3.4 节）、高阶全变差推广（见 3.5 节）以及分数阶段全变差推广（见 3.6 节），这也是本书第 5 章～第 8 章图像复原方法的建模基础。

3.2 函数空间与广义导数

本节介绍图像建模涉及的一些基本数学概念。需要说明的是,本书更关注的是对于这些概念的理解及应用,而不是其严格的数学证明,对于其相关的数学性质及严格理论证明,读者可参考凸分析、泛函分析等资料[10-12]。

3.2.1 范数与内积

定义 3.1(线性空间):设 X 为一非空集合,K 为一数域(实数域$\mathbb{R}$ 或复数域$\mathbb{C}$),若对于任意元素 $x,y\in X$ 和数 $k,l\in K$,都有 $kx+ly\in X$,则 X 为数域 K 上的线性空间。

简单地说,如果一个集合中的元素对于加法和数乘运算是"封闭"的,则该集合就构成线性空间。

定义 3.2(范数):设 X 是数域 K 上的线性空间,若映射 $\|\cdot\|: X\to\mathbb{R}$ 同时满足下列条件,则 $\|\cdot\|:X\to\mathbb{R}$ 称为线性空间 X 上的一个范数,此时 $(X,\|\cdot\|)$ 称为赋范线性空间。

(1)(非负性)对任意 $x\in X$,有 $\|x\|\geqslant 0$,当且仅当 $x=0$ 时等号成立;

(2)(齐次性)对任意 $x\in X$ 和任意 $\lambda\in K$,有 $\|\lambda x\|=|\lambda|\cdot\|x\|$;

(3)(三角不等式) 对任意 $x,y\in X$,有 $\|x+y\|\leqslant\|x\|+\|y\|$。

根据定义 3.2 所要满足的三个条件,人们可以在线性空间 X 上定义不同的范数,从而得到不同的赋范线性空间。

对于函数空间,最常见的有

$$L^p(\Omega)=\left\{f(x),x\in\Omega \mid \|f\|_p=\left(\int_\Omega|f(x)|^p\mathrm{d}x\right)^{1/p}<+\infty,p\geqslant 1\right\}$$

$$L^\infty(\Omega)=\{f(x),x\in\Omega \mid \|f\|_\infty=\max_{x\in\Omega}|f(x)|<+\infty\}$$

对于离散向量空间,最常见的有

$$X_p=\left\{\boldsymbol{x}\in\mathbb{R}^n \mid \|\boldsymbol{x}\|_p=\left(\sum_{i=1}^n|x_i|^p\right)^{1/p}<+\infty,p\geqslant 1\right\}$$

$$X_\infty=\{\boldsymbol{x}\in\mathbb{R}^n \mid \|\boldsymbol{x}\|_\infty=\max_{i=1,\cdots,n}|x_i|<+\infty\}$$

线性空间 X 上的范数实际上是对该空间中的元素的长度的度量,而线性空间 X 中任意两个元素之间的关系,则可用内积进行刻画。

定义 3.3(内积):设 X 是数域 K 上的线性空间,若存在映射$(\cdot,\cdot):X\times X\to\mathbb{R}$ 满足下列条件,则称映射$(\cdot,\cdot):X\times X\to\mathbb{R}$ 为线性空间 X 上的内积,此时称 X 为内积空间。

(1)对于任意 $x\in X$,有$(x,x)\geqslant 0$,当且仅当 $x=0$ 时等号成立;

(2)对于任意 $x,y\in X$,有$(x,y)=\overline{(y,x)}$;

(3)对于任意 $x,y,z\in X$ 和 $k,l\in K$,有$(kx+ly,z)=k(x,z)+l(y,z)$。

定义 3.4:设$(X,\|\cdot\|)$是一个赋范线性空间,如果对于 X 中的任一 Cauchy 序列$\{x_n\}$(满足 $\|x_m-x_n\|\to 0(m,n\to+\infty)$的序列),必存在 $x\in X$,使得 $\|x_n-x\|\to 0$,则称$(X,\|\cdot\|)$为完备的赋范线性空间,通常称为 Banach 空间。

注:① 设 X 是一个内积空间,则 $\|x\|=\sqrt{(x,x)}$ 定义了 X 上的一种范数,因此内积空

间一定是赋范线性空间,但反之未必。

② 若内积空间 X 在范数 $\|x\| = \sqrt{(x,x)}$ 意义下是 Banach 空间,则 X 称为一个完备的内积空间,通常称为 Hilbert 空间。

③ 对于 L^p 空间,仅当 $p=2$ 时,L^p 为 Hilbert 空间,其余情况均为 Banach 空间。

3.2.2 广义导数和分布导数

经典的导数是用极限形式定义的,如果极限不存在,则不可导。作为经典导数的拓展,广义导数是用积分形式定义的,这种方式使得广义导数适用于更多经典意义下不可导的函数。

定义 3.5(广义导数):对于实函数 $u(x), x\in\Omega$,若存在实函数 $g(x)$,使得

$$\int_\Omega g(x)\cdot\phi(x)\,\mathrm{d}x = -\int_\Omega u(x)\cdot\phi'(x)\,\mathrm{d}x,\ \forall\phi\in C_0^\infty(\Omega) \tag{3.2.1}$$

则 $g(x)$ 称为 $u(x)$ 在 Ω 上的广义导数,记为 $u'(x)=g(x)$ 或 $\nabla u(x)=g(x)$。

例 3.1:求函数 $u(x)=|x|, x\in[-1,1]$ 的广义导数。

解:对于 $\forall\phi\in C_0^\infty(\Omega)$,可得

$$\int_{-1}^1 u\cdot\phi'\mathrm{d}x = \int_0^1 x\cdot\phi'\mathrm{d}x - \int_{-1}^0 x\cdot\phi'\mathrm{d}x = \int_{-1}^0 1\cdot\phi\mathrm{d}x - \int_0^1 1\cdot\phi\mathrm{d}x$$

则根据广义导数定义,函数 $u(x)=|x|$ 在 $x\in[-1,1]$ 上广义导数为

$$u'(x)=g(x)=\begin{cases}1, & 0<x\leqslant 1\\ c, & x=0\\ -1, & -1\leqslant x<0\end{cases}$$

式中:c 为任意常数。

注:① 广义导数若存在,必定唯一(不考虑导数中的任意常数)。

② 如果一个函数存在经典意义下的导数,则其广义导数就是其经典意义下的导数,所以广义导数是经典导数的推广。

③ 在广义导数意义下,可定义 Sobolev 空间为

$$W^{1,1}(\Omega)=\{u\mid u\in L^1(\Omega), u'\in L^1(\Omega)\}$$

例 3.1 表明,Sobolev 空间 $W^{1,1}(\Omega)$ 中允许存在像折线这样的连续分段光滑函数,这也意味着在二维情形下,可以利用 $W^{1,1}(\Omega)$ 空间中的函数对图像的屋脊型边缘进行建模。

例 3.2:求 Heaviside 函数

$$h(x)=\begin{cases}1, & 0<x\leqslant 1\\ 0, & -1\leqslant x\leqslant 0\end{cases}$$

的广义导数。

解:对于 $\forall\phi\in C_0^\infty[-1,1]$,有

$$\int_{-1}^1 h\cdot\phi'\mathrm{d}x = \int_0^1\phi'\mathrm{d}x = -\phi(0)$$

引入 δ 函数:

$$\delta(x)=\begin{cases}+\infty, & x=0\\ 0, & x\neq 0\end{cases}$$

$$\int_{-\infty}^{+\infty} \delta(x)\phi(x)\mathrm{d}x = \phi(0)$$

则

$$\int_{-1}^{1} \delta \cdot \phi \mathrm{d}x = -\int_{-1}^{1} h \cdot \phi' \mathrm{d}x$$

根据式(3.2.1)的广义导数的定义形式,δ 函数似乎就是 Heaviside 函数的广义导数。但事实上,δ 函数本身并不是一个真正的函数(因为 δ(0)是不存在的),因此 Heaviside 函数不存在广义导数。

例 3.2 说明 $h(x) \notin W^{1,1}$,表明 $W^{1,1}$ 中的函数不允许存在“跳跃间断”,这就意味着不能用 $W^{1,1}$ 中的函数对图像的阶跃边缘进行建模。

为了能更好地刻画这种具有“跳跃间断”的函数,人们对广义导数进行进一步的推广,得到“分布导数”的概念。

通常,在 $C_0^\infty(\Omega)$ 上定义了收敛性后,则 $C_0^\infty(\Omega)$ 称为基本空间,记为 $D(\Omega)$。

定义 3.6(分布):基本空间 $D(\Omega)$ 上的任意一个连续线性泛函 $f \in D^*(\Omega)$ 都称为一个分布,其中 $D^*(\Omega)$ 为 $D(\Omega)$ 的对偶空间($D(\Omega)$ 上所有连续线性泛函构成的空间)。

例 3.3:对于任意局部可积函数 $u \in L_{\mathrm{loc}}^1(\Omega;\mathbb{R})$,定义为

$$T_u(\phi) := \langle T_u, \phi \rangle = \int_\Omega \phi(x) u(x) \mathrm{d}x,\ \forall \phi \in D(\Omega) \tag{3.2.2}$$

则 T_u 是 $D(\Omega)$ 上的一个连续线性泛函,通常 T_u 称为 u 的一个分布。这里的$\langle \cdot, \cdot \rangle$表示一种泛函作用关系。

根据 Reize 表示定理,u 和 T_u 是一一对应的,即 $u \leftrightarrow T_u, T_u \in D^*(\Omega)$。当 u 本身不存在广义导数时,可以利用其对应的分布 T_u 定义广义导数,即为分布导数。

定义 3.7(分布导数):对于任意局部可积的函数 $u \in L_{\mathrm{loc}}^1(\Omega;\mathbb{R})$,若存在连续线性泛函 $g \in D^*(\Omega)$,使得

$$\langle g, \phi \rangle = -\langle T_u, \phi' \rangle,\ \forall \phi \in D(\Omega)$$

则称 g 为 u 的分布导数,记为 $Du = g$。

对于例 3.2 中的 Heaviside 函数而言,存在对应的连续线性泛函 T_h,可得

$$T_h(\phi') := \langle T_h, \phi' \rangle = \int_{-1}^{1} h \cdot \phi' \mathrm{d}x = \int_0^1 \phi' \mathrm{d}x = -\phi(0)$$

根据 δ 函数的定义,可定义如下关系,即

$$\langle \delta, \phi \rangle = \int_{-1}^{+1} \delta(x)\phi(x)\mathrm{d}x = \phi(0),\ \forall \phi \in D([-1,1]) \tag{3.2.3}$$

虽然 δ 并不是一个真正的函数,但显然 $\delta: D([-1,1]) \to \mathbb{R}$ 是 $D([-1,1])$ 上的连续线性泛函。

因此,根据式(3.2.2)和式(3.2.3),可得

$$\langle \delta, \phi \rangle = \phi(0) = -\langle T_h, \phi' \rangle$$

根据定义 3.7,Heaviside 函数的分布导数为 $Dh = \delta$。

注:① 如果一个函数有广义导数,则其分布导数就是广义导数,因此分布导数是传统经典意义下导数概念的进一步拓展。

② 在上述所有定义中,一般要求 $\phi \in C_0^\infty(\Omega)$,但实际上当只需要一阶导数时,只对 ϕ

的一阶导数有限制，因此只需要 $\phi \in C_0^1(\Omega)$ 即可。

③ 在本书后面章节中，在没有特殊说明的情况下，所涉及的函数导数都是广义导数。

3.3 有界变差函数空间与全变差建模

全变差目前已经成为经典的图像建模工具，本节重点介绍全变差的一些基本概念及其性质，为后面分析全变差正则化图像复原模型和算法奠定理论基础。

3.3.1 全变差与有界变差函数空间

1. 全变差及其性质

令 Ω 是 $\mathbb{R}^n$ 中的有界开子集，$u(x) \in L_{\mathrm{loc}}^1(\Omega;\mathbb{R})$ 为局部可积函数，Du 为其分布导数，则根据定义 3.7 给出的分布导数的定义，可得

$$< Du,\phi > = - < T_u,\phi' > = -\int_\Omega u(x)\,\mathrm{div}\phi(x)\,\mathrm{d}x,\ \forall\,\phi(x) \in C_0^1(\Omega;\mathbb{R}^n)$$

定义 3.8(全变差)：设 Ω 为 $\mathbb{R}^n$ 中的有界开子集，$u(x) \in L_{\mathrm{loc}}^1(\Omega;\mathbb{R})$ 为局部可积函数，则函数 u 在 Ω 上的全变差(TV)定义为

$$\begin{aligned}\mathrm{TV}(u,\Omega) &:= \sup_\phi\{ < Du,\phi > : \phi \in C_0^1(\Omega;\mathbb{R}^n),\ |\phi| \leqslant 1,\ \forall x \in \Omega\} \\ &= \sup_\phi\{ -\int_\Omega u(x)\,\mathrm{div}\phi(x)\,\mathrm{d}x : \phi \in C_0^1(\Omega;\mathbb{R}^n),\ |\phi| \leqslant 1,\ \forall x \in \Omega\}\end{aligned} \tag{3.3.1}$$

注：① 全变差是用分布导数来定义的，常常记为 $\mathrm{TV}(u,\Omega) = \int_\Omega |Du|$，其中 Du 为函数 u 的分布导数。

② 若 $u(x) \in L_{\mathrm{loc}}^1(\Omega;\mathbb{R})$，且 $\nabla u \in L_{\mathrm{loc}}^1(\Omega;\mathbb{R}^2)$，即 $u \in W_{\mathrm{loc}}^{1,1}(\Omega)$，则有

$$\mathrm{TV}(u,\Omega) = \int_\Omega |\nabla u(x)|\,\mathrm{d}x \tag{3.3.2}$$

这是目前在图像建模中最常用的全变差表达式。

③不特别强调定义域 Ω 时，全变差通常简记为 $\mathrm{TV}(u)$。

定理 3.1：函数的全变差具有下面几个重要性质：

性质 1(下半连续性)：如果 $\{u_n\}$ 弱收敛于 u，则 $\mathrm{TV}(u) \leqslant \liminf\limits_{n\to+\infty} \mathrm{TV}(u_n)$。

性质 2(凸性)：全变差 $\mathrm{TV}(u)$ 是凸的。

性质 3(齐次性)：对任意 $u \in L_{\mathrm{loc}}^1(\Omega;\mathbb{R})$，$\lambda > 0$，有 $\mathrm{TV}(\lambda u) = \lambda \mathrm{TV}(u)$。

上述全变差性质对于全变差正则化模型的解的存在唯一性等重要性质的证明非常重要，在本书中更关注这些性质的应用，而对于这些重要性质本身的严格理论证明，读者可参考相关文献[13-15]。

2. 有界变差函数空间

定义 3.9(BV 空间)：设 Ω 为 $\mathbb{R}^n$ 中的开集，则定义为

$$\mathrm{BV}(\Omega) = \{u \in L^1(\Omega) \mid \mathrm{TV}(u) < +\infty\} \tag{3.3.3}$$

为 $\Omega \subset \mathbb{R}^n$ 上的有界变差函数(Functions with Bounded Variation, BV)空间，简称为 $\mathrm{BV}(\Omega)$

空间或 BV 空间。

BV 空间上的范数定义为

$$\| u \|_{\mathrm{BV}} = \| u \|_{L^1} + \mathrm{TV}(u) \tag{3.3.4}$$

注:① BV(Ω)在范数式(3.3.4)意义下,是一个 Banach 空间;全变差 TV(u)是有界变差函数空间 BV(Ω)上的半范数。

② BV(Ω)是 Sobolev 空间 $W^{1,1}(\Omega)$的弱闭包,因此有 $W^{1,1}(\Omega) \subset \mathrm{BV}(\Omega)$。

函数的全变差是通过分布导数来定义的,类似于 Heaviside 函数这样的具有跳跃间断点的函数,虽然没有广义导数,但有分布导数。事实上,Heaviside 函数具有有界变差,即属于 BV(Ω),意味着可以利用 BV(Ω)空间中的函数对图像中的阶梯边缘进行建模。

需要指出的是,目前许多常用的全变差正则化采用式(3.3.2)的形式,虽然在模型中也写 $u \in \mathrm{BV}(\Omega)$,但此时实际上是在用 BV($\Omega$)空间的子空间 $W^{1,1}(\Omega)$对图像建模。之所以这样做,是因为在理论上有下面的逼近定理来保障这种替代的合理性。

定理 3.2(Meyers-Serrin[16]):设 $\Omega \subset \mathbb{R}^n$ 为开集,$u \in \mathrm{BV}(\Omega)$,则存在序列$\{u_n\}$,其中 $u_n \in C^{\infty}(\Omega) \cap W^{1,1}(\Omega)$,使得当 $n \to +\infty$ 时,有

$$u_n \to u, u \in L^1(\Omega)$$

$$\mathrm{TV}(u_n) = \int_{\Omega} |\nabla u_n| \mathrm{d}x \to J(u) = \int_{\Omega} |Du|$$

该定理的结论说明 BV 空间中的函数可以用充分光滑的函数进行很好的逼近(图 3.1 所示的对阶梯函数的逼近)。正是因为如此,在实际计算中往往利用 $W^{1,1}(\Omega)$替代 BV 空间对图像进行建模,即利用 $\mathrm{TV}(u) = \int_{\Omega} |\nabla u| \mathrm{d}x$ 替代原始的全变差 $\mathrm{TV}(u) = \int_{\Omega} |Du|$,因为前者无论是在理论分析还是在数值计算上,都比后者方便得多。

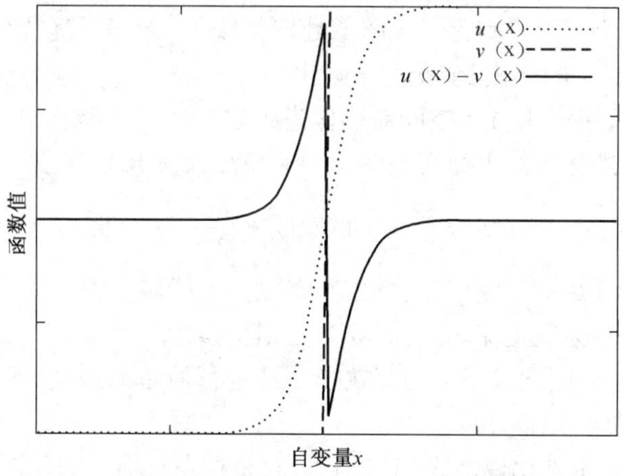

图 3.1　光滑函数对于阶梯函数的逼近

3.3.2　BV 空间图像建模与全变差正则化

1. Ca-area 公式

定义 3.10:可测集 $E \subset \Omega$ 是有限周长的,当且仅当 $\chi_E \subset \mathrm{BV}(\Omega)$,其中:

$$\chi_E = \begin{cases} 1, & x \in E \\ 0, & x \notin E \end{cases}$$

为集合 E 的示性函数。当 E 是有限周长时，$\mathrm{TV}(\chi_E)$ 称为 E 在 Ω 中的周长，记 $\mathrm{Per}(E;\Omega)$；如果 $\Omega=\mathbb{R}^n$，则周长简记为 $\mathrm{Per}(E)$。

注：①集合 Ω 为 $\mathbb{R}^n$ 中的可测集，因此集合的长度只依赖于非零 Lebesgue 测度。

② 对于任意具有有限周长的集合 $A,B\in\Omega$，满足

$$\mathrm{Per}(A\cup B;\Omega)+\mathrm{Per}(A\cap B;\Omega)\leqslant \mathrm{Per}(A;\Omega)+\mathrm{Per}(B;\Omega)$$

定理 3.3（Co-area）：对于函数 $u\in \mathrm{BV}(\Omega)$，则对于几乎每一个 $s\in R$，集合 $\{x\,|\,u(x)>s\}$ 在 Ω 中都具有有限周长，且有

$$\mathrm{TV}(u)=\int_\Omega |Du| = \int_{-\infty}^{+\infty}\mathrm{Per}(\{x\,|\,u(x)>s\};\Omega)\,\mathrm{d}s \tag{3.3.5}$$

式(3.3.5)的严格数学证明非常复杂，具体的证明过程可参见文献[13-15]，本书不再赘述。

Co-area 公式(3.3.5)解释了 BV 空间中函数的几何性质：全变差实质上是所有水平集长度之和。对于一幅图像而言，由于图像灰度值都是一致有界的，所以积分式(3.3.5)实际上是在有限区间计算的，只要是水平集不是分形集（水平集的长度是有限的），该积分就是有限的。这个性质也和人类视觉系统具有一定程度的匹配性。人类视觉系统趋向以一种尽可能简单的形式表示图像中的曲线和边缘，以满足高效的神经元压缩与视觉传输的要求[17]。人类视觉系统的这种特性，必然使得曲线和边缘上的“振荡”被忽略或者滤波，从而减少曲线的长度。

根据全变差的 Co-area 公式，当图像含噪声时，噪声的存在导致水平集曲线出现大量的“毛刺”，水平集曲线长度大大增加。而通过最小化全变差可以使得水平集曲线变得光滑，从而达到去除噪声的目的。正是基于这样的考虑，1990 年，Rudin 等提出用 BV 空间对图像进行建模，将全变差正则化引入图像处理领域[1]，掀起了延续至今的研究热潮。

2. 有界变差函数空间建模：全变差正则化

1992 年，Rudin 等提出用 BV 空间对图像进行建模，将全变差正则化引入图像处理领域，提出了全变差正则化图像去噪模型如下（TV 模型或者 ROF 模型）[1]：

$$\min_{u\in \mathrm{BV}(\Omega)} E(u)=\mathrm{TV}(u)+\frac{\lambda}{2}\|f-u\|_2^2 \tag{3.3.6}$$

式中：$f\in L^2(\Omega)$ 为含噪声的观测图像，$\Omega\subset\mathbb{R}^n$ 为图像支撑域。模型式(3.3.6)右边第一项称为正则项，第二项称为数据保真项，$\lambda>0$ 为正则化参数。

下面只对全变差正则化模型解的存在唯一性进行简单的说明，而对于该模型更多的理论性质及分析可参见文献[19]。

定理 3.4：全变差正则化模型式(3.3.6)的解是存在且唯一的。

证明：由于 $E(u)\geqslant 0$，因此 $E(u)$ 有下确界。假设 $\{u_n\}$ 是 $E(u)$ 的极小化序列，即 $E(u_n)\to\inf\limits_u E(u)$，显然

$$\inf_u E(u)\leqslant E(0)=\|g\|_2^2<+\infty$$

因此，当 n 充分大时，有 $E(u_n)\leqslant E(0)$。

当 n 充分大时，$\{u_n\}$ 在 $L^2(\Omega)$ 中是有界的，因此至少存在一个子序列（仍记为 $\{u_n\}$）

弱收敛于一个极限 u,即存在 $v \in L^2(\Omega)$,使得对于任意的 $v \in L^2(\Omega)$,有

$$\int_\Omega v_n v \mathrm{d}x \to \int_\Omega uv \mathrm{d}x$$

另有

$$\| f - u \|_2^2 \leqslant \liminf_{n \to \infty} \| f - u_n \|_2^2$$

根据 TV(u)的下半连续性,可得

$$E(u) \leqslant \liminf_{n \to \infty} \mathrm{TV}(u_n) + \| f - u_n \|_2^2 = \liminf_{n \to \infty} E(u_n) = \inf_u E(u)$$

因此,极小化问题式(3.3.6)的解是存在的。因为 TV(u)是凸的,因此 $E(u)$ 也是凸的,从而该极小值点也是全局唯一的极小值点。

对于一般的图像复原问题,相应的全变差正则化模型为

$$\min_{u \in \mathrm{BV}(\Omega)} E(u) = \mathrm{TV}(u) + \frac{\lambda}{2} \| f - Au \|_2^2 \tag{3.3.7}$$

式中:A 为退化算子。

特别地,当 A 为单位算子 I 时,图像复原模型式(3.3.7)就退化为图像去噪模型式(3.3.6),而图像去噪也是图像复原的一个特殊问题。在本书后面内容中,在没有特殊说明的情况下,所讨论的全变差图像复原模型就是式(3.3.7)。

3.4 非局部全变差建模

全变差极小化会导致水平集曲线长度降低,这虽然有利于噪声抑制,但不利于图像纹理的保持,因为“振荡”的纹理结构通常具有较长的水平集曲线。针对全变差正则化对于纹理保持不好的问题,借助图像中的非局部信息来提高纹理细节的鉴别和保持能力是很好的解决方案[2,20-22],并且已经取得很好的效果。在变分框架下,目前最普遍使用的非局部方法就是非局部全变差正则化[22]。

对于实函数 $u:\Omega \subset \mathbb{R}^n \to \mathbb{R}$,假设 $w:\Omega \times \Omega \to \mathbb{R}$ 是一个非负实对称权函数,满足

$$w(\boldsymbol{x},\boldsymbol{y}) = w(\boldsymbol{y},\boldsymbol{x}), \int_\Omega w(\boldsymbol{x},\boldsymbol{y}) \mathrm{d}y = 1, \forall \boldsymbol{x} \in \Omega$$

可定义 u 在点 $\boldsymbol{x}$ 处关于 $\boldsymbol{y}$ 的“偏导数”为

$$\nabla_w u(\boldsymbol{x},\boldsymbol{y}) := (u(\boldsymbol{x}) - u(\boldsymbol{y})) \sqrt{w(\boldsymbol{x},\boldsymbol{y})}, \forall \boldsymbol{y} \in \Omega \tag{3.4.1}$$

在此基础上,定义点 $\boldsymbol{x}$ 处的非局部梯度 $\nabla_w u(\boldsymbol{x})$ 为 $u(\boldsymbol{x})$ 在点 $\boldsymbol{x}$ 处对所有属于 Ω 中的点 $\boldsymbol{y}$ 的“偏导数”形成的“向量”,即

$$\nabla_w u(\boldsymbol{x}) = (\nabla_w u(\boldsymbol{x},\boldsymbol{y}))_{\boldsymbol{y} \in \Omega}^{\mathrm{T}}$$

其模为

$$|\boldsymbol{\nabla}_w u|(\boldsymbol{x}) = \sqrt{\int_\Omega [u(\boldsymbol{y}) - u(\boldsymbol{x})]^2 w(\boldsymbol{x},\boldsymbol{y}) \mathrm{d}\boldsymbol{y}} \tag{3.4.2}$$

对于“向量” $v(\boldsymbol{x}) = (v(\boldsymbol{x},\boldsymbol{y}))_{\boldsymbol{y} \in \Omega}^{\mathrm{T}}$,则按照梯度算子和散度算子所需要满足的对偶关系:

$$\langle \nabla_w u, v \rangle = - \langle u, \mathrm{div}_w v \rangle \tag{3.4.3}$$

可以推导出非局部散度算子 div_w 的定义为

$$(\mathrm{div}_w v)(\boldsymbol{x}) = \int_\Omega (v(\boldsymbol{x},\boldsymbol{y}) - v(\boldsymbol{y},\boldsymbol{x}))\sqrt{w(\boldsymbol{x},\boldsymbol{y})}\,\mathrm{d}\boldsymbol{y} \tag{3.4.4}$$

在式(3.4.1)和式(3.4.4)定义基础上,还可定义非局部 Laplace 算子为

$$\Delta_\omega u(\boldsymbol{x}) = \frac{1}{2}\mathrm{div}_w(\nabla_w u(\boldsymbol{x})) = \int_\Omega (u(\boldsymbol{y}) - u(\boldsymbol{x}))w(\boldsymbol{x},\boldsymbol{y})\,\mathrm{d}\boldsymbol{y} \tag{3.4.5}$$

容易验证,这里定义的非局部 Laplace 算子满足下面的性质:

$$< \Delta_\omega u, u > = < u, \Delta_\omega u > = - < \nabla_w u, \nabla_w u > \leqslant 0$$

即非局部 Laplace 算子也是半负定的。

基于上面定义的非局部算子,可定义函数 $u(x)$ 的非局部全变差(Nonlocal Total Variation,NLTV)为

$$J_{\mathrm{NLTV}}(u) = \int_\Omega |\nabla_w u|\,\mathrm{d}\boldsymbol{x} = \int_\Omega \sqrt{\int_\Omega w(\boldsymbol{x},\boldsymbol{y})(u(\boldsymbol{x}) - u(\boldsymbol{y}))^2\mathrm{d}\boldsymbol{y}}\,\mathrm{d}\boldsymbol{x} \tag{3.4.6}$$

在非局部全变差中,权系数 $w(\boldsymbol{x},\boldsymbol{y})$ 反映了图像中像素点 $\boldsymbol{x}$ 和 $\boldsymbol{y}$ 之间的相似性权重,通常利用两点的局部邻域的相似性来进行定义,最常用的定义方式为

$$w(\boldsymbol{x},\boldsymbol{y}) = \mathrm{e}^{-\frac{\|N_x - N_y\|_F^2}{\sigma^2}}$$

式中:N_x, N_y 分别表示以 $\boldsymbol{x}$ 和 $\boldsymbol{y}$ 为中心的局部邻域块。

除了上述定义方式外,目前对于相似度权重的计算也有很多种。Deledalle 等在文献[23]中还专门研究了针对不同噪声情形的相似性度量的计算方法,在实际计算时可以根据噪声类型选择合适的权重计算方式。

对于一般的图像复原问题,相应的非局部全变差正则化模型为

$$\min_u E(u) = \boldsymbol{J}_{\mathrm{NLTV}}(u) + \frac{\lambda}{2}\|f - Au\|_2^2 \tag{3.4.7}$$

式中:$f \in L^2(\Omega)$ 为含噪声的观测图像;A 为退化算子;$\Omega \subset \mathbb{R}^n$ 为图像支撑域。

传统意义的导数都只能体现局部性质,而非局部全变差体现出全局性质,可以看作是传统一阶导数的一种全局性推广。这种推广利用了图像非局部图像块之间的相似性,对于图像先验的利用更加充分,因此对于图像的边缘、纹理等细节保持比较好。在非局部算子的定义中,需要在整个图像支撑域中寻找相似图像块,但实际上图像中有意义的结构通常具有局部相似性,即在当前图像块附近出现相似图像块的可能性较大,因此在实际计算中为了减少计算量,一般只在当前像素点一个稍大的局部邻域中进行相似性度量的计算。

3.5 高阶全变差建模

对于全变差正则化容易引起阶梯效应的问题,最常用的解决方案就是引入高阶导数。在目前的文献中,引入高阶导数的方法也有很多,这里主要介绍 Lefkimmiatis 等[4,24]的二阶全变差及其等价表示形式[25-26],以及 Bredies 等提出并被广泛使用的广义全变差[5]。

3.5.1 二阶全变差建模

首先介绍 Lefkimmiatis 等提出的二阶全变差的定义[4],然后给出该二阶全变差的一种等价表示形式,并在此基础上分析该二阶全变差的基本性质,为后面章节的二阶全变差

建模奠定基础。

对于给定的函数 $u:\Omega\subset\mathbb{R}^2\to\mathbb{R}$，在 $(x,y)\in\Omega$ 点沿着方向 $n(\theta)=(\cos\theta,\sin\theta)^{\mathrm{T}}(\theta\in[0,2\pi])$ 的一阶方向导数和二阶方向导数分别定义为

$$\boldsymbol{u}_1(\theta,x,y)=\underbrace{[\cos\theta,\sin\theta]}_{\boldsymbol{S}_1^{\mathrm{T}}(\theta)}\underbrace{\begin{bmatrix}\partial u(x,y)/\partial x\\ \partial u(x,y)/\partial y\end{bmatrix}}_{\boldsymbol{G}_1(x,y)} \tag{3.5.1}$$

$$\boldsymbol{u}_2(\theta,x,y)=\underbrace{[\cos^2\theta,2\cos\theta\sin,\sin^2\theta]}_{\boldsymbol{S}_2^{\mathrm{T}}(\theta)}\underbrace{\begin{bmatrix}\partial^2 u(x,y)/\partial x^2\\ \partial^2 u(x,y)/\partial x\partial y\\ \partial^2 u(x,y)/\partial y^2\end{bmatrix}}_{\boldsymbol{G}_2(x,y)} \tag{3.5.2}$$

式中：$(\cdot)^{\mathrm{T}}$ 表示转置运算。

基于上述高阶方向导数的定义，可定义函数 u 的二阶全变差如下[27]：

$$\mathrm{HDTV}_2(u)=\int_\Omega\|u_2(\theta,x,y)\|_{L_2[0,2\pi]}\mathrm{d}x\mathrm{d}y=\int_\Omega\sqrt{\frac{1}{2\pi}\int_0^{2\pi}|u_2(\theta,x,y)|^2\mathrm{d}\theta}\,\mathrm{d}x\mathrm{d}y \tag{3.5.3}$$

式中：$|\cdot|$表示绝对值运算符。

从定义式(3.5.2)和式(3.5.3)可以看到，函数的二阶全变差是其二阶方向导数的 L_1-L_2 混合范数，容易证明式(3.5.3)还可以表示为

$$\mathrm{HDTV}_2(u)=\int_\Omega\sqrt{(3u_{xx}^2+2u_{xx}u_{yy}+4u_{xy}^2+3u_{yy}^2)/8}\,\mathrm{d}x\mathrm{d}y \tag{3.5.4}$$

为便于分析和计算，基于式(3.5.3)中二阶全变差的原始定义，还可得下面的二阶全变差的等价表示形式[26]：

命题 3.1：二阶全变差式(3.5.3)可表示为

$$\mathrm{HDTV}_2(u)=\int_\Omega\|\boldsymbol{W}_2\partial_2 u(x,y)\|_2\mathrm{d}x\mathrm{d}y \tag{3.5.5}$$

式中：$\partial_2=(\partial_{xx},\partial_{xy},\partial_{yy})^{\mathrm{T}}$ 表示二阶微分算子；$\boldsymbol{W}_2$ 为加权矩阵，可表示为

$$\boldsymbol{W}_2=\frac{1}{2\sqrt{2}}\begin{bmatrix}1&0&-1\\ \sqrt{2}&0&\sqrt{2}\\ 0&2&0\end{bmatrix}$$

证明：根据式(3.5.2)，u 在 $(x,y)\in\Omega$ 点沿着方向 $n(\theta)=(\cos\theta,\sin\theta)^{\mathrm{T}}$ 的二阶方向导数的 $L_2[0,2\pi]$ 范数可以简化为

$$\begin{aligned}\sqrt{\frac{1}{2\pi}\int_0^{2\pi}|u_2(\theta,x,y)|^2\mathrm{d}\theta}&=\sqrt{\boldsymbol{G}_2^{\mathrm{T}}(x,y)\underbrace{\left(\frac{1}{2\pi}\int_0^{2\pi}\boldsymbol{S}_2(\theta)\boldsymbol{S}_2^{\mathrm{T}}(\theta)\mathrm{d}\theta\right)}_{\boldsymbol{C}_2}\boldsymbol{G}_2(x,y)}\\&=\sqrt{\boldsymbol{G}_2^{\mathrm{T}}(x,y)\boldsymbol{C}_2\boldsymbol{G}_2(x,y)}\end{aligned} \tag{3.5.6}$$

式中：矩阵 $\boldsymbol{C}_2\in\mathbb{R}^{3\times3}$ 的每个元素为

$$\boldsymbol{C}_2(i,j)=\frac{1}{2\pi}\int_0^{2\pi}\boldsymbol{S}_2^{(i)}(\theta)\boldsymbol{S}_2^{(j)}(\theta)\mathrm{d}\theta$$

$S_2^{(i)}(\theta)$ 为向量 $S_2(\theta)$ 的第 i 个元素。

根据式(3.5.2)中 $S_2(\theta)$ 的定义,可得

$$C_2 = \frac{1}{8}\begin{bmatrix} 3 & 0 & 1 \\ 0 & 4 & 0 \\ 1 & 0 & 3 \end{bmatrix}$$

显然 C_2 为正定矩阵,因此可以将 C_2 进行特征值分解表示为

$$C_2 = \underbrace{\left(\frac{1}{\sqrt{2}}\begin{bmatrix} 1 & 1 & 0 \\ 0 & 0 & \sqrt{2} \\ -1 & 1 & 0 \end{bmatrix}\right)}_{Q_2} \underbrace{\left(\frac{1}{4}\begin{bmatrix} 1 & 0 & 0 \\ 0 & 2 & 0 \\ 0 & 0 & 2 \end{bmatrix}\right)}_{D_2} \underbrace{\left(\frac{1}{\sqrt{2}}\begin{bmatrix} 1 & 1 & 0 \\ 0 & 0 & \sqrt{2} \\ -1 & 1 & 0 \end{bmatrix}\right)^{\mathrm{T}}}_{Q_2^{\mathrm{T}}} \tag{3.5.7}$$

式中:D_2 表示矩阵 C_2 的特征值所构成的对角矩阵;Q_2 表示特征值对应的特征向量所构成的正交矩阵。

如果记

$$W_2 = D_2^{1/2} Q_2^{\mathrm{T}} = \frac{1}{2\sqrt{2}}\begin{bmatrix} 1 & 0 & -1 \\ \sqrt{2} & 0 & \sqrt{2} \\ 0 & 2 & 0 \end{bmatrix} \tag{3.5.8}$$

则式(3.5.6)可进一步简化为

$$\begin{aligned} \sqrt{\frac{1}{2\pi}\int_0^{2\pi} |u_2(\theta,x,y)|^2 \mathrm{d}\theta} &= \sqrt{G_2^{\mathrm{T}}(x,y) C_2 G_2(x,y)} \\ &= \sqrt{G_2^{\mathrm{T}}(x,y) Q_2 D_2^{1/2} \underbrace{D_2^{1/2} Q_2^{\mathrm{T}}}_{W_2} G_2(x,y)} \\ &= \| W_2 \underbrace{G_2(x,y)}_{\partial_2 u(x,y)} \|_2 \end{aligned} \tag{3.5.9}$$

因此,将式(3.5.9)代入式(3.5.3),可得

$$\mathrm{HDTV}_2(u) = \int_\Omega \| W_2 \partial_2 u(x,y) \|_2 \mathrm{d}x\mathrm{d}y$$

证毕。

基于式(3.5.5)的等价形式,可以分析二阶全变差的一些理论性质[25-26]。

命题 3.2:二阶全变差满足下面的不等式关系:

$$\frac{1}{2}\mathrm{Hessian}_F(u) \leqslant \mathrm{HDTV}_2(f) \leqslant \frac{\sqrt{2}}{2}\mathrm{Hessian}_F(u) \tag{3.5.10}$$

其中

$$\mathrm{Hessian}_F(u) = \int_\Omega \| Du(x,y) \|_2 \mathrm{d}x\mathrm{d}y \tag{3.5.11}$$

为 Hessian Frobenius 范数[4,28],这里 $D = (\partial_{xx}, \sqrt{2}\partial_{xy}, \partial_{yy})^{\mathrm{T}}$ 是由二阶偏导数算子构成的向量微分算子。

证明:依据不等式 $2u_{xx}u_{yy} \geqslant -u_{xx}^2 - u_{yy}^2$,由式(3.5.5)和式(3.5.11),可得

$$
\begin{aligned}
\mathrm{HDTV}_2(u) &= \int_\Omega \sqrt{(3u_{xx}^2 + 2u_{xx}u_{yy} + 4u_{xy}^2 + 3u_{yy}^2)/8}\,\mathrm{d}x\mathrm{d}y \\
&\geqslant \int_\Omega \sqrt{(3u_{xx}^2 + u_{xx}^2 - u_{yy}^2 + 4u_{xy}^2 + 3u_{yy}^2)/8}\,\mathrm{d}x\mathrm{d}y \\
&= \frac{1}{2} \underbrace{\int_\Omega \sqrt{u_{xx}^2 + 2u_{xy}^2 + u_{yy}^2}\,\mathrm{d}x\mathrm{d}y}_{\mathrm{Hessian}_F(u)}
\end{aligned}
$$

使用不等式 $2u_{xx}u_{yy} \leqslant u_{xx}^2 + u_{yy}^2$，则有

$$
\begin{aligned}
\mathrm{HDTV}_2(u) &= \int_\Omega \sqrt{(3u_{xx}^2 + 2u_{xx}u_{yy} + 4u_{xy}^2 + 3u_{yy}^2)/8}\,\mathrm{d}x\mathrm{d}y \\
&\leqslant \int_\Omega \sqrt{(3u_{xx}^2 + u_{xx}^2 + u_{yy}^2 + 4u_{xy}^2 + 3u_{yy}^2)/8}\,\mathrm{d}x\mathrm{d}y \\
&\leqslant \int_\Omega \sqrt{(4u_{xx}^2 + 8u_{xy}^2 + 4u_{yy}^2)/8}\,\mathrm{d}x\mathrm{d}y \\
&= \frac{\sqrt{2}}{2} \underbrace{\int_\Omega \sqrt{u_{xx}^2 + 2u_{xy}^2 + u_{yy}^2}\,\mathrm{d}x\mathrm{d}y}_{\mathrm{Hessian}_F(u)}
\end{aligned}
$$

命题 3.3：记向量一阶导数算子为 $\partial_1 = (\partial_x, \partial_y)^{\mathrm{T}}$，$\{u^k\}_k$ 为二阶有界变差函数空间，即

$$
\mathrm{BV}^2(\Omega) = \{u \in \boldsymbol{W}^{1,1}(\Omega) \mid \mathrm{Hessian}_F(u) < +\infty\}
$$

中的任意函数序列。如果序列 $\{u^k\}_k$ 在 $\boldsymbol{W}^{1,1}(\Omega)$ 中强收敛于 $\hat{\boldsymbol{u}}$，即 $\|u^k - \hat{\boldsymbol{u}}\|_{L_1(\Omega)} \to 0$，$\|\partial_{xx}u^k - \partial_{xx}\hat{\boldsymbol{u}}\|_{L_1(\Omega)} \to 0$，$\|\partial_{xy}u^k - \partial_{xy}\hat{\boldsymbol{u}}\|_{L_1(\Omega)} \to 0$ 和 $\|\partial_{yy}u^k - \partial_{yy}\hat{\boldsymbol{u}}\|_{L_1(\Omega)} \to 0$，则二阶全变差是下半连续的，即

$$
\mathrm{HDTV}_2(\hat{u}) \leqslant \liminf_{k \to +\infty} \mathrm{HDTV}_2(u^k) \tag{3.5.12}
$$

证明：由命题 3.2 可得

$$
\mathrm{HDTV}_2(u^k) \leqslant \frac{\sqrt{2}}{2}\mathrm{Hessian}_F(u^k) = \frac{\sqrt{2}}{2}\|\boldsymbol{D}u^k\|_{L_1(\Omega)} < +\infty
$$

同时，如果 $\|\partial_2 u^k - \partial_2\hat{\boldsymbol{u}}\|_{L_1(\Omega)} \to 0$，则存在一个子序列 $\{\partial_2 u^{k_j}\} \subset \{\partial_2 u^k\}$ 几乎处处收敛于 $\partial_2\hat{\boldsymbol{u}}$，且

$$
\|\boldsymbol{W}_2\partial_2 u^{k_j}(x,y)\|_2 \to \|\boldsymbol{W}_2\partial_2\hat{u}(x,y)\|_2
$$

几乎处处成立。

由于 $\{\partial_2 u^k\}$ 任意的收敛子序列都收敛于 $\partial_2\hat{\boldsymbol{u}}$，则有

$$
\liminf_{k \to +\infty} \|\boldsymbol{W}_2\partial_2 u^k(x,y)\|_2 = \|\boldsymbol{W}_2\partial_2\hat{u}(x,y)\|_2
$$

几乎处处成立。

因此，根据 Fatou 引理，则有

$$
\mathrm{HDTV}_2(\hat{\boldsymbol{u}}) \leqslant \liminf_{k \to +\infty} \mathrm{HDTV}_2(u^k)
$$

证毕。

利用上述二阶全变差，提出下面的二阶全变差正则化模型，即

$$
\min_u \left\{ E(u) = \mathrm{HDTV}_2(u) + \frac{\lambda}{2}\|f - Au\|_2^2 \right\} \tag{3.5.13}
$$

式中：$f \in L^2(\Omega)$为含噪声的观测图像；A为退化算子；$\Omega \subset \mathbb{R}^n$为图像支撑域。

数值实验表明，二阶全变差$\mathrm{HDTV}_2(u)$在图像"阶梯效应"抑制方面取得了较好的效果。但从其定义可以看到，这里的二阶全变差仅包含函数的二阶导数信息，容易导致对于图像强边缘结构的模糊。事实上，对于图像边缘结构的保持，采用基于一阶导数的建模更为合理。因此，从阶梯效应抑制以及边缘保持角度出发，也有很多学者提出耦合一阶导数和二阶导数的正则化方法，下面介绍的二阶广义全变差[5]就是其中具有代表性的方法之一，受到了广泛关注[29-31]。

3.5.2 广义全变差建模

广义全变差(Total Generalized Variation，TGV)是由 Bredies 等提出的一种耦合了一阶导数和高阶导数信息，能有效保持图像边缘细节并有效抑制阶梯效应的正则项[5]，并在图像去噪、核磁共振成像等领域取得了很好的效果。

假设$u \in \boldsymbol{W}^{1,1}(\Omega) = \{u \in L^1(\Omega) \mid \nabla u \in L^1(\Omega, \mathbb{R}^n)\}$，定义

$$\boldsymbol{\Phi}(u) = \sup_{\xi}\left\{\int_{\Omega} \langle \nabla u, \mathrm{div}(\boldsymbol{\xi}) \rangle_{\mathbb{R}^n} \mathrm{d}x \mid \boldsymbol{\xi} \in C_c^2(\Omega, \mathbb{R}^{n\times n}),\ \|\boldsymbol{\xi}\|_\infty \leqslant 1\right\} \tag{3.5.14}$$

其中

$$\boldsymbol{\xi} = \begin{pmatrix} \boldsymbol{\xi}_1 \\ \boldsymbol{\xi}_2 \\ \vdots \\ \boldsymbol{\xi}_n \end{pmatrix} = \begin{pmatrix} \boldsymbol{\xi}_{1,1} & \boldsymbol{\xi}_{1,2} & \cdots & \boldsymbol{\xi}_{1,n} \\ \boldsymbol{\xi}_{2,1} & \boldsymbol{\xi}_{2,2} & \cdots & \boldsymbol{\xi}_{2,n} \\ \vdots & \vdots & & \vdots \\ \boldsymbol{\xi}_{n,1} & \boldsymbol{\xi}_{n,2} & \cdots & \boldsymbol{\xi}_{n,n} \end{pmatrix}, \mathrm{div}(\boldsymbol{\xi}) = \begin{pmatrix} \mathrm{div}(\boldsymbol{\xi}_1) \\ \mathrm{div}(\boldsymbol{\xi}_2) \\ \vdots \\ \mathrm{div}(\boldsymbol{\xi}_n) \end{pmatrix} = \begin{pmatrix} \sum_{k=1}^{n} \frac{\partial \boldsymbol{\xi}_{1,k}}{\partial x_k} \\ \vdots \\ \sum_{k=1}^{n} \frac{\partial \boldsymbol{\xi}_{n,k}}{\partial x_k} \end{pmatrix} \tag{3.5.15}$$

式中：$\boldsymbol{\xi}_{i,j}: \Omega \to \mathbb{R}$，$\|\boldsymbol{\xi}\|_\infty = \sup_{x\in\Omega}\sqrt{\sum_{i,j=1}^{d} \boldsymbol{\xi}_{i,j}^2(x)}$。

对比全变差的定义 3.8 可以看到，如果定义式(3.3.1)是针对u定义的全变差，则式(3.5.14)可以看作是对∇u定义的全变差，称为是二阶全变差。根据式(3.5.14)，还可定义二阶有界变差函数空间如下：

$$\mathrm{BV}^2(\Omega) = \{u \in \boldsymbol{W}^{1,1}(\Omega) \mid \boldsymbol{\Phi}(u) < +\infty\} \tag{3.5.16}$$

事实上，式(3.5.14)还可以写为

$$\Phi(u) = \sup_{\xi}\left\{\int_{\Omega} u\,\mathrm{div}^2(\boldsymbol{\xi})\mathrm{d}x \mid \boldsymbol{\xi} \in \boldsymbol{C}_c^2(\Omega, \mathbb{R}^{n\times n}),\ \|\boldsymbol{\xi}\|_\infty \leqslant 1\right\} \tag{3.5.17}$$

对式(3.5.17)进行进一步推广，对于$u(x) \in L^1(\Omega)$，可定义其二阶广义全变差如下[5]：

$$\mathrm{TGV}_\alpha^2(u) = \sup_{\xi}\left\{\int_{\Omega} u\,\mathrm{div}^2(\boldsymbol{\xi})\mathrm{d}x \,\middle|\, \begin{array}{l} \boldsymbol{\xi} \in \boldsymbol{C}_c^2(\Omega, \mathrm{Sym}^2(\mathbb{R}^n)), \\ \|\boldsymbol{\xi}\|_\infty \leqslant \alpha_0,\ \|\mathrm{div}(\boldsymbol{\xi})\|_\infty \leqslant \alpha_1 \end{array}\right\} \tag{3.5.18}$$

式中：$\alpha = (\alpha_0, \alpha_1)^{\mathrm{T}} \in \mathbb{R}_+^2$为权重向量；$\boldsymbol{C}_c^2(\Omega, \mathrm{Sym}^2(\mathbb{R}^n))$是具有紧支撑的对称张量场，即在式(3.5.15)中，有$\boldsymbol{\xi}_{i,j} = \boldsymbol{\xi}_{j,i}(i,j = 1,2,\cdots,n)$。

更一般地，可定义下面的k阶广义全变差[5]。

定义 3.11：对于正整数$k \in \mathbb{Z}^+$以及$\alpha = (\alpha_0, \cdots, \alpha_{k-1})^{\mathrm{T}} \in \mathbb{R}_+^k$，定义$k$阶广义全变差如下[5]：

$$\mathrm{TGV}_\alpha^k(u)=\sup_{\boldsymbol{\xi}}\left\{\int_\Omega u\,\mathrm{div}^k(\boldsymbol{\xi})\,\mathrm{d}x \;\middle|\; \begin{array}{l}\boldsymbol{\xi}\in \boldsymbol{C}_c^k(\Omega,\mathrm{Sym}^k(\mathbb{R}^n)),\\ \|\mathrm{div}^j(\xi)\|_\infty\leqslant\alpha_l, j=0,1,\cdots,k-1\end{array}\right\}$$

(3.5.19)

相应地,可定义 k 阶广义有界变差函数空间:

$$\mathrm{BGV}_\alpha^k(\Omega)=\{u\in L^1(\Omega)\,|\,\mathrm{TGV}_\alpha^k(u)<+\infty\} \tag{3.5.20}$$

在式(3.5.19)中可以看到,TGV_α^k 的定义中对于 $\mathrm{div}^j(\boldsymbol{\xi})$ 都赋予了不同权重的约束。在实际计算中,权重因子 $\alpha=(\alpha_0,\cdots,\alpha_{k-1})^{\mathrm{T}}$ 往往会对结果产生较大的影响,因此在实际计算中需要慎重选择。

虽然式(3.5.19)的定义适用于一般的 $k\in\mathbb{Z}^+$,但对于二维图像而言,更多采用的是 $\mathrm{TGV}_\alpha^1(u)$ 或者 $\mathrm{TGV}_\alpha^2(u)$。

事实上,当 $k=1$ 时,有 $\mathrm{Sym}^k(\mathbb{R}^n)=\mathbb{R}^n$,$\alpha\in\mathbb{R}^+$,有

$$\mathrm{TGV}_\alpha^1(u)=\alpha\mathrm{TV}(u)$$

利用上述二阶广义全变差,提出下面的二阶广义全变差正则化模型:

$$\min_u\left\{E(u)=\mathrm{TGV}_\alpha^2(u)+\frac{\lambda}{2}\|f-Au\|_2^2\right\} \tag{3.5.21}$$

式中:$f\in L^2(\Omega)$ 为含噪声的观测图像; A 为退化算子;$\Omega\in\mathbb{R}^n$ 为图像支撑域。

原始定义式(3.5.18)给出的二阶广义全变差并不利于计算,在实际计算中通常采用的是下面介绍的一种易于计算的二阶广义全变差的等价表示形式[32]。

为简单起见,记

$$U=\boldsymbol{C}_c^2(\Omega,\mathbb{R}),\boldsymbol{W}=\boldsymbol{C}_c^2(\Omega,\mathbb{R}^2),E=\boldsymbol{C}_c^2(\Omega,\mathrm{Sym}^2(\mathbb{R}^n))$$

若记 $\mathrm{div}\boldsymbol{\xi}=\boldsymbol{w}$,则

$$\mathrm{TGV}_\alpha^2(u)=\max_{u\in V,\boldsymbol{\xi}\in E}\{\langle u,\mathrm{div}\,\boldsymbol{w}\rangle\,|\,\mathrm{div}\boldsymbol{\xi}=\boldsymbol{w},\|\boldsymbol{\xi}\|_\infty\leqslant\alpha_0,\|\boldsymbol{w}\|_\infty\leqslant\alpha_1\}$$

(3.5.22)

其中

$$\boldsymbol{w}=\begin{pmatrix}\boldsymbol{w}_1\\ \boldsymbol{w}_2\end{pmatrix},\boldsymbol{\xi}=\begin{pmatrix}\boldsymbol{\xi}_{11}&\boldsymbol{\xi}_{12}\\ \boldsymbol{\xi}_{21}&\boldsymbol{\xi}_{22}\end{pmatrix},\mathrm{div}\boldsymbol{\xi}=\begin{pmatrix}\partial_x\boldsymbol{\xi}_{11}+\partial_x\boldsymbol{\xi}_{12}\\ \partial_x\boldsymbol{\xi}_{21}+\partial_x\boldsymbol{\xi}_{22}\end{pmatrix}$$

对于任意闭集合 B,若定义其示性函数为

$$\chi_B(x)=\begin{cases}0, & x\in B\\ \infty, & x\notin B\end{cases}$$

则有 $\chi_{\{0\}}(\cdot)=-\min_y\langle y,\cdot\rangle$,从而有

$$\begin{aligned}\mathrm{TGV}_\alpha^2(u)&=\max_{\substack{\|\boldsymbol{\xi}\|_\infty\leqslant\alpha_0,\boldsymbol{\xi}\in E\\ \|\boldsymbol{w}\|_\infty\leqslant\alpha_1,\boldsymbol{w}\in W}}\left(\langle u,\mathrm{div}\boldsymbol{w}\rangle+\min_{\boldsymbol{p}\in W}\langle\boldsymbol{p},\boldsymbol{w}-\mathrm{div}\boldsymbol{\xi}\rangle\right)\\ &=\min_{\boldsymbol{p}\in\boldsymbol{W}}\max_{\substack{\|\boldsymbol{\xi}\|_\infty\leqslant\alpha_0,\boldsymbol{\xi}\in E\\ \|\boldsymbol{w}\|_\infty\leqslant\alpha_1,\boldsymbol{w}\in W}}\langle u,\mathrm{div}\boldsymbol{w}\rangle+\langle\boldsymbol{p},w-\mathrm{div}\boldsymbol{\xi}\rangle\\ &=\min_{\boldsymbol{p}\in\boldsymbol{W}}\max_{\substack{\|\boldsymbol{\xi}\|_\infty\leqslant\alpha_0,\boldsymbol{\xi}\in E\\ \|\boldsymbol{w}\|_\infty\leqslant\alpha_1,\boldsymbol{w}\in W}}\langle\nabla u,\boldsymbol{w}\rangle+\langle\boldsymbol{p},\boldsymbol{w}\rangle+\langle\bar{\varepsilon}(\boldsymbol{p}),\boldsymbol{\xi}\rangle\\ &=\min_{\boldsymbol{p}\in\boldsymbol{W}}\max_{\substack{\|\boldsymbol{\xi}\|_\infty\leqslant\alpha_0,\boldsymbol{\xi}\in E\\ \|\boldsymbol{w}\|_\infty\leqslant\alpha_1,\boldsymbol{w}\in W}}\langle\boldsymbol{p}-\nabla u,\boldsymbol{w}\rangle+\langle\bar{\varepsilon}(\boldsymbol{p}),\boldsymbol{\xi}\rangle\end{aligned}$$

$$= \min_{\boldsymbol{p} \in \boldsymbol{W}} \alpha_1 \| \nabla u - \boldsymbol{p} \|_1 + \alpha_0 \| \overline{\varepsilon}(\boldsymbol{p}) \|_1$$

$$= \min_{\boldsymbol{p} \in \boldsymbol{W}} \alpha_1 \int_{\Omega} \sqrt{\sum_{j=1}^{2} (\nabla_j u(x) - \boldsymbol{p}_j(x))^2} \mathrm{d}x + \alpha_0 \int_{\Omega} \sqrt{\sum_{j,k=1}^{2} (\overline{\varepsilon}(\boldsymbol{p})(x))_{l,k}^2} \mathrm{d}x$$

从而可以得到 $\mathrm{TGV}_{\alpha}^{2}(u)$ 的一个相对简洁的等价表达式[32]，即

$$\mathrm{TGV}_{\alpha}^{2}(u) = \min_{\boldsymbol{p} \in \boldsymbol{C}_c^2(\Omega, \mathbb{R}^n)} \alpha_1 \| \nabla u - \boldsymbol{p} \|_1 + \alpha_0 \| \varepsilon(\boldsymbol{p}) \|_1 \tag{3.5.23}$$

其中

$$\varepsilon(\boldsymbol{p}) = \begin{bmatrix} \dfrac{\partial \boldsymbol{p}_1}{\partial x} & \dfrac{1}{2}\left(\dfrac{\partial \boldsymbol{p}_1}{\partial y} + \dfrac{\partial \boldsymbol{p}_2}{\partial x}\right) \\ \dfrac{1}{2}\left(\dfrac{\partial \boldsymbol{p}_1}{\partial y} + \dfrac{\partial \boldsymbol{p}_2}{\partial x}\right) & \dfrac{\partial \boldsymbol{p}_2}{\partial y} \end{bmatrix}, \quad \boldsymbol{p} = (\boldsymbol{p}_1, \boldsymbol{p}_2) \in \boldsymbol{C}_c^2(\boldsymbol{\Omega}, \mathbb{R}^2)$$

由式（3.5.23）可以看到，$\mathrm{TGV}_{\alpha}^{2}$ 实际上可以看作是两个正则化项的复合。式（3.5.23）中的第一项表明 $\boldsymbol{p}$ 实际上是对 ∇u 的近似，是关于 u 的一阶导数的约束；第二项则是对 $\boldsymbol{p}$ 各个方向的一阶导数的约束，相当于是对 u 的二阶导数的约束。在平滑区域由于第二项的作用，使“阶梯效应”得到抑制；而在图像边缘处，第一项的作用使边缘都能得到较好的保持。参数 α_0 和 α_1 是复合的两个正则项的权重，在实际问题中如何合理地选择这两个权重，仍是有待解决的问题。

利用上述二阶广义全变差等价表达式，二阶广义全变差正则化模型可表示为

$$\min_{p \in \boldsymbol{W}, u \in U} \alpha_1 \| \nabla u - \boldsymbol{p} \|_1 + \alpha_0 \| \varepsilon(\boldsymbol{p}) \|_1 + \frac{\lambda}{2} \| f - Au \|_2^2 \tag{3.5.24}$$

式中：$f \in L^2(\Omega)$ 为含噪声的观测图像；A 为退化算子；$\Omega \subset \mathbb{R}^n$ 为图像支撑域。

3.6 分数阶全变差建模

3.6.1 分数阶导数简介

传统的微积分运算是指 n 阶导数以及 n 次积分，这里的 n 为正整数。分数阶微积分是指“分数”阶微分和“分数”次积分，这里的“分数”是一个广义的概念，更准确的说法是“非整数”，包括有理分数、无理数以及复数这些非整数情形。同时，当分数阶微积分运算的阶数变为整数时，它就退化为传统的整数阶微积分。从这个意义上讲，分数阶微积分可以看作传统整数阶微积分的推广。

分数阶微积分的研究具有悠久的历史，但至今没有一个统一的定义，其物理和几何意义也不太明确，许多定义都是从实际应用需要引出来的。这里主要介绍在图像和信号处理领域中常用的几种分数阶微积分的定义：Grümwald-Letnikov 定义、Riemann-Liouville 定义、Caputo 定义和傅里叶变换域定义[33]。

1. 分数阶微积分定义

1）Grümwald-Letnikov 定义

从寻找 n 阶导数与积分的统一性出发，Grümwald 和 Letnikov 将整数阶微积分的定义推广到一般实数情形，给出了一种分数阶微积分的定义形式。

对于一元实函数 $u(x)$，经典的一阶导数可定义为

$$u'(x)=\lim_{h\to 0}\frac{u(x)-u(x-h)}{h} \tag{3.6.1}$$

经典的二阶导数可定义为

$$u''(x)=\lim_{h\to 0}\frac{u(x)-2u(x-h)+u(x-2h)}{h^2} \tag{3.6.2}$$

由数学归纳法，可以定义 n 阶导数为

$$u^{(n)}(x)=\lim_{h\to 0}\frac{1}{h^n}\sum_{k=0}^{n}(-1)^k C_n^k u(x-kh) \tag{3.6.3}$$

式中：$C_n^k=\dfrac{n!}{k!\ (n-k)!}$为二项式系数。

将式(3.6.3)中的正整数 n 推广到一般的实数 $\alpha\in\mathbb{R}^+$，就可以得到 Grümwald-Letnikov 分数阶导数定义。

定义 3.12 对于实函数 $u(x)$，$x\in\mathbb{R}$，其 α 阶 Grümwald-Letnikov 分数阶导数定义为

$$D_{\mathrm{GL}}^{\alpha}u(x)=\lim_{h\to 0}\frac{1}{h^\alpha}\sum_{k=0}^{+\infty}(-1)^k C_\alpha^k u(x-kh),\alpha\in\mathbb{R}^+ \tag{3.6.4}$$

其中：$C_\alpha^k=\dfrac{\Gamma(\alpha+1)}{k!\ \Gamma(\alpha-k+1)}$ 为广义二项式系数，这里

$$\Gamma(\alpha):\begin{cases}\displaystyle\int_0^{+\infty}x^{\alpha-1}\mathrm{e}^{-x}\mathrm{d}x,\alpha>0\\ \alpha^{-1}\Gamma(\alpha+1),\alpha<0\end{cases}$$

为伽马函数，当 $k\leqslant 0$ 时，$C_\alpha^k=0$。$D_{\mathrm{GL}}^{\alpha}u(x)$中的右下标 GL 表示 Grümwald-Letnikov 导数，上标 α 表示导数的阶数。

由式(3.6.4)所给出的 α 阶 Grümwald-Letnikov 分数阶导数定义，实际上包含以下两种。

(1)当 $h\to 0^+$时，有

$$D_{\mathrm{GL}^+}^{\alpha}u(x)=\lim_{h\to 0^+}\frac{1}{h^\alpha}\sum_{k=0}^{+\infty}(-1)^k C_\alpha^k u(x-kh)$$

(2) 当 $h\to 0^-$时，有

$$D_{\mathrm{GL}^-}^{\alpha}u(x)=(-1)^\alpha\lim_{h\to 0^+}\frac{1}{h^\alpha}\sum_{k=0}^{+\infty}(-1)^k C_\alpha^k u(x+kh)$$

这两种定义中，$D_{\mathrm{GL}^+}^{\alpha}u(x)$仍然是实数形式，在形式上可看成是对传统整数阶导数中左导数的推广，但 $D_{\mathrm{GL}^-}^{\alpha}u(x)$则有可能是复数形式，这与经典的整数阶导数的右导数有根本的区别。在实际处理时，通常所指的 Grümwald-Letnikov 导数都是实数形式的 $D_{\mathrm{GL}^+}^{\alpha}u(x)$，但在一些特殊的情形中，如复函数、算子的共轭运算等，也会使用 $D_{\mathrm{GL}^-}^{\alpha}u(x)$这种复数形式。

当式(3.6.4)中取微分阶数为负数时(用$-\alpha$ 表示，$\alpha>0$)，就定义了 α 次 Grümwald-Letnikov 积分，即

$$D_{\mathrm{GL}}^{-\alpha}u(x)=\lim_{h\to 0}\frac{1}{h^{-\alpha}}\sum_{k=0}^{+\infty}(-1)^k C_{-\alpha}^k u(x-kh)$$

式中：$C_{-\alpha}^k=(-1)^k\dfrac{\Gamma(\alpha+k)}{k!\ \Gamma(\alpha)}$。

当 α 为整数时，有 $C_\alpha^k=0(k\geqslant\alpha+1)$，式（3.6.4）就是通常的整数阶微积分，即

$$\begin{cases}u^{(n)}(x), & \alpha=n\in\mathbb{Z}^+\\ \underbrace{\int_a^x \mathrm{d}x\int_a^x \mathrm{d}x\cdots\int_a^x u(x)\,\mathrm{d}x}_{n\text{次积分}}, & \alpha=-n\in\mathbb{Z}^-\end{cases}$$

由定义看到，Grümwald-Letnikov 分数阶微积分都是利用极限来定义的，而且定义式中还涉及函数项级数的求和，这在实际计算中一般是无法精确计算的，只能采取近似计算形式，即固定步长 h，并在无限项求和中采取截断方式仅取有限项求和。由于对于固定的 α，C_α^k 随着 k 的增加趋向 0 的速度非常快，因此在实际计算时并不需要截取太多的项，也有利于实际计算中的计算量控制。

2）Riemann-Liouville 定义和 Caputo 定义

与 Grümwald-Letnikov 定义由整数阶导数定义出发不同，Riemann 和 Liouville 从整数次积分定义出发来定义分数阶微积分。

对于实函数 $u(x)$，由数学归纳法可得，$u(x)$的 n 次积分为

$$J^n u(x)=\underbrace{\int_0^x \mathrm{d}x\cdots\int_0^x u(x)\,\mathrm{d}x}_{n}=\frac{1}{(n-1)!}\int_0^x (x-t)^{n-1}u(t)\,\mathrm{d}t \tag{3.6.5}$$

将正整数 n 推广到一般的实数 $\alpha\in\mathbb{R}^+$，可以得到 Riemann-Liouville 分数阶积分定义。

定义 3.13：对于实函数 $u(x)$，$x\in\mathbb{R}$，其 α 阶 Riemann-Liouville 分数阶积分定义为

$$J^\alpha u(x)=\frac{1}{\Gamma(\alpha)}\int_0^x (x-t)^{\alpha-1}u(t)\,\mathrm{d}t \tag{3.6.6}$$

对于 α 阶分数阶导数（$n-1<\alpha<n$，$n\in\mathbb{Z}^+$），Riemann 和 Liouville 采用的方式是利用导数和积分运算的互逆关系，先求 $n-\alpha$ 次分数阶积分之后，再求 n 阶整数阶导数，从而得到 α 阶导数为

$$D_{\mathrm{RL}}^\alpha u(x)=\begin{cases}\dfrac{\mathrm{d}^n}{\mathrm{d}x^n}\left[\dfrac{1}{\Gamma(m-\alpha)}\displaystyle\int_0^x u(t)(x-t)^{(n-\alpha)-1}\mathrm{d}t\right], & n-1<\alpha<n\\ u^{(n)}(x), & \alpha=n\end{cases} \tag{3.6.7}$$

采用类似的思想，Caputo 采用的方式是先求 n 阶整数阶导数，再求 $n-\alpha$ 阶分数阶积分（Caputo 所采用的分数阶积分就是式（3.6.6）定义的 Riemann-Liouville 分数阶积分，换句话说，Caputo 分数次积分的定义与 Riemann-Liouville 分数次积分是完全一样的），从而得到 α 阶 Caputo 分数导数为

$$D_C^\alpha u(x)=\begin{cases}\dfrac{\mathrm{d}^n}{\mathrm{d}x^n}\left[\dfrac{1}{\Gamma(m-\alpha)}\displaystyle\int_0^x u(t)(x-t)^{(n-\alpha)-1}\mathrm{d}t\right], & n-1<\alpha<n\\ u^{(n)}(x), & \alpha=n\end{cases} \tag{3.6.8}$$

在实际计算中,需要对定义式中的积分进行离散化来进行近似计算。

3) 傅里叶变换域定义

对于实函数 $u(x)$,其傅里叶变换及逆傅里叶变换定义为

$$\begin{cases}\hat{\boldsymbol{u}}(\boldsymbol{\omega})=\int_R u(x)\cdot \mathrm{e}^{-\mathrm{j}2\pi\boldsymbol{\omega}x}\mathrm{d}x\\ u(x)=\int_R \hat{\boldsymbol{u}}(\boldsymbol{\omega})\cdot \mathrm{e}^{\mathrm{j}2\pi\boldsymbol{\omega}x}\mathrm{d}\boldsymbol{\omega}\end{cases}\tag{3.6.9}$$

对于整数阶导数 $D^n f(n=0,1,2,\cdots)$,由式(3.6.9)可得

$$D^n u(x)=\int_R (\mathrm{j}2\pi\boldsymbol{\omega})^n \hat{u}(\boldsymbol{\omega})\cdot \mathrm{e}^{\mathrm{j}2\pi\boldsymbol{\omega}x}\mathrm{d}\boldsymbol{\omega}\tag{3.6.10}$$

由此可见,$D^n f$ 是在对函数 $f(x)$ 进行傅里叶变换基础上,乘以因子 $(\mathrm{j}2\pi\boldsymbol{\omega})^n$ 后进行逆傅里叶变换得到的。按照其他分数阶微积分定义推广的过程,将正整数 n 推广到实数 $\alpha\in\mathbb{R}^+$,得到分数阶导数的傅里叶变换域定义为

$$D_F^{\alpha} f(x)=\int_R (\mathrm{j}2\pi\boldsymbol{\omega})^{\alpha}\hat{\boldsymbol{u}}(\boldsymbol{\omega})\cdot \mathrm{e}^{\mathrm{j}2\pi\boldsymbol{\omega}x}\mathrm{d}\boldsymbol{\omega},\alpha\in\mathbb{R}^+\tag{3.6.11}$$

同理,还可得到傅里叶变换域定义的 $\alpha\in\mathbb{R}^+$ 次积分如下:

$$D_F^{-\alpha} u(x)=\int_R (\mathrm{j}2\pi\boldsymbol{\omega})^{-\alpha}\hat{\boldsymbol{u}}(\boldsymbol{\omega})\cdot \mathrm{e}^{\mathrm{j}2\pi\omega}\mathrm{d}\boldsymbol{\omega},\alpha\in\mathbb{R}^+\tag{3.6.12}$$

在实际问题处理中,面临的通常是离散数据,因此通常采用的是离散形式的傅里叶变换。在离散傅里叶变换情形下,依据下面的离散傅里叶变换对为

$$\begin{cases}\hat{\boldsymbol{u}}(\boldsymbol{w})=\sum_{k=0}^{N-1} u(k)\mathrm{e}^{-\mathrm{j}2\pi k\boldsymbol{w}/N}\\ u(k)=\frac{1}{N}\sum_{w=0}^{N-1}\hat{u}(\boldsymbol{w})\mathrm{e}^{-\mathrm{j}2\pi k\boldsymbol{w}/N}\end{cases}\tag{3.6.13}$$

利用数学归纳法可以证明,空域的 n 阶差与其傅里叶变换域中的对应关系为

$$\Delta_x^n u(k)\leftrightarrow\hat{\boldsymbol{u}}(\boldsymbol{w})(1-\mathrm{e}^{-\mathrm{j}2\pi w/N})^n\tag{3.6.14}$$

类似连续情形的分数阶推广,这里将整数 n 推广到实数 $\alpha\in\mathbb{R}^+$,可得到离散意义下的分数阶差分对应的频域关系为

$$\Delta_x^{\alpha} u(k)\leftrightarrow\hat{\boldsymbol{u}}(\boldsymbol{\omega})(1-\mathrm{e}^{-\mathrm{j}2\pi\boldsymbol{w}/N})^{\alpha}\tag{3.6.15}$$

此外,依据式(3.6.15)还可以得到,分数阶差分算子的共轭算子可定义为

$$\overline{\Delta_x^{\alpha} u(k)}\leftrightarrow\overline{\hat{\boldsymbol{u}}(\boldsymbol{w})(1-\mathrm{e}^{-\mathrm{j}2\pi\boldsymbol{w}/N})^{\alpha}}\tag{3.6.16}$$

由于离散傅里叶变换及其逆变换都有快速算法,所以当 α 为一个固定常数时,采用傅里叶变换域的定义方式计算分数阶微分的近似值,计算速度还是比较快的。然而,如果考虑分数阶微分阶数的自适应问题(不同的位置取不同的分数阶阶数),则这种定义方式并不利于计算。因此在实际应用中,为方便考虑分数阶阶数的自适应,一般采用离散意义下对于 Grümwald-Letnikov 定义的近似计算形式来计算分数阶微积分。

2. 分数阶微积分基本性质

从传统的整数阶微积分出发,利用不同的方式可以推广不同的分数阶微积分的定义。作为传统整数阶微积分的推广,分数阶微积分也具有整数阶微积分的一些基本性质。

对于实函数 $u(x)$,一般分数阶导数 $D^{\alpha}u$ 都应满足下面性质:

性质 1：若 $u(x)$ 是解析函数，则 $D^{\alpha}u$ 也是解析函数。

性质 2：分数阶导数值是连续内插的，即 $\lim\limits_{\alpha_1 \to \alpha_2} D^{\alpha_1}u(x) = D^{\alpha_2}u(x)$，$\alpha_1, \alpha_2 \in \mathbb{R}^+$。

性质 3：分数阶导数运算满足线性可加性，即对于任意常数 $k_1, k_2 \in \mathbb{R}$，有

$$D^{\alpha}[k_1u_1(x) + k_2u_2(x)] = k_1D^{\alpha}u_1(x) + k_2D^{\alpha}u_2(x) \tag{3.6.17}$$

性质 4：分数阶导数运算满足交换律及算子叠加准则，即

$$D^{\alpha_1}D^{\alpha_2}f(x) = D^{\alpha_2}D^{\alpha_1}f(x) = D^{\alpha_1+\alpha_2}f(x) \tag{3.6.18}$$

要注意的是，整数阶微积分有一些性质对于分数阶微积分不一定成立。例如，当 α 为非整数时，整数阶微积分中的分部积分运算法，则在分数阶微积分中就不再成立；对于常数函数 $f(x) \equiv C$，在任意点处 Caputo 分数阶导数等于 0，但 Grümwald-Letnikov 分数阶导数和 Riemann-Liouville 分数阶导数都是非零的，而按照连续意义下傅里叶变换域定义的分数阶微积分根本就不存在。由此可见，不仅分数阶微积分与传统整数阶微积分有很大的不同，而且不同的分数阶微积分定义之间也是有差异的，因此在使用时需要根据实际情况选择合适的分数阶微积分定义。Riemann-Liouville 分数阶微积分和 Caputo 分数阶微积分在分数阶微积分方程的理论分析中使用比较多，而在信号与图像处理领域，由于所处理的信号和图像都是有限区间或区域上的离散数据，因此 Grümwald-Letnikov 分数阶微积分和傅里叶变换域定义是用得较多的。

3.6.2 分数阶 BV 空间与分数阶正则化

图像中的边缘往往可以利用整数阶微分算子来进行刻画，但图像的纹理等细节更适合用分数阶微分来刻画。而通常情况下，纹理等图像细节只是图像中的一部分，并且往往还存在不同尺度的纹理。如果将分数阶微分的阶数作为一个重要参数，则这个参数应该是空变的，在这种情况下采用 Grümwald-Letnikov 分数阶导数定义比采用傅里叶变换域的定义更有利于参数的空变自适应选择。在后面不特别强调的情况下，分数阶导数均是指 Grümwald-Letnikov 分数阶导数。

利用分数阶导数，可以对全变差及有界变差函数空间进行推广[8-9]。在二维连续情形下，可定义分数阶全变差为[8]

$$J_{\alpha}(u) = \int_{\Omega}\sqrt{(D_x^{\alpha}u)^2 + (D_y^{\alpha}u)^2}\,\mathrm{d}x\mathrm{d}y \tag{3.6.19}$$

式中：$D_x^{\alpha}u$、$D_y^{\alpha}u$ 分别为函数 $u(x,y)$ 关于 x、y 的 α 阶偏导数。

当 $\alpha=1$ 时，式(3.6.19)定义的就是通常意义下的全变差。

在上面的基础上，式(3.6.19)还可以定义连续情形下的分数阶有界变差函数空间为

$$\mathrm{BV}_{\alpha}(\Omega) = \{u \mid J_{\alpha}(u) < +\infty\} \tag{3.6.20}$$

一般情况下，在考虑图像建模时，采用连续形式的微积分表示方式，而在实际计算中须要考虑离散情形。Grümwald-Letnikov 分数阶微分是使用极限形式定义的，但由于当 α 固定时，随着 k 的增加广义二项式系数非常迅速地趋于 0，因此 Grümwald-Letnikov 分数阶导数可用有限项和(取前 K 项)的分数阶差分来近似表示，即

$$\Delta^{\alpha}f(x) = \sum_{k=0}^{K-1}(-1)^k C_{\alpha}^k f(x-k) \tag{3.6.21}$$

根据广义二项式系数的定义：当 $\alpha=1$ 时，$K\equiv2$，此时分数阶差分实际上就是常用的一

阶向前差分;当 $\alpha=2$ 时,$K\equiv 3$,此时分数阶差分实际上是基于向前差分和向后差分的二阶差分格式。

对于离散二维情形,不失一般性设 $\boldsymbol{X}=\mathbb{R}^{N\times N}$,$\boldsymbol{Y}=\boldsymbol{X}\times\boldsymbol{X}$,对于 $\boldsymbol{u}=(u_{ij})_{i,j=1}^{N}\in\boldsymbol{X}$,当 $i,j<1$ 或 $i,j>N$ 时,记 $u_{ij}=0$,则离散意义下的分数阶梯度定义为

$$\nabla^{\alpha}\boldsymbol{u}=((\nabla^{\alpha}u)_{ij})_{i,j=1}^{N}=((\Delta_1^{\alpha}\boldsymbol{u})_{ij},(\Delta_2^{\alpha}\boldsymbol{u})_{ij})_{i,j=1}^{N} \tag{3.6.22}$$

其中

$$(\Delta_1^{\alpha}\boldsymbol{u})_{i,j}=\sum_{k=0}^{K-1}(-1)^k C_{\alpha}^k u(i-k,j),(\Delta_2^{\alpha}\boldsymbol{u})_{i,j}=\sum_{k=0}^{K-1}(-1)^k C_{\alpha}^k u(i,j-k) \tag{3.6.23}$$

对于 $\boldsymbol{p}=(p_1,p_2)\in\boldsymbol{Y}$, 离散意义下的分数阶散度定义为

$$\operatorname{div}^{\alpha}\boldsymbol{p}=((\operatorname{div}^{\alpha}\boldsymbol{p})_{i,j})_{i,j=1}^{N} \tag{3.6.24}$$

其中

$$(\operatorname{div}^{\alpha}\boldsymbol{p})_{i,j}=(-1)^{\alpha}\sum_{k=0}^{K-1}(-1)^k C_{\alpha}^k[p_1(i+k,j)+p_2(i,j+k)] \tag{3.6.25}$$

容易证明,离散意义下的分数阶梯度及散度满足下面的对偶运算关系:

$$\langle\boldsymbol{p},\nabla^{\alpha}\boldsymbol{u}\rangle_{Y}=\langle\overline{(-1)^{\alpha}}\operatorname{div}^{\alpha}\boldsymbol{p},\boldsymbol{u}\rangle_{X} \tag{3.6.26}$$

式中:$\langle\cdot,\cdot\rangle_X$ 和 $\langle\cdot,\cdot\rangle_Y$ 分别表示 X 和 Y 中的内积,分别定义为

$$\langle\boldsymbol{u},\boldsymbol{v}\rangle_X=\sum_{1\leqslant i,j\leqslant N}u_{i,j}v_{i,j},\ \forall\,\boldsymbol{u},\boldsymbol{v}\in\boldsymbol{X}$$

$$\langle\boldsymbol{p},\boldsymbol{q}\rangle_Y=\sum_{i,j=1}^{N}((p_1)_{i,j}(q_1)_{i,j}+(p_2)_{i,j}(q_2)_{i,j},\ \forall\,\boldsymbol{p}=(p_1,p_2),\boldsymbol{q}=(q_1,q_2)\in\boldsymbol{Y}$$

根据上述内积的定义,离散空间 $\boldsymbol{X}$ 和 $\boldsymbol{Y}$ 中的范数可定义为

$$\|\boldsymbol{u}\|_X=\sqrt{\langle\boldsymbol{u},\boldsymbol{u}\rangle_X},\boldsymbol{u}\in\boldsymbol{X},\ \|\boldsymbol{p}\|_Y=\sqrt{\langle\boldsymbol{p},\boldsymbol{p}\rangle_Y},\boldsymbol{p}\in\boldsymbol{Y}$$

当 $\alpha=1$ 时,式(3.6.23)定义的是向前差分,是一阶导数的离散化形式,而式(3.6.22)和式(3.6.24)则与一般离散意义下的梯度和散度定义形式是一样的。此时式(3.6.26)退化为

$$\langle\boldsymbol{p},\nabla\boldsymbol{u}\rangle_Y=\langle-\operatorname{div}\boldsymbol{p},\boldsymbol{u}\rangle_X$$

这是一般意义下的梯度和散度所应满足的关系。可见,分数阶梯度和散度是一般意义下梯度和散度定义形式的推广。

对于 $\boldsymbol{u}\in\boldsymbol{X}$, 离散意义下的总变分定义为

$$J(\boldsymbol{u})=\sum_{1\leqslant i,j\leqslant N}|(\nabla^1\boldsymbol{u})_{i,j}|$$

将上述离散化总变分推广,定义离散分数阶总变分为

$$J_{\alpha}(\boldsymbol{u})=\sum_{1\leqslant i,j\leqslant N}|(\nabla^{\alpha}\boldsymbol{u})_{i,j}| \tag{3.6.27}$$

式中:$|(\nabla^{\alpha}\boldsymbol{u})_{i,j}|=\sqrt{(\Delta_1^{\alpha}\boldsymbol{u})_{i,j}^2+(\Delta_2^{\alpha}\boldsymbol{u})_{i,j}^2}$。

当 $\alpha=1$ 时, 式(3.6.27)定义的实际上是离散意义下的总变分。

离散意义下的 BV 空间定义为

$$\mathrm{BV}=\{\boldsymbol{u}\in X\,|\,J(\boldsymbol{u})<+\infty\}$$

作为离散意义下的 BV 空间的推广,定义离散意义下的分散阶有界变差空间如下:

定义 3.14:称 BV_α 为分数阶有界变差空间,其定义为

$$BV_\alpha = \{ \boldsymbol{u} \in \boldsymbol{X} \mid J_\alpha(\boldsymbol{u}) < +\infty \} \tag{3.6.28}$$

BV_α 中的半范数定义为

$$|\boldsymbol{u}|_{BV_\alpha} = J_\alpha(\boldsymbol{u}) \tag{3.6.29}$$

当 $\alpha=1$ 时,式(3.6.28)定义的就是离散意义下的 BV 空间,即 $BV_1 = BV$。

对于离散分数阶总变分 $J_\alpha(u)$,已经证明其满足下面的性质[8-9]:

定理 3.5:对于 $\boldsymbol{u} = (u_{i,j})_{i,j=1}^{N} \in \boldsymbol{X}$,当 $i,j < 1$ 或 $i,j > N$ 时,记 $u_{i,j} = 0$,则 $J_\alpha(\boldsymbol{u})$ 满足

$$J_\alpha(\boldsymbol{u}) = \sup_{p} \langle \boldsymbol{p}, \nabla^\alpha \boldsymbol{u} \rangle_Y \tag{3.6.30}$$

式中:$\boldsymbol{p} = (p_1, p_2) \in \boldsymbol{Y}$,且 $|p_{i,j}| = \sqrt{(p_1)_{i,j}^2 + (p_2)_{i,j}^2} \leqslant 1$。

证明:对任意 $\boldsymbol{p} = (p_1, p_2) \neq 0 \in \boldsymbol{Y}$,$|p_{i,j}| = \sqrt{(p_1)_{i,j}^2 + (p_2)_{i,j}^2} \leqslant 1$,有

$$\begin{aligned}\langle \boldsymbol{p}, \nabla^\alpha \boldsymbol{u} \rangle_Y &= \sum_{1 \leqslant i,j \leqslant N} [(p_1)_{i,j} \cdot (\Delta_1^\alpha \boldsymbol{u})_{i,j} + (p_2)_{i,j} \cdot (\Delta_2^\alpha \boldsymbol{u})_{i,j}] \\ &= \sum_{1 \leqslant i,j \leqslant N} p_{i,j} \cdot (\nabla^\alpha \boldsymbol{u})_{i,j} = \sum_{1 \leqslant i,j \leqslant N} |(\nabla^\alpha \boldsymbol{u})_{i,j}| \cdot |p_{i,j}| \cdot \cos\theta_{i,j}\end{aligned}$$

式中:$\theta_{i,j}$ 为向量 $\boldsymbol{p}_{i,j}$ 与 $(\nabla^\alpha \boldsymbol{u})_{i,j}$ 之间的夹角。

显然,当且仅当 $|p_{i,j}| = 1$ 且 $\cos\theta_{i,j} = 1(i,j = 1,2,\cdots,N$ 时),$\langle \boldsymbol{p}, \nabla^\alpha \boldsymbol{u} \rangle_Y$ 取得最大值,即

$$\sup_p \langle \boldsymbol{p}, \nabla^\alpha \boldsymbol{u} \rangle_Y = \sum_{1 \leqslant i,j \leqslant N} |(\nabla^\alpha u)_{i,j}| = J_\alpha(\boldsymbol{u})$$

证毕。

分数阶变差空间,即 BV_α 空间是通常意义下的 BV 空间的推广,BV 空间是定义在梯度基础上的,而 BV_α 空间是定义在更一般的分数阶导数基础上的。考虑用 BV_α 空间来对图像进行建模,将 ROF 模型中的 BV 空间推广到分数阶有界变差空间 BV_α,可以建立下面的离散分数阶全变差变分模型[8]:

$$\min_{u \in BV_\alpha} \{ E(u) = J_\alpha(u) + \frac{\lambda}{2} \| f - Au \|_X \} \tag{3.6.31}$$

式中:$f \in L^2(\Omega)$ 为含噪声的观测图像;A 为退化算子;$\Omega \subset \mathbb{R}^n$ 为图像支撑域。

分数阶全变差提出后,也受到了广泛的关注,在图像复原[34]、图像超分辨[35]、图像去噪[36-37]等都取得了较好的效果。第 8 章将重点介绍分数阶全变差正则化在图像复原领域中的应用。

3.7 本 章 小 结

在本章中,按照全变差正则化先从一阶微分建模到整数阶微分建模,再到分数阶微分建模的演化,介绍了一阶全变差、二阶全变差、二阶广义全变差、非局部全变差、分数阶全变差及其相关数学基础知识。

(1) 作为建模的数学基础,本章重点介绍了广义导数和分布导数等基本概念,为后面章节中的模型建立和分析奠定了理论基础。

（2）本章介绍了全变差及其向高阶全变差和分数阶全变差的发展。其中：关于二阶全变差中的等价表示形式以及相关性质分析，是刘鹏飞博士在攻读博士学位期间的相关工作。从一阶全变差到分数阶全变差的推广是本书的研究成果之一，并且在图像去噪、图像复原、压缩感知、图像超分辨等领域得到了应用。第 8 章将重点介绍分数阶全变差的应用。

需要指出的是，本书并没有对所有的定理和性质进行严格的理论证明，而是对这些基本数学概念进行了直观解释，有利于普通读者理解这些概念所蕴含的意义，从而能够对后面的数学模型有比较直观的理解。

参考文献

[1] Rudin L I, Osher S, Fatemi E. Nonlinear total variation based noise removal algorithms[J]. Physica D, 1992, 60: 259-268.

[2] Buades A, Coll B, Morel J M. A non-local algorithm for image denoising. IEEE Computer Vision and Pattern Recognition [C]. San Diego: IEEE, 2005: 60-65.

[3] Gilboa G, Osher S. Nonlocal linear image regularization and supervised segmentation[J]. SIAM Journal on Multiscale Modelingand Simulation, 2007, 6(2): 595-630.

[4] Lefkimmiatis S, Bourquard A, Unser M. Hessian-based norm regularization for image restoration with biomedical applications[J]. IEEE Transactions on Image Process, 2012, 21(3): 983-995.

[5] Bredies K, Kunisch K, Pock T. Total generalized variation[J]. SIAM Journal on Imaging Sciences, 2010, 3(3): 492-526.

[6] Pu Yifei. Fractional differential analysis for texture of digital image[J]. Journal of Algorithms and Computational Technology, 2007, 1(23): 357-380.

[7] 周激流，蒲亦非，王卫星. 数字图像纹理细节的分数阶微分检测及其分数阶微分滤波器实现[J]. 中国科学：技术科学，2008，38(12)：2252-2272.

[8] Zhang Jun, Wei Zhihui. A class of fractional-order multi-scale variational models and alternating projection algorithm for image denoising[J]. Applied Mathematical Modelling, 2011, 35(5): 2516-2528.

[9] Zhang Jun, Wei Zhihui, Xiao Liang. Adaptive fractional-order multi-scale method for image denoising[J]. Journal of Mathematical Imaging and Vision, 2012, 43(1): 39-49.

[10] Rockafellar R T. Convex Analysis[M]. Princeton: Princeton University Press, 1970.

[11] 张恭庆，林源渠. 泛函分析讲义[M]. 北京：北京大学出版社，2005.

[12] Schwartz, Laurent. Theorie des distributions[M]. Germany: Hermann, 1950.

[13] Ambrosio L, Fusco N, Pallara D. Functions of bounded variation and free discontinuity problems[M]. Oxford: Clarendon Press, 2000.

[14] Evans L C, Gariepy R F. Measure theory and fine properties of functions[M]. New York: CRC Press, 1992.

[15] Scherzer O, Grasmair M, Grossauer H, et al. Variational Methods in Imaging[M]. New York: Springer, 2009.

[16] Meyers N G, Serrin J. H = w[J]. Proceedings of the National Academy of Sciences of the United States of America, 1964, 51(6): 1055-1056.

[17] Starck J, Elad M, Donoho D L. Image decomposition via the combination of sparse representations and a variational approach[J]. IEEE Transactions on Image Processing, 2005, 14(10): 1570-1582.

[18] Osher S, Rudin L. Feature-oriented image enhancement using shock filters[J]. SIAM Journal on Numerical Analysis, 1990, 27(4): 919-940.

[19] Chambolle A, Novaga M. An introduction to total variation for image analysis. Theoretical Foundations and Numerical Methods for Sparse Recovery[C]. Berlin: De Gruyter, 2010.

[20] Lou Yifei, Zhang Xiaoqun, Osher S, et al. Image recovery via nonlocal operators[J]. Journal of Scientific Computing, 2010, 42(2): 185-197.

[21] Zhang Xiaoqun, Chan T F. Wavelet inpainting by nonlocal total variation[J]. Inverse Problems and Imaging, 2017, 4(1):191-210.

[22] Zhang Xiaoqun, Burger M, Bresson X, et al. Bregmanized nonlocal regularization for deconvolution and sparse reconstruction[J]. SIAM Journal on Imaging Sciences, 2010, 3(3):253-276.

[23] Deledalle C, Denis L, Tupin F. How to compare noisy patches? patchsimilarity beyond gaussian noise[J]. International Journal of Computer Vision, 2012, 99(1):86-102.

[24] Lefkimmiatis S, Ward J P, Unser M. Hessian schatten-norm regularization for linear inverse problems[J]. IEEE Transactions on Image Processing, 2013, 22(5):1873-1888.

[25] Liu Pengfei, Xiao Liang, Xiu Liancun. Mixed higher order variational model for image recovery[J/OL]. Mathematical Problems in Engineering, 2014:1-15[2014-2-27]. http://dx. doi. org/10. 1155/2014/924686.

[26] Liu Pengfei, Xiao Liang. Efficient multiplicative noise removal method using isotropic second order total variation[J]. Computers and Mathematics with Applications, 2015, 70(8):2029-2048.

[27] Lefkimmiatis S, Bourquard A, Unser M. Hessian-based regularization for 3-d microscopy image restoration. IEEE International Symposium on Biomedical Imaging[C]. Barcelona: IEEE, 2012:1731-1734.

[28] Steidl G. A note on the dual treatment of higher-order regularization functionals[J]. Computing, 2006, 76(1):135-148.

[29] Knoll F, Bredies K, Pock T, et al. Second order total generalized variation (TGV) for mri[J]. Magnetic Resonance in Medicine, 2011, 65(2):480-491.

[30] Bredies K. Recovering piecewise smooth multichannel images by minimization of convex functionals with total generalized variation penalty[M]. Berlin: Springer, 2014.

[31] Ferstl D, Reinbacher C, Ranftl R, et al. Image guided depth upsampling using anisotropic total generalized variation. IEEE International Conference on Computer Vision[C]. Sydney: IEEE, 2013:993-1000.

[32] Guo Weihong, Qin Jing, Yin Wotao. A new detail-preserving regularization scheme[J]. SIAM Journal on Imaging Sciences, 2014, 7(2):1309-1334.

[33] Gorenflo R, Mainardi F. Fractional Calculus[M]. Vienna: Springer, 1997.

[34] Zhang Y, Zhang W, Lei Y, et al. Few-view image reconstruction with fractional-order total variation[J]. Journal of The Optical Society of America A-optics Image Science and Vision, 2014, 31(5):981-995.

[35] Ren Zemin, He Chuanjiang, Zhang Qifeng. Fractional order total variation regularization for image super-resolution[J]. Signal Processing, 2013, 93(9):2408-2421.

[36] Zhang Jun, Wei Zhihui, Xiao Liang. A fast adaptive reweighted residual-feedback iterative algorithm for fractional-order total variation regularized multiplicative noise removal of partlytextured images[J]. Signal Processing, 2014, 98(5):381-395.

[37] Chen Dali, Chen Yangquan, Xue Dingyu. Fractional-order total variation image denoising based on proximity algorithm [J]. Applied Mathematics and Computation, 2015(257):537-545.

第 4 章　全变差正则化及其推广:优化算法

4.1 引　　言

在图像复原反问题的数学建模中,非线性最优化模型是最常见的图像建模方法,而对于非线性最优化模型的求解往往是问题处理的难点之一。本章首先介绍与非线性最优化模型求解相关的一些基础知识;然后介绍求解全变差模型及其推广模型的常用优化算法。

在非线性优化基础知识部分,首先简单地介绍 Banach 空间中的基本微分学知识,特别是如何求一个能量泛函的导数,这也是求解非线性最优化问题的基础;然后介绍泛函变分极小化问题的基本理论和方法;最后介绍软阈值算子,该算子与 ℓ_1 极小化问题的求解有十分密切的联系,该极小化问题在本书后面许多模型中也多次作为子问题来使用。

在针对全变差正则化模型的求解方法中,首先介绍最常见的梯度下降法和 Chambolle 提出的投影算法[1];然后重点介绍基于算子分裂的方法,特别是基于交替方向乘子法(Alternating Direction Method of Multipliers,ADMM)的一系列算法。这些方法已经成为当前图像处理领域求解最优化正则化模型的常用方法,了解这类算法的基本设计原理并熟练掌握相应的方法,有助于读者针对特定的非线性最优化模型自行设计相应的算法。

另外,本章还介绍几种全变差推广模型的优化算法,包括非局部全变差正则化优化算法,二阶广义全变差正则化优化算法以及分数阶全变差正则化优化算法。这几个算法基本上都是在 ADMM 框架下提出来的。在本书后面不同类型的图像复原模型的求解中,这些算法经常作为子问题求解算法来使用,因此本章也作为基础算法进行详细介绍。

4.2 非线性最优化基础

4.2.1 Banach 空间微分学基础

本小节重点介绍 Banach 空间微分学中的几个基本概念及性质,通过例子来说明这些概念,并重点介绍对于泛函导数的计算,而相关的详细理论分析和证明可参见文献[2-3]。

定义 4.1:设 X,Y 为 Banach 空间,$F:D\subset X\to Y$ 为线性(或非线性)算子,对于固定的 $x\in D$ 和 $h\in X$,以及 $t\in\mathbb{R}$ 和 $x+th\in D$,有

$$\lim_{t\to 0}F(x+th)=F(x)\ \text{或}\ \lim_{t\to 0}\|F(x+th)-F(x)\|_Y=0 \tag{4.2.1}$$

则算子 F 在点 $x\in X$ 处半连续(沿 h 方向连续)。

若对于任意 $h\in X$,有

$$\lim_{\|h\|_X\to 0}\|F(x+h)-F(x)\|_Y=0$$

则算子 F 在点 $x\in X$ 处连续。

若 F 在 $D\subset X$ 中的每一点都连续，则 F 在 D 上连续。

定义 4.2（Gâteaux 微分）：设 X,Y 为 Banach 空间，$F:D\subset X\to Y$ 为线性（或非线性）算子，若对于 $x_0\in D$，当 $x_0+th\in D$，其中：$t\in\mathbb{R}$，$h\in X$，极限

$$\lim_{t\to 0}\frac{F(x_0+th)-F(x_0)}{t} \tag{4.2.2}$$

存在，则算子 F 在 x_0 处 Gâteaux 可微，其极限记为 $DF(x_0,h)$，则 $DF(x_0,h)$ 为算子 F 在 x_0 处对于增量 $h\in X$ 的 Gâteaux 微分。

定义 4.3（Gâteaux 导数）：设 X,Y 为 Banach 空间，$F:D\subset X\to Y$ 为线性（或非线性）算子，若对于 $x_0\in D$，算子 F 在 x_0 处 Gâteaux 可微，并且其 Gâteaux 微分 $DF(x_0,h)$ 关于 h 是线性的，并且存在与 h 无关的有界线性算子 $A:X\to Y$，有

$$DF(x_0,h)=A\cdot h,\ \forall h\in X \tag{4.2.3}$$

则 A 称为 F 在 x_0 处的 Gâteaux 导数，并记为 $F'_G(x_0)$。

若对任意 $x\in D$，算子 F 的 Gâteaux 导数都存在，则算子 F 在 $D\subset X$ 上是 Gâtcaux 可导的，并将其导数记为 $F'_G(x)$。

除了上述 Gâteaux 导数，在 Banach 空间中还定义了 Fréchet 以下导数：

定义 4.4（Fréchet 导数）：设 X,Y 为 Banach 空间，$F:D\subset X\to Y$ 为线性（或非线性）算子，对于给定的 $x_0\in D$，设 $h\in X$，$x_0+h\in X$，若存在与 h 无关的有界线性算子 $A:X\to Y$，有

$$F(x_0+h)-F(x)=A\cdot h+\omega(x_0,h) \tag{4.2.4}$$

式中：$\lim\limits_{\|h\|_x\to 0}\dfrac{\|\omega(x_0,h)\|_Y}{\|h\|_X}=0$，则线性主部 $A\cdot h$ 称为算子 F 在 x_0 处的 Fréchet 微分，记为 $DF(x_0,\Delta x)$；线性算子 A 称为算子 F 在 x_0 处的 Fréchet 导数，记为 $F'_F(x_0)$。

若对任意 $x\in D$，算子 F 的 Fréchet 导数都存在，则算子 F 在 $D\subset X$ 上是 Fréchet 可导的，并将其导数记为 $F'_F(x)$。

从 Gâteaux 导数和 Fréchet 导数的定义形式上看，Gâteaux 导数是从传统的函数导数的定义中拓展出来的，而 Fréchet 导数是从传统的函数微分的角度拓展提出的，它们之间既有区别也有联系。

注：① 若算子 F 是 Fréchet 可导的，则 F 也是 Gâteaux 可导的，并且其 Fréchet 导数和 Gâteaux 导数两者一致；反之，若算子 F 是 Gâteaux 可导的，并且 Gâteaux 导数连续，则 F 也是 Fréchet 可导的。在不特别强调的情况下，所说的导数一般是指的 Gâteaux 导数，并统一记为 $F'(x)$。

② 在式(4.2.3)和式(4.2.4)中的 $A\cdot h$ 表示算子 A"线性作用"于 h，这种作用可能为相乘、内积等线性作用。

③ 无论算子 F 是线性，还是非线性，算子 F 在某点 x_0 处的导数 $F'(x_0)=A\in L(X,Y)$ 一定是线性算子。

④ 若令 $g(t)=F(x+th)$，则

$$DF(x,h)=\lim_{t\to 0}\frac{F(x+th)-F(x_0)}{t}=\lim_{t\to 0}\frac{g(t)-g(0)}{t}=g'(0)=A\cdot h \tag{4.2.5}$$

事实上，通常按照式(4.2.5)所示的方式，将求 Gâteaux 导数的问题转化为一元函数

求导数的问题，这里的关键是在求出式(4.2.5)中的极限之后，要求 $DF(x,h)$ 中的 A 和 h 能够线性分离，即 $DF(x,h)=A\cdot h$，从而得到算子的 Gâteaux 导数 A。

例 4.1：对于 $f:\mathbb{R}\to\mathbb{R}$，试求 $f'(x)$。

解：设 $g(t)=f(x+th)$，则

$$g'(0)=\lim_{t\to 0}\frac{g(t)-g(0)}{t}=\lim_{t\to 0}\frac{f(x+th)-f(x)}{t}$$

$$=\lim_{t\to 0}\frac{f(x+th)-f(x)}{th}\cdot h=f'(x)h$$

式中：$f'(x)$ 是一元微积分里的“导数”，这里不将它看作是一个“数”，而是一个线性算子，即 $f'(x):\mathbb{R}\to\mathbb{R}:\forall h\in\mathbb{R},f'(x)h=y\in\mathbb{R}$。

注：这里的“线性作用”关系为数字之间的乘法运算。

例 4.2：设 $\boldsymbol{A}\in\mathbb{R}^{m\times n},\boldsymbol{y}\in\mathbb{R}^m$，对于 $f:\mathbb{R}^n\to\mathbb{R}$，设 $F(x)=\|\boldsymbol{Ax}-\boldsymbol{y}\|_2^2,\forall\boldsymbol{x}\in\mathbb{R}^n$，试求 $f'(\boldsymbol{x})$。

解：设 $g(t)=\|\boldsymbol{A}(\boldsymbol{x}+t\boldsymbol{h})-\boldsymbol{y}\|_2^2,\forall\boldsymbol{h}\in\mathbb{R}^n$，则

$$\begin{aligned}g(t)&=\|\boldsymbol{A}(\boldsymbol{x}+t\boldsymbol{h})-\boldsymbol{y}\|_2^2\\&=(\boldsymbol{Ax}-\boldsymbol{y}+t\boldsymbol{Ah},\boldsymbol{Au}-\boldsymbol{y}+t\boldsymbol{Ah})\\&=t^2\|\boldsymbol{Ah}\|_2^2+2t(\boldsymbol{Ax}-\boldsymbol{y},\boldsymbol{Ah})+\|\boldsymbol{Ax}-\boldsymbol{y}\|_2^2\end{aligned}$$

即 $g'(0)=2(\boldsymbol{Ax}-\boldsymbol{y},\boldsymbol{Ah})=(2\boldsymbol{A}^{\mathrm{T}}(\boldsymbol{Ax}-\boldsymbol{y}),\boldsymbol{h})$，从而

$$F'(x)=2\boldsymbol{A}^{\mathrm{T}}(\boldsymbol{Ax}-\boldsymbol{y})$$

注：这里的“线性作用”关系为向量间的内积运算。

例 4.3：对于 $f:\mathbb{R}^n\to\mathbb{R},\boldsymbol{x}=(x_1,x_2,\cdots,x_n)^{\mathrm{T}}$，设 f 具有连续偏导数，试求 $f'(\boldsymbol{x})$。

解：设 $g(t)=f(\boldsymbol{x}+t\boldsymbol{h})$，有

$$\begin{aligned}g'(t)&=(f(x_1+th_1,x_2+th_2,\cdots,x_n+th_n))'_t\\&=f'_1(\boldsymbol{x}+t\boldsymbol{h})h_1+f'_2(\boldsymbol{x}+t\boldsymbol{h})h_2+\cdots+f'_n(\boldsymbol{x}+t\boldsymbol{h})h_n\end{aligned}$$

则

$$\begin{aligned}g'(0)&=\left(\frac{\partial f}{\partial x_1}\right)h_1+\left(\frac{\partial f}{\partial x_2}\right)h_2+\cdots+\left(\frac{\partial f}{\partial x_n}\right)h_n\\&=(h_1,h_2,\cdots,h_n)\left(\frac{\partial f}{\partial x_1},\frac{\partial f}{\partial x_2},\cdots,\frac{\partial f}{\partial x_n}\right)^{\mathrm{T}}\\&=(\mathrm{grad}f,\boldsymbol{h})\end{aligned}$$

因此

$$f'(x)=\mathrm{grad}f(\boldsymbol{x})=\left(\frac{\partial f}{\partial x_1},\frac{\partial f}{\partial x_2},\cdots,\frac{\partial f}{\partial x_n}\right)^{\mathrm{T}}$$

则 $f'(x)$ 为 $\boldsymbol{x}$ 处的梯度。

注：这里的“线性作用”关系为向量间的内积运算。

例 4.4：对于 $F:\mathbb{R}^n\to\mathbb{R}^m,\boldsymbol{x}=(x_1,x_2,\cdots,x_n)^{\mathrm{T}}\in\mathbb{R}^n$，设 $F(\boldsymbol{x})=(f_1(\boldsymbol{x}),\cdots,f_m(\boldsymbol{x}))^{\mathrm{T}}\in\mathbb{R}^m$，其中 $f_1(\boldsymbol{x}),\cdots,f_m(\boldsymbol{x})$ 有连续偏导数，试求 $F'(\boldsymbol{x})$。

解：设 $g(t)=F(\boldsymbol{x}+t\boldsymbol{h})$，有

$$g'(t)=\begin{pmatrix} f_1(\boldsymbol{x}+t\boldsymbol{h}) \\ \vdots \\ f_m(\boldsymbol{x}+t\boldsymbol{h}) \end{pmatrix}=\begin{pmatrix} (f_1(\boldsymbol{x}+t\boldsymbol{h}))'_t \\ \vdots \\ (f_m(\boldsymbol{x}+t\boldsymbol{h}))'_t \end{pmatrix}$$

$$g'(0)=\begin{pmatrix} \frac{\partial f_1}{\partial x_1} & \frac{\partial f_1}{\partial x_2} & \cdots \frac{\partial f_1}{\partial x_n} \\ \vdots & \vdots & \vdots \\ \frac{\partial f_m}{\partial x_1} & \frac{\partial f_m}{\partial x_2} & \cdots \frac{\partial f_m}{\partial x_n} \end{pmatrix}_{m\times n} \boldsymbol{h}$$

则

$$F'(\boldsymbol{x})=\begin{pmatrix} \frac{\partial f_1}{\partial x_1} & \frac{\partial f_1}{\partial x_2} & \cdots \frac{\partial f_1}{\partial x_n} \\ \vdots & \vdots & \vdots \\ \frac{\partial f_m}{\partial x_1} & \frac{\partial f_m}{\partial x_2} & \cdots \frac{\partial f_m}{\partial x_n} \end{pmatrix}_{m\times n}$$

该矩阵通常为算子 F 在 $\boldsymbol{x}$ 处的雅可比(Jacobi)矩阵。

注:这里的“线性作用”关系为矩阵和向量乘积运算。

在图像处理等实际工程问题的数学建模中,除了上述一阶导数外,通常还会涉及算子的高阶导数,其中最常见的就是算子的二阶导数。

定义 4.5(Hessian 矩阵):对于 $F:\mathbb{R}^n\to\mathbb{R}^m$,$\boldsymbol{x}=(x_1,x_2,\cdots,x_n)\in\mathbb{R}^n$,设

$$F(\boldsymbol{x})=[f_1(\boldsymbol{x}),\cdots,f_m(\boldsymbol{x})]^{\mathrm{T}}\in\mathbb{R}^n$$

式中:$f_1(\boldsymbol{x}),\cdots,f_m(\boldsymbol{x})$有连续二阶偏导数。

对于固定的 $\boldsymbol{x}\in\mathbb{R}^n$ 和任意 $\boldsymbol{h}\in\mathbb{R}^n$,定义算子 F 的二阶导数为

$$F''(\boldsymbol{x})\cdot h=(\boldsymbol{H}_1(\boldsymbol{x})h,\boldsymbol{H}_2(\boldsymbol{x})h,\cdots,\boldsymbol{H}_m(\boldsymbol{x})h)^{\mathrm{T}}\in\mathbb{R}^{m\times n}$$

其中

$$\boldsymbol{H}_i(\boldsymbol{x})=\begin{pmatrix} \frac{\partial^2 f_i}{\partial {x_1}^2} & \frac{\partial^2 f_i}{\partial x_1\partial x_2^2} & \cdots & \frac{\partial^2 f_i}{\partial x_1\partial x_n} \\ \frac{\partial^2 f_i}{\partial x_2\partial x_1} & \frac{\partial^2 f_i}{\partial x_2^2} & \cdots & \frac{\partial^2 f_i}{\partial x_2\partial x_n} \\ \vdots & \vdots & & \vdots \\ \frac{\partial^2 f_i}{\partial x_n\partial x_1} & \frac{\partial^2 f_i}{\partial x_n\partial x_2} & \cdots & \frac{\partial^2 f_i}{\partial x_n^2} \end{pmatrix}_{n\times n},i=1,2,\cdots,n$$

则 $\boldsymbol{H}_i(\boldsymbol{x})$为算子 F 的第 i 个分量的 Heissan 矩阵。

注:为了便于从算子的角度理解算子导数的概念,进行以下分析。

① 算子 F 是一个$\mathbb{R}^n\to\mathbb{R}^m$的映射,即给定 $\boldsymbol{x}\in\mathbb{R}^n$,则 $F(\boldsymbol{x})\in\mathbb{R}^m$。

② 算子 F'是$\mathbb{R}^n\to L(\mathbb{R}^n,\mathbb{R}^m)$的映射(其中 $L(\mathbb{R}^n,\mathbb{R}^m)$是所有$\mathbb{R}^n\to\mathbb{R}^m$的线性算子的集合),即给定 $\boldsymbol{x}\in\mathbb{R}^n$,则 $F'(\boldsymbol{x})\in L(\mathbb{R}^n,\mathbb{R}^m)$;再给定 $\boldsymbol{y}\in\mathbb{R}^n$,则有 $F'(\boldsymbol{x})\boldsymbol{y}=\boldsymbol{z}\in\mathbb{R}^m$。

③ 算子 F'' 是$\mathbb{R}^n\to L(\mathbb{R}^n,L(\mathbb{R}^n,\mathbb{R}^m))$ 的映射,即给定 $\boldsymbol{x}\in\mathbb{R}^n$,则 $F''(\boldsymbol{x})\in L(\mathbb{R}^n,$

$L(\mathbb{R}^n,\mathbb{R}^m))$；再给定 $\boldsymbol{y}\in\mathbb{R}^n$，则有 $F''(x)\cdot\boldsymbol{y}\in L(\mathbb{R}^n,\mathbb{R}^m)$；最后给定 $\boldsymbol{z}\in\mathbb{R}^n$，得到 $(F''(\boldsymbol{x})\cdot\boldsymbol{y})\cdot\boldsymbol{z}=\boldsymbol{p}\in\mathbb{R}^m$。

特别地，对于算子 $f:\mathbb{R}^n\to\mathbb{R}$，$\boldsymbol{x},\boldsymbol{y},\boldsymbol{z}\in\mathbb{R}^n$，有

$$
\begin{aligned}
(f''(\boldsymbol{x})\cdot\boldsymbol{y})\cdot\boldsymbol{z} &= \boldsymbol{z}^{\mathrm{T}}f''(\boldsymbol{x})\boldsymbol{y}\\
&=(z_1,z_2,\cdots,z_n)\begin{pmatrix}
\dfrac{\partial^2 f}{\partial x_1^2} & \dfrac{\partial^2 f}{\partial x_1\partial x_2} & \cdots & \dfrac{\partial^2 f}{\partial x_1\partial x_n}\\
\dfrac{\partial^2 f}{\partial x_2\partial x_1} & \dfrac{\partial^2 f}{\partial x_2^2} & \cdots & \dfrac{\partial^2 f}{\partial x_2\partial x_n}\\
\vdots & \vdots & & \vdots\\
\dfrac{\partial^2 f}{\partial x_n\partial x_1} & \dfrac{\partial^2 f}{\partial x_n\partial x_2} & \cdots & \dfrac{\partial^2 f}{\alpha x_n^2}
\end{pmatrix}_{n\times n}\begin{pmatrix}y_1\\y_2\\\vdots\\y_n\end{pmatrix}\\
&=\sum_{i=1}^{n}\sum_{j=1}^{n}\frac{\partial^2 f}{\partial x_i\partial x_j}z_i y_j
\end{aligned}
$$

4.2.2 泛函变分极小化

本小节主要介绍泛函极小化的几个基本概念和性质，对于具体的理论分析与证明，可参见最优化理论相关经典文献[4-5]。

1. 泛函的无约束极值

设 f 为 Banach 空间 X 上的实泛函，考虑极小化问题：

$$x^* = \underset{x\in X}{\operatorname{argmin}} f(x)$$

设 f 在 x_0 处 Gâteaux 可导，且 $f'(x_0)=0$，则 x_0 为 f 的驻点。

定理 4.1：设 X 为 Banach 空间，f 为 $\Omega\subset X$ 上的实泛函，x_0 为 Ω 的内点。若 f 在 x_0 处 Gâteaux 可微，并且在 x_0 处达到极值，则

$$Df(x_0,h)=0,h\in X$$

若 $f'(x_0)$ 存在，则 $f'(x_0)=0$。

定理 4.2：设 X 为拓扑向量空间，泛函 $f:X\to\mathbb{R}$，如果对于任意 $\alpha\in[0,1]$ 和 $u,v\in X$，有

$$f(\alpha u+(1-\alpha)v)\leqslant \alpha f(u)+(1-\alpha)f(v)$$

则泛函 f 是凸的。

设 $V\subset X$，如果对于任意 $\alpha\in[0,1]$，$u,v\in V$，有

$$\alpha u+(1-\alpha)v\in V$$

则 V 为凸的。

定理 4.3：设 X 为 Banach 空间，凸泛函 $f:\Omega\to X$ 是 Gâteaux 可微的，其中 $\Omega\subset X$ 为凸开集，有以下性质：

性质 1：f 在 x_0 处达到极小值的充要条件为

$$Df(x_0,h)=0,\forall h\in X$$

性质 2：若 f 严格凸，则 f 在 Ω 中的极小值点唯一。

注：若 $Df(x_0,h)$ 关于 $h\in X$ 是线性的，即 $DF(x_0,h)=f'(x_0)h=0$，则 $f'(x_0)=0$。

2. 约束极小化

考虑约束极小化问题：

$$\min_{x \in X} f(x) \quad \text{s. t. } g(x) = 0$$

该约束优化问题可通过 Lagrange 乘子法转化为无约束优化问题：

$$\min_{x \in X} f(x) + \lambda g(x)$$

定理 4.4：设函数 $f, g: X \to \mathbb{R}$，x_0 是 f 关于约束 $g(x)=0$ 的极值点，并且 f, g 在 x_0 处 Gâteaux可导。现设有非退化条件：

$$g'(x_0) \neq 0$$

并且 g 在 u_0 的领域中连续，则存在实数 λ，使得下式成立：

$$f'(x_0) + \lambda g'(x_0) = 0$$

3. 次梯度与极小化

一般求解泛函极小值点的时候，需要对该泛函进行求导。但是，在实际问题中，所建立的数学模型中的能量泛函并不一定可导，此时就须要引入新的概念来解决泛函不可导的问题。

设 X 为 Banach 空间，对于凸泛函 $F: X \to \mathbb{R}$，如果它具有二阶连续 Fréchet 导数，则有

$$\begin{aligned} F(w) &= F(u) + F'(u)(w-u) + \int_0^1 F''(u + t(w-u))(w-u, w-u)\,\mathrm{d}t \\ &\geqslant F(u) + F'(u)(w-u) \end{aligned} \tag{4.2.6}$$

当 $F'(u)$存在时，式(4.2.6)一定是成立的。但是当 $F'(u)$不存在，如果能够找到一个算子 p 替换式(4.2.6)中的 $F'(u)$，使得式(4.2.6)仍然成立，则算子 p 也可以看作是算子 F 的一种“导数”，这种“导数”一般称为次梯度。

定义 4.6：设 X 为 Banach 空间，泛函 $F: X \to \mathbb{R}$ 是凸的，则 F 在点 u 处的次梯度定义为

$$\partial F(u) = \{p \in X^* \mid J(w) \geqslant F(u) + \langle p, w-u \rangle, \forall w \in X\} \tag{4.2.7}$$

式中：X^* 为 X 的共轭空间，即由 X 上的所有线性泛函构成的空间。

一般来讲，一个泛函的次梯度是不唯一的，当该泛函是 Fréchet 可导时，其次梯度是唯一的，并且这个次梯度就是该泛函的 Fréchet 导数，即 $\partial F(u) = \{F'(u)\}$。由此可见，次梯度实际上是导数概念的一种推广和拓展。有了次梯度的概念，就可以研究非可微泛函的极小化问题，并有以下结论。

定理 4.5：设 X 为 Banach 空间，泛函 $F: X \to \mathbb{R}$ 是凸的，则 F 的局部极小解就是全局极小解，并且 u^* 为 F 的极小解的充分必要条件为

$$0 \in \partial J(u^*) \tag{4.2.8}$$

4.2.3 ℓ_1 极小化与软阈值算子

这里介绍一种特殊的优化问题：ℓ_1 极小化问题。该问题的求解在图像处理领域中具有重要作用，有很多复杂的优化问题在进行分解之后，ℓ_1 极小化问题往往作为其中的一个子优化问题来求解，因此该问题的求解是本书的基础优化算法，予以详细介绍。

ℓ_1 极小化问题通常描述为

$$\boldsymbol{x}^* = \arg\min_{\boldsymbol{x} \in \mathbb{R}^n} \|\boldsymbol{x} - \boldsymbol{b}\|_2^2 + 2\tau \|\boldsymbol{x}\|_1 \tag{4.2.9}$$

ℓ_1 范数是不可微,虽然给问题的求解带来一定的难度,但是可以通过软阈值算子得到该问题的解析解。

定义 4.7:对于 $x \in \mathbb{R}$ 以及阈值 $\tau > 0$,定义软阈值算子为

$$S_\tau(x,\tau) = \max(|x| - \tau, 0) \cdot \frac{x}{|x|} = \begin{cases} x-\tau, x>\tau \\ 0, \quad -\tau \leqslant x \leqslant \tau \\ x+\tau, x<-\tau \end{cases} \tag{4.2.10}$$

式中:当 $|x|=0$ 时,约定 $\frac{x}{|x|}=0$。

对于向量 $\boldsymbol{x} = (x_1, x_2, \cdots, x_n)^{\mathrm{T}} \in \mathbb{R}^n$,可以按分量定义向量软阈值算子,即

$$S_\tau(x,\tau) = [S_\tau(x_1,\tau), S_\tau(x_2,\tau), \cdots, S_\tau(x_n,\tau)]^{\mathrm{T}} \tag{4.2.11}$$

定理 4.6:软阈值算子 $S_\tau(\cdot)$ 满足下面的性质:

性质 1: ℓ_1 极小化的解可用软阈值算子来表示,即

$$S_\tau(\boldsymbol{b}) = \underset{\boldsymbol{x} \in \mathbb{R}^n}{\operatorname{argmin}} \|\boldsymbol{x} - \boldsymbol{b}\|_2^2 + 2\tau \|\boldsymbol{x}\|_1 \tag{4.2.12}$$

性质 2:软阈值算子是非膨胀的,即

$$\|S_\tau(x) - S_\tau(y)\|_2 \leqslant \|x - y\|_2, \forall x, y \in \mathbb{R}^n$$

性质 3:对于任意 $x \in \mathbb{R}^n$,$\alpha > 0$,有

$$\alpha S_\tau(x) = S_{\alpha\tau}(\alpha x)$$

证明:(1) 对于 $\boldsymbol{b} = (b_1, b_2, \cdots, b_n)^{\mathrm{T}}$,$\boldsymbol{x} = (x_1, x_2, \cdots, x_n)^{\mathrm{T}}$,有

$$\|\boldsymbol{x} - \boldsymbol{b}\|_2^2 + 2\tau \|\boldsymbol{x}\|_1 = \sum_{k=1}^{N} ((x_k - b_k)^2 + 2\tau |x_k|)$$

因此,可以通过观察在一维情况下的函数,即

$$f(x) = (x-b)^2 + 2\tau|x|, \forall x \in \mathbb{R}$$

来证明式(4.2.12)。由于 f 是严格凸函数,因此具有唯一的全局最小值。

首先,假设 $b \geqslant \tau$,则根据定义可知 $S_\tau(b) = b - \tau$。

注意到对于任意 $x \in \mathbb{R}$,有 $|x| \geqslant x$,则

$$f(b-\tau) = \tau^2 + 2\tau(b-\tau) = 2b\tau - \tau^2$$

从而

$$\begin{aligned} f(x) &\geqslant x^2 - 2bx + b^2 + 2\tau x \\ &= x^2 - 2b(b-\tau)x + (b-\tau)^2 - (b-\tau)^2 + b^2 \\ &\geqslant 2b\tau - \tau^2 = f(b-\tau) = f(S_\tau(\mathrm{b})) \end{aligned}$$

所以 $S_\tau(b)$ 是在这个情况下的最小值。

其次,假设 $b \leqslant -\tau$,由于

$$f(b+\tau) = \tau^2 - 2\tau(b+\tau) = -2b\tau - \tau^2, \forall x \in \mathbb{R}$$

又由于对任意 $x \in \mathbb{R}$,$|x| \geqslant -x$,因此有

$$\begin{aligned} f(x) &\geqslant x^2 - 2bx + b^2 - 2\tau x \\ &= x^2 - 2(b+\tau)x + (b+\tau)^2 - (b+\tau)^2 + b^2 \\ &\geqslant -2b\tau - \tau^2 = f(b+\tau) = f(S_\tau(b)) \end{aligned}$$

当 $|b| \leqslant \tau$ 时,有 $2\tau|x| \geqslant 2|b||x| = 2|bx|$,则

$$f(x) \geqslant (x-b)^2 + 2|bx| = x^2 + 2(|bx| - bx) + b^2 \geqslant b^2 = f(0) = f(S_\tau(b))$$

因此,这个泛函的最小值由可用软阈值算子作用于 b 得到。对于向量,可将软阈值应用于向量的每一个分量得到极小解。

(2) 在考虑非膨胀性质的证明时,需要考虑 x 和 y 与 τ 之间的大小关系的各种情况。

例如,当 x 和 y 都远大于 τ 时,有 $S_\tau(x) = x - \tau, S_\tau(y) = y - \tau$,则

$$\| S_\tau(x) - S_\tau(y) \|_2 = \| x - \tau - (y - \tau) \|_2 = \| x - y \|_2$$

同理,还可以证明其他各种情况。

(3) 根据定义可以直接验证:$\alpha S_\tau(x) = S_{\alpha\tau}(\alpha x)$。

目前 ℓ_1 极小化已经成为图像处理领域中的稀疏性正则化建模的最常使用的方法,在本书后面的许多模型的求解虽然会相对复杂,但往往通过算子分裂之后都会涉及 ℓ_1 极小化问题。利用软阈值算子,可以很快地得到 ℓ_1 极小化问题式(4.2.9)的解析解,这对于问题的求解是非常方便的,也使得这种方法成为当前图像处理领域中最常用的方法之一。

4.3 全变差正则化模型求解算法

4.3.1 梯度下降算法

对于全变差图像复原优化模型式(3.3.7)的求解,最直接的方法就是梯度下降法。根据在本书第 3 章中介绍的关于 Banach 空间的微分学基础,可以求得优化问题式(3.3.7)的 Euler-Lagrange 方程为

$$-\operatorname{div}\left(\frac{\nabla u}{|\nabla u|}\right) - \lambda A^{\mathrm{T}}(f - Au) = 0 \tag{4.3.1}$$

引入时间变量,利用梯度下降法,式(4.3.1)的求解可转化为求解非线性微分方程:

$$\frac{\partial u}{\partial t} = \operatorname{div}\left(\frac{\nabla u}{|\nabla u|}\right) + \lambda A^{\mathrm{T}}(f - Au) \tag{4.3.2}$$

在实际问题中,$|\nabla u|$ 有可能为 0,为了避免式(4.3.1)中 $|\nabla u| = 0$ 引起的问题的奇异,通常需要引入参数 $\varepsilon > 0$,得到

$$\frac{\partial u}{\partial t} = \operatorname{div}\left(\frac{\nabla u}{\sqrt{u_x^2 + u_y^2 + \varepsilon^2}}\right) + \lambda A^{\mathrm{T}}(f - Au) \tag{4.3.3}$$

这样通过对式(4.3.3)的求解,可以得到全变差图像复原模型的近似解。

在实际计算中,需要对连续问题式(4.3.3)进行离散化。

不失一般性,不妨设 $X = \mathbb{R}^{M\times N}, Y = X \times X$。在离散化情形下,观测图像 $f \in L^2(\Omega)$ 的表示为矩阵形式 $\boldsymbol{f} \in X$,待求图像 u 则表示为矩阵化形式 $\boldsymbol{u} \in X$,退化算子 A 的离散化形式记为 A。需要指出的是,这里将图像进行二维离散化,并没有将图像向量化。因此,在不特别说明的情况下,$A\boldsymbol{u}$ 也是表示离散化的算子 A “作用于”$\boldsymbol{u}$,而不是矩阵之间或向量之间的乘积运算。

在离散情况下,对于任意 $\boldsymbol{u} = (u_{i,j})_{M\times N}, \boldsymbol{v} = (v_{i,j})_{M\times N} \in X$,可以定义离散意义下的内积和范数:

$$(\boldsymbol{u}, \boldsymbol{v})_X = \sum_{i=1}^{M} \sum_{j=1}^{N} u_{i,j} v_{i,j}, \ \| \boldsymbol{u} \|_X = \sqrt{(\boldsymbol{u}, \boldsymbol{u})_X}, \ \forall\, \boldsymbol{u}, \boldsymbol{v} \in X \tag{4.3.4}$$

设 $\boldsymbol{u} \in X$，则离散梯度为

$$\nabla \boldsymbol{u} = [((\nabla_x \boldsymbol{u})_{i,j})_{M\times N}, ((\nabla_y \boldsymbol{u}_{i,j}))_{M\times N}] \in Y \tag{4.3.5}$$

其中

$$(\nabla_x \boldsymbol{u})_{i,j} = \begin{cases} u_{i+1,j} - u_{i,j} & (i < M) \\ 0 & (i = M) \end{cases}; \quad (\nabla_y \boldsymbol{u})_{i,j} = \begin{cases} u_{i,j+1} - u_{i,j} & (j < N) \\ 0 & (j = N) \end{cases} \tag{4.3.6}$$

分别为在像素点(i,j)处的水平方向(x 方向)上的导数和在垂直方向(y 方向)上的导数。

另外，还可以定义离散意义下的散度。需要注意的是，离散意义下散度的定义是依赖于离散梯度的定义，因为对于任意 $\boldsymbol{u} \in X, \boldsymbol{p} = (\boldsymbol{p}^1, \boldsymbol{p}^2) \in Y$，梯度算子与散度算子必须满足对偶关系式：

$$(-\mathrm{div}\boldsymbol{p}, \boldsymbol{u})_X = (\boldsymbol{p}, \nabla \boldsymbol{u})_Y \tag{4.3.7}$$

其中：$(\cdot,\cdot)_Y$ 是 Y 中的内积，其定义为

$$(\boldsymbol{p},\boldsymbol{q})_Y = \sum_{i=1}^{M}\sum_{j=1}^{N}(p_{i,j}^1 q_{i,j}^1 + p_{i,j}^2 q_{i,j}^2), \forall \boldsymbol{p} = (\boldsymbol{p}^1, \boldsymbol{p}^2), \boldsymbol{q} = (\boldsymbol{q}^1, \boldsymbol{q}^2) \in Y$$

式中：$\boldsymbol{p}^1 = (p_{i,j}^1)_{M\times N}$；$\boldsymbol{p}^2 = (p_{i,j}^2)_{M\times N}$；$\boldsymbol{q}^1 = (q_{i,j}^1)_{M\times N}$；$\boldsymbol{q}^2 = (q_{i,j}^2)_{M\times N}$。

因此，对于任意 $\boldsymbol{p} = (\boldsymbol{p}^1, \boldsymbol{p}^2) \in Y$，根据式(4.3.6)可构造满足对偶关系式(4.3.7)的离散意义下的散度运算：

$$(\mathrm{div}\boldsymbol{p})_{i,j} = \begin{cases} \boldsymbol{p}_{i,j}^1 - \boldsymbol{p}_{i-1,j}^1, & 1 < i < M \\ \boldsymbol{p}_{i,j}^1, & i = 1 \\ -\boldsymbol{p}_{i-1,j}^1, & i = M \end{cases} + \begin{cases} \boldsymbol{p}_{i,j}^2 - \boldsymbol{p}_{i,j-1}^2, & 1 < j < N \\ \boldsymbol{p}_{i,j}^2, & j = 1 \\ -\boldsymbol{p}_{i,j-1}^2, & j = N \end{cases} \tag{4.3.8}$$

综上所述，求解全变差正则化图像复原模型式(3.3.7)的梯度下降算法可描述为

算法 4.1：求解全变差正则化图像复原模型的梯度下降法：

输入：观测图像 $\boldsymbol{f} \in X$，参数 $\lambda>0, \varepsilon>0$ 和迭代步长 Δt，给定迭代终止条件。

初始化：$\boldsymbol{u}^0 = \boldsymbol{f}$。

主迭代：对 $k = 0、1、2\cdots$ 按下列步骤计算：

(1)计算 $\boldsymbol{u}^{k+1} = \boldsymbol{u}^k + \Delta t\left[\mathrm{div}\left(\dfrac{\nabla \boldsymbol{u}^k}{\sqrt{|\nabla \boldsymbol{u}^k|^2 + \varepsilon^2}}\right) + \lambda \mathbf{A}^{\mathrm{T}}(\boldsymbol{f} - \mathbf{A}\boldsymbol{u}^k)\right]$；

(2)当 $\boldsymbol{u}^{k+1}$ 满足给定的迭代终止条件时，记 $k^* = k+1$，迭代终止；否则，令 $k := k+1$，转第(1)步继续迭代。

输出：复原后的图像 $\boldsymbol{u}^{k^*}$。

需要指出的是，在实际求解过程中，参数 $\varepsilon>0$ 的选择对于结果的影响是比较明显的。当 ε 的值较大时，算法的收敛速度相对较快，但所求解的模型与原始问题式(4.3.2)相差是比较大的；当 ε 的值很小时，算法得到的解更接近真实解，但此时算法的收敛速度相对较慢。

4.3.2 Chambolle 投影算法

为了更好地解决全变差模型中由分母为 0 导致的不可微问题，2004 年 Chambolle A.

针对全变差正则化去噪模型式(3.3.6)提出了一种对偶投影算法[1],该算法避免了分母为0的情况,而且收敛速度较快。Chambolle投影算法的核心思想是将原问题转换为对偶问题进行求解。优化问题的对偶问题涉及算子的凸共轭的概念。一般地,算子的凸共轭定义如下。

定义4.8(凸共轭):对泛函$F:X\to\mathbb{R}$,定义其凸共轭$F^*:X^*\to\mathbb{R}$为

$$F^*(v)=\sup_{u\in X}\{<u,v>-F(u)\},\forall v\in X^* \tag{4.3.9}$$

式中:X^*为X的共轭空间,即由X上的所有线性泛函构成的空间。

上述定义所定义的凸共轭算子有下面的几个重要性质。

定理4.7:设X为Banach空间,$F:X\to\mathbb{R}$为定义在X上的泛函,有以下基本性质:

性质1:无论泛函$F:X\to\mathbb{R}$是否为凸泛函,其凸共轭$F^*:X^*\to\mathbb{R}$都是凸的。

性质2:当且仅当泛函F为凸时,有$F^{**}=F$。

性质3:若$p\in\partial F(u)$,则$u\in\partial F^*(p)$。

定理4.7描述的三条基本性质在原始问题和对偶问题的转化中非常重要。性质(1)保证了对偶算子的凸性,使原始问题的对偶优化问题一定是凸的,从而保证了解的存在唯一性;性质(2)则反映了算子的自反性质,从而保证了将原问题转化为对偶问题求解的合理性;性质(3)是将原问题转换为对偶问题的关键步骤。对于这三条重要性质的详细理论证明,本书不再赘述,感兴趣的读者可查阅文献[4-5]。

考察全变差正则化去噪模型式(3.3.6),其Euler-Lagrange方程为

$$0\in\partial\mathrm{TV}(u)+\lambda(u-f) \tag{4.3.10}$$

利用凸共轭的基本性质(3),可得

$$u\in\partial\mathrm{TV}^*(\lambda(f-u)) \tag{4.3.11}$$

记$\omega=\lambda(f-u)$,则式(4.3.11)可写为

$$0\in\partial\mathrm{TV}^*(w)+\left(\frac{w}{\lambda}-f\right) \tag{4.3.12}$$

式(4.3.12)同时可以看作为下面对偶优化问题的Euler-Lagrange方程:

$$\min_{w\in X}\mathrm{TV}^*(w)+\frac{1}{2\lambda}\|w-\lambda f\|_2^2 \tag{4.3.13}$$

根据凸共轭的基本性质(1),对偶优化问题式(4.3.13)一定是凸的。此外,对于全变差算子式(3.3.1)的凸共轭算子,有如下重要结论:

定理4.8:由式(3.3.1)定义的全变差算子的凸共轭满足

$$\mathrm{TV}^*(v):=\sup_{w\in \mathrm{BV}}\{<u,v>-J(u)\}=\begin{cases}0, & v\in K\\ +\infty, & v\notin K\end{cases} \tag{4.3.14}$$

式中:$K=\overline{\{\mathrm{div}\}(\boldsymbol{\xi}):\boldsymbol{\xi}\in C_c^1(\Omega;R^2),|\boldsymbol{\xi}|\leqslant 1,\forall x\in\Omega\}}$。

定理4.8是求解全变差正则化图像去噪模型(式(3.3.6))的Chambolle投影算法的基础,其详细证明可参见文献[1]。

根据定理4.8的结论,极小化问题式(4.3.14)等价于下面的约束极小化问题:

$$\min_{w\in K}\|w-\lambda f\|_2^2 \tag{4.3.15}$$

在采用式(4.3.4)~式(4.3.8)的离散化情形下,记 $\boldsymbol{w}=\mathrm{div}\boldsymbol{p}$,则优化问题式(4.3.13)在离散化情形下等价于下面的极小化问题:

$$\min_{\boldsymbol{p}}\{\|\mathrm{div}\boldsymbol{p}-\lambda\boldsymbol{f}\|_F^2:\boldsymbol{p}=(\boldsymbol{p}^1,\boldsymbol{p}^2)\in Y,(p_{i,j}^1)^2+(p_{i,j}^2)^2\leqslant 1,1\leqslant i\leqslant M,1\leqslant j\leqslant N\} \tag{4.3.16}$$

式中:$\|\boldsymbol{u}\|_F=(\sum_{i=1}^M\sum_{j=1}^N u_{i,j}^2)^{1/2}$ 为矩阵的 Frobenius 范数。

求解上述极小化问题,只需要求解

$$-(\nabla(\mathrm{div}\boldsymbol{p}-\lambda\boldsymbol{f}))_{i,j}+\alpha_{i,j}\boldsymbol{p}_{i,j}=0(i=1,2,\cdots,M;j=1,2,\cdots,N) \tag{4.3.17}$$

式中:$\boldsymbol{p}_{i,j}=(p_{i,j}^1,p_{i,j}^2)^{\mathrm{T}},\alpha_{i,j}\geqslant 0$ 为罚因子。

这里要求式(4.3.17)对于任意 $\alpha_{i,j}>0$,$|\boldsymbol{p}_{i,j}|^2=(p_{i,j}^1)^2+(p_{i,j}^2)^2=1$,或者 $\alpha_{i,j}=0$,$|\boldsymbol{p}_{i,j}|^2<1$ 都成立,只需要取

$$\alpha_{i,j}=|\nabla(\mathrm{div}\boldsymbol{p}-\lambda\boldsymbol{f})_{i,j}|$$

可得

$$-(\nabla(\mathrm{div}\boldsymbol{p}-\lambda\boldsymbol{f}))_{i,j}+|(\nabla(\mathrm{div}\boldsymbol{p}-\lambda\boldsymbol{f}))_{i,j}|\cdot\boldsymbol{p}_{i,j}=0(i=1,2,\cdots,M;j=1,2,\cdots,N) \tag{4.3.18}$$

取步长 $\tau>0$ 并给定初值 $\boldsymbol{p}^{(0)}$,可以采用下面的迭代方法来对于极小化问题式(4.3.16)进行迭代求解

$$\boldsymbol{p}_{i,j}^{(n+1)}=\frac{\boldsymbol{p}_{i,j}^{(n)}+\tau(\nabla(\mathrm{div}\boldsymbol{p}^n-\lambda\boldsymbol{f}))_{i,j}}{1+\tau|(\nabla(\mathrm{div}\boldsymbol{p}^n-\lambda\boldsymbol{f}))_{i,j}|}\quad(i=1,2,\cdots,M;j=1,2,\cdots,N) \tag{4.3.19}$$

若记迭代格式式(4.3.19)的收敛结果为 $\boldsymbol{p}^*$,则得到全变差正则化去噪模型式(3.3.6)的解为

$$\boldsymbol{u}=\boldsymbol{f}-\frac{1}{\lambda}\mathrm{div}\boldsymbol{p}^* \tag{4.3.20}$$

对于迭代格式式(4.3.19),有以下收敛性结论。

定理 4.9:当 $\tau<1/8$ 时,迭代格式式(4.3.19)收敛。

定理 4.9 的结论证明可参见文献[1]。

在实际计算中,只能经过有限次的迭代计算得到收敛极限的近似,从而得到全变差正则化去噪模型式(3.3.6)的近似解。

综上所述,求解全变差正则化去噪模型式(3.3.6)的 Chambolle 投影算法可归纳如下:

算法 4.2: 全变差正则化图像去噪的 Chambolle 投影算法[1]:

输入:观测图像 $\boldsymbol{f}$,参数 $0<\tau<1/8$ 及 $\lambda>0$,给定迭代终止条件。

初始化:$\boldsymbol{p}^{(0)}=0$。

主迭代:对 $k=0$、1、2…按照下列步骤计算:

(1) 计算 $p_{i,j}^{(k+1)}=\dfrac{p_{i,j}^{(k)}+\tau(\nabla(\mathrm{div}p^{(k)}-\lambda f))_{i,j}}{1+\tau|(\nabla(\mathrm{div}p^{(k)}-\lambda f))_{i,j}|}, i=1,2,\cdots,M; j=1,2,\cdots,N$;

(2) 若 $p^{(k+1)}$ 满足给定的迭代终止条件,则记 $k^*=k+1$,迭代终止;否则,令 $k:=k+1$,转第(1)步继续进行迭代。

输出:去噪图像 $\tilde{u}=f-\dfrac{1}{\lambda}\mathrm{div}p^{(k^*)}$。

Chambolle 投影算法将全变差正则化极小化问题转化为对偶问题进行求解,避免了全变差不可微问题,所得到的迭代序列是收敛于原始全变差正则化模型的解,而且算法迭代收敛速度较快,成为求解全变差正则化去噪模型式(3.3.6)最常用的算法之一。然而,对于全变差正则化图像复原模型式(3.3.7)而言,由于模糊退化算子 A 的存在,导致难以得到类似于式(4.3.12)的对偶 Eulet-Lagrange 方程,从而难以推导出其相应的对偶优化问题,因此难以对 Chambolle 投影算法进行推广。为了解决带有模糊退化算子 A 的图像复原问题,更常用的方法是采用算子分裂的方法,将原问题分解为若干子问题求解,达到简化计算的目的。

4.3.3 基于算子分裂的迭代方法

求解优化问题的算子分裂法的核心思想是先将一个复杂的优化问题分解为若干个简单子优化问题,然后通过交替迭代方法进行求解。这类方法灵活性较高,是目前图像处理领域中最常使用的优化方法之一[6-9]。

在本小节中,针对下面的全变差正则化图像复原模型:

$$\min_{u\in \mathrm{BV}(\Omega)} E(u)=\mathrm{TV}(u)+\frac{\lambda}{2}\|f-Au\|_2^2 \tag{4.3.21}$$

重点介绍几种基于算子分裂技巧的算法,包括基于算子分裂的推广 Chambolle 算法、杨俊峰博士开发的 FTVd(fast algorithm for total variation based deconvolution)方法[10-11]和基于交替方向乘子法(Alternating Direction Method of Multipliers, ADMM)的方法[12]。这类方法是目前图像处理领域中常用的方法,通过这些方法的介绍,使读者能更好地掌握算子分裂技巧的原理和应用,并运用到其他模型的求解。

1. 基于算子分裂的推广 Chambolle 算法

引入变量 v,可将式(4.3.21)等价地改写为

$$\begin{cases}\min\limits_{u,v\in \mathrm{BV}(\Omega)} E(u)=\mathrm{TV}(v)+\dfrac{\lambda}{2}\|f-Au\|_2^2\\ \text{s.t.}\quad u=v\end{cases} \tag{4.3.22}$$

利用 Lagrange 乘子法,可将上述约束优化问题转化为下面的无约束优化问题来求解

$$(u^*,v^*)=\underset{u,v\in \mathrm{BV}(\Omega)}{\mathrm{argmin}}\ \mathrm{TV}(v)+\frac{\lambda}{2}\|f-Au\|_2^2+\frac{\mu}{2}\|u-v\|_2^2 \tag{4.3.23}$$

式中:$\mu>0$ 为 Lagrange 乘子。

显然,当 $\mu\to+\infty$ 时,极小化问题式(4.3.23)和式(4.3.21)是等价的。在实际计算中,一般取 μ 为一个较大的数,因此所得到的解是原问题的式(4.3.21)解的近似。

对于类似式(4.3.23)的多变量优化问题，通常采用交替迭代的方式进行，即在已知 $u^{(k)}$ 和 $v^{(k)}$ 时，按照下列格式进行迭代更新：

$$\begin{cases} u-\text{子问题}: u^{(k+1)} = \underset{u}{\operatorname{argmin}} \dfrac{\lambda}{2}\|f-Au\|_2^2 + \dfrac{\mu}{2}\|u-v^{(k)}\|_2^2 \\ v-\text{子问题}: v^{(k+1)} = \underset{v\in BV(\Omega)}{\operatorname{argmin}} TV(v) + \dfrac{\mu}{2}\|u^{(k+1)}-v\|_2^2 \end{cases} \tag{4.3.24}$$

在采用式(4.3.4)~式(4.3.8)的离散化情形下，式(4.3.24)中的 u-子问题在离散化情形下等价于求解下面的线性方程：

$$(\mu \boldsymbol{I} + \lambda \boldsymbol{A}^{\mathrm{T}}\boldsymbol{A})u^{(k+1)} = \lambda \boldsymbol{A}^{\mathrm{T}}\boldsymbol{f} + \mu v^{(k)} \tag{4.3.25}$$

当 μ 充分大时，式(4.3.25)中的算子 $\mu\boldsymbol{I} + \lambda\boldsymbol{A}^{\mathrm{T}}\boldsymbol{A}$ 是对称正定的。一般地，可以将式(4.3.25)进一步通过矩阵-向量化表示为线性方程组的形式，采用求解线性方程组的方法，如 Gauss-Seidel 迭代、共轭梯度法、预处理共轭梯度法等进行求解。特别地，当算子 A 是卷积运算，即

$$(Au)(x,y) = \int_{\Omega} h(x-s,y-t)u(s,t)\,\mathrm{d}s\mathrm{d}t = (h*u)(x,y) \tag{4.3.26}$$

时，若记该卷积运算在离散形式下记为 $\boldsymbol{h}*\boldsymbol{u}$，则式(4.3.25)可以利用卷积运算的频域性质进行快速求解。事实上，由于空域中的卷积运算等价与傅里叶变换域中的“点乘”运算，傅里叶变换也不改变 Frobenius 范数。因此，当算子 A 为卷积运算时，对式(4.3.25)两边同时做二维傅里叶变换，可得

$$(\mu\cdot\boldsymbol{1} + \lambda\mathcal{F}(\boldsymbol{h})^{*}\circ\mathcal{F}(\boldsymbol{h}))\circ\mathcal{F}(\boldsymbol{u}^{(k+1)}) = \lambda\mathcal{F}(\boldsymbol{h}^{*}\circ\mathcal{F}(\boldsymbol{f}) + \mu\mathcal{F}(\boldsymbol{v}^{(k)})) \tag{4.3.27}$$

式中：$\mathcal{F}$ 表示二维离散傅里叶变换；“$\circ$”表示矩阵之间的“点乘”运算（矩阵对应元素相成得到一个新的矩阵）；$\boldsymbol{1}$ 表示全 1 矩阵。

由于式(4.3.27)中的运算都是矩阵点对点的运算，因此得

$$\boldsymbol{u}^{(k+1)} = \mathcal{F}^{-1}\left(\frac{\lambda\mathcal{F}(\boldsymbol{h})^{*}\circ\mathcal{F}(\boldsymbol{f}) + \mu\mathcal{F}(\boldsymbol{v}^{(k)})}{\mu\cdot\boldsymbol{1} + \lambda\mathcal{F}(\boldsymbol{h})^{*}\circ\mathcal{F}(\boldsymbol{h})}\right) \tag{4.3.28}$$

式中：$\mathcal{F}^{-1}$ 表示二维离散逆傅里叶变换，这里的除法是“点除”（矩阵对应元素做除法后得到一个新的矩阵）。

需要指出的是，只有当退化算子 A 是卷积运算时，式(4.3.25)才可以利用傅里叶变换进行快速解析求解。如果退化算子 A 不能用卷积来表示，则不能用这种方法，只能转化为方程组之后采用其他方法进行近似求解。

式(4.3.24)中的 v-子问题是以 $u^{(k+1)}$ 为“含噪声”图像的标准全变差正则化图像去噪模型，可以在离散化情形下直接采用算法 4.2 所述的 Chambolle 投影算法求解。可以看到，虽然全变差正则化图像复原模型式(4.3.21)由于退化算子 A 的存在而不能直接采用 Chambolle 投影算法进行求解，但是通过算子分裂技巧后，将原复杂问题分解为若干个子问题进行求解，而每个子问题都是相对应的简单的求解方法，从而达到了简化计算的目的。

综上所述，求解全变差正则化图像复原模型式(4.3.21)的推广 Chambolle 投影算法可归纳如下：

算法 4.3：全变差正则化图像复原的推广 Chambolle 投影算法：

输入：观测图像$\boldsymbol{f}\in X$，参数 $\lambda>0,\mu>0$，给定迭代终止条件。

初始化：$\boldsymbol{u}^{(0)}=\boldsymbol{f},\boldsymbol{v}^{(0)}=\boldsymbol{f}$。

主迭代：对 $k=0$、1、2…按下列步骤计算：

(1) 求解方程 $(\mu\boldsymbol{I}+\lambda\boldsymbol{A}^{\mathrm{T}}\boldsymbol{A})\boldsymbol{u}^{(k+1)}=\lambda\boldsymbol{A}^{\mathrm{T}}\boldsymbol{f}+\mu\boldsymbol{v}^{(k)}$，得到 $\boldsymbol{u}^{(k+1)}$；

(2) 以 $\boldsymbol{u}^{(k+1)}$ 为"含噪声图像"，采用算法4.21所述的Chambolle投影算法求解，得到$\boldsymbol{v}^{(k+1)}$；

(3) 计算 $\widetilde{\boldsymbol{u}}^{(k+1)}=\dfrac{1}{2}(\boldsymbol{u}^{(k+1)}+\boldsymbol{v}^{(k+1)})$；

(4) 当 $\widetilde{\boldsymbol{u}}^{(k+1)}$ 满足给定的迭代终止条件时，记 $k^*=k+1$，迭代终止；否则，令 $k:=k+1$，转第(1)步继续迭代。

输出：去噪图像 $\widetilde{\boldsymbol{u}}^{(k^*)}$。

2. 全变差变分模型的快速反卷积算法

针对全变差正则化模型的求解，杨俊峰博士等开发了全变差变分模型的快速反卷积算法(FTVd)[10-11]。该方法将全变差正则化最优化模型的求解分解为若干个能快速求解的子优化问题求解，从而大大提升了全变差模型的计算效率，其源代码可在网页 https://www.caam.rice.edu/optimization/L 1/ftvd/v4.1/. 下载。

在全变差模型中对$|\nabla u|$进行近似，即

$$|\nabla u|=\sqrt{(\nabla_x u)^2+(\nabla_y u)^2}\approx|\nabla_x u|+|\nabla_y u|$$

可得到各向异性全变差正则化图像复原模型如下：

$$\min_{u\in \mathrm{BV}(\Omega)} E(u)=\int_{\Omega}(|\nabla_x u|+|\nabla_y u|)\mathrm{d}x\mathrm{d}y+\frac{\lambda}{2}\|f-Au\|_2^2 \tag{4.3.29}$$

引入变量 $d_x(x,y)$ 和 $d_y(x,y)$，则模型式(4.3.29)可等价的写为

$$\min_{u\in \mathrm{BV}(\Omega);d_x,d_y}\int_{\Omega}(|d_x|+|d_y|)\mathrm{d}x\mathrm{d}y+\frac{\lambda}{2}\|f-Au\|_2^2,\ \mathrm{s.t.}\ d_x=\nabla_x u,d_y=\nabla_y u \tag{4.3.30}$$

利用 Lagrange 乘子法，可将上述约束优化问题转化为下面的无约束优化问题：

$$\min_{u\in \mathrm{BV}(\Omega);d_x,d_y}\int_{\Omega}(|d_x|+|d_y|)\mathrm{d}x\mathrm{d}y+\frac{\lambda}{2}\|f-Au\|_2^2+\frac{\mu}{2}\|d_x-\nabla_x u\|_2^2+\frac{\mu}{2}\|d_y-\nabla_y u\|_2^2 \tag{4.3.31}$$

式中：$\mu>0$ 为 Lagrange 乘子。

显然，当$\mu\to\infty$时，问题式(4.3.31)等价与式(4.3.29)，在实际计算中我们只需要取μ为充分大的数。

上面的多变量优化问题，一般可以利用交替迭代法求解，即已知 $u^{(k)}$、$d_x^{(k)}$ 和 $d_y^{(k)}$，按照下面的迭代格式进行更新，即

$$
\begin{cases}
d_x\text{-}\ \text{子问题}: d_x^{(k+1)} = \underset{d_x}{\operatorname{argmin}} \int_\Omega |d_x| \mathrm{d}x\mathrm{d}y + \dfrac{\mu}{2} \| d_x - \nabla_x u^{(k)} \|_2^2 \\
d_y\text{-}\ \text{子问题}: d_y^{(k+1)} = \underset{d_x}{\operatorname{argmin}} \int_\Omega |d_y| \mathrm{d}x\mathrm{d}y + \dfrac{\mu}{2} \| d_x - \nabla_y u^{(k)} \|_2^2 \\
u - \text{子问题}: u^{(k+1)} = \dfrac{\lambda}{2} \| f - Au \|_2^2 + \dfrac{\mu}{2} \| d_x^{(k+1)} - \nabla_x u \|_2^2 + \dfrac{\mu}{2} \| d_y^{(k+1)} - \nabla_y u \|_2^2
\end{cases}
\tag{4.3.32}
$$

在采用式(4.3.4)~式(4.3.8)的离散化情形下，式(4.3.32)中的“d_x-子问题”和“d_y-子问题”的离散化格式为

$$
\begin{cases}
\boldsymbol{d}_x^{(k+1)} = \underset{\boldsymbol{d}_x}{\operatorname{argmin}} \| \operatorname{Vec}(\boldsymbol{d}_x) \|_1 + \dfrac{\mu}{2} \| \operatorname{Vec}(\boldsymbol{d}_x) - \operatorname{Vec}(\nabla_x \boldsymbol{u}^{(k)}) \|_2^2 \\
\boldsymbol{d}_y^{(k+1)} = \underset{\boldsymbol{d}_y}{\operatorname{argmin}} \| \operatorname{Vec}(\boldsymbol{d}_y) \|_1 + \dfrac{\mu}{2} \| \operatorname{Vec}(\boldsymbol{d}_y) - \operatorname{Vec}(\nabla_y \boldsymbol{u}^{(k)}) \|_2^2
\end{cases}
\tag{4.3.33}
$$

式中：$\operatorname{Vec}(\boldsymbol{d})$ 表示对于矩阵 $\boldsymbol{d}$ 的向量化操作。

式(4.3.33)所表示的是标准的标准 ℓ_1 极小化问题式(4.2.9)，可采用软阈值算子得到解析解：

$$
\begin{cases}
\boldsymbol{d}_x^{(k+1)} = \operatorname{Matrix}(S_{1/\mu}(\operatorname{Vec}(\boldsymbol{d}_x^k))) \\
\boldsymbol{d}_y^{(k+1)} = \operatorname{Matrix}(S_{1/\mu}(\operatorname{Vec}(\boldsymbol{d}_y^k)))
\end{cases}
\tag{4.3.34}
$$

式中：$\operatorname{Matrix}(\cdot)$ 是将列向量重新排成矩阵的向量矩阵化运算（先将一个长度为 $M\times N$ 的列向量平均分成长度为 M 的 N 段，然后按照列的顺序重排为一个 $M\times N$ 的矩阵）；$S_\tau(\cdot)$ 则是由式(4.2.11)定义的向量软阈值操作。

对于式(4.3.32)中 u-子问题的求解，在离散情况下就是要求解：

$$
(\lambda \boldsymbol{A}^{\mathrm{T}} \boldsymbol{A} + \mu \nabla_x^* \cdot \nabla_x + \mu \nabla_y^* \cdot \nabla_y) \boldsymbol{u} = \lambda \boldsymbol{f} + \mu (\nabla_x^* \boldsymbol{d}_x^{(k+1)} + \nabla_y^* \boldsymbol{d}_y^{(k+1)})
\tag{4.3.35}
$$

对于图像复原问题式(4.3.29)，如果算子 A 是由式(4.3.26)定义的卷积运算，由于无论图像沿着 x 方向的差分运算 ∇_x，还是 y 方向上差分运算 ∇_y 也都可以用卷积形式表示，则类似式(4.3.24)的 u-子问题的求解，可利用傅里叶变换得到解析解：

$$
\boldsymbol{u}^{(k+1)} = \mathcal{F}^{-1} \left(\frac{\lambda \mathcal{F}(\boldsymbol{h}^*) \circ \mathcal{F}(\boldsymbol{f}) + \mu [\mathcal{F}(\nabla_x)^* \circ \mathcal{F}(\boldsymbol{d}_x^{(k+1)}) + \mathcal{F}(\nabla_y)^* \circ \mathcal{F}(\boldsymbol{d}_y^{(k+1)})]}{\lambda \mathcal{F}(\boldsymbol{h})^* \circ \mathcal{F}(\boldsymbol{h}) + \mu [\mathcal{F}(\nabla_x)^* \circ \mathcal{F}(\nabla_x) + \mathcal{F}(\nabla_y)^* \circ \mathcal{F}(\nabla_y)]} \right)
\tag{4.3.36}
$$

式中：$\mathcal{F}$ 表示二维离散傅里叶变换；“$\circ$”表示矩阵之间的“点乘”运算，这里的除法是矩阵之间的点对点之间的“点除”运算。

如果算子 A 不能表示为卷积运算，则只能在对式(4.3.35)进行向量化之后对方程组进行求解。在文献[12]中，假设退化算子 A 是卷积运算，因此对于式(4.3.32)中的 u-子问题的求解就直接采用式(4.3.36)求解，得到求解全变差正则化图像复原模型式(4.3.29)的快速反卷积算法(FTVd 算法)如下：

算法 4.4：全变差正则化图像复原快速反卷积(FTVd)算法[11]：

输入：观测图像 $\boldsymbol{f}\in X$，参数 $\lambda>0,\mu>0$，给定迭代终止条件。

初始化：$\boldsymbol{u}^{(0)}=\boldsymbol{f},\boldsymbol{d}_x^{(0)}=0,\boldsymbol{d}_y^{(0)}=0$。

主迭代：对 $k=0$、1、2…按照下列步骤计算：

(1) 计算 $\begin{cases}\boldsymbol{d}_x^{(k+1)}=\text{Matrix}(S_{1/\mu}(Vec(\boldsymbol{d}_x^k))),\\ \boldsymbol{d}_y^{(k+1)}=\text{Matrix}(S_{1/\mu}(Vec(\boldsymbol{d}_y^k))),\end{cases}$,并更新 $\boldsymbol{d}_x^{(k+1)}$ 和 $\boldsymbol{d}_y^{(k+1)}$；

(2) 计算 $\boldsymbol{u}^{(k+1)}=\mathcal{F}^{-1}\left(\dfrac{\lambda\mathcal{F}(\boldsymbol{h}^*)\circ\mathcal{F}(\boldsymbol{f})+\mu[\mathcal{F}(\nabla_x)^*\circ\mathcal{F}(\boldsymbol{d}_x^{(k+1)})+\mathcal{F}(\nabla_y)^*\circ\mathcal{F}(\boldsymbol{d}_y^{(k+1)})]}{\lambda\mathcal{F}(\boldsymbol{h})^*\circ\mathcal{F}(\boldsymbol{h})+\mu[\mathcal{F}(\nabla_x)^*\circ\mathcal{F}(\nabla_x)+\mathcal{F}(\nabla_y)^*\circ\mathcal{F}(\nabla_y)]}\right)$；

(3) 当 $\boldsymbol{u}^{(k+1)}$ 满足给定的迭代终止条件时，记 $k^*=k+1$，迭代终止；否则，令 $k:=k+1$，转第(1)步继续迭代。

输出：去噪图像 $\boldsymbol{u}^{(k^*)}$。

3. 基于 ADMM 的迭代算法

交替方向乘子法(Alternating Direction Method of Multipliers,ADMM)是一种解决可分解凸优化问题的有效方法。首先利用 ADMM 可以将原问题的目标函数极小化等价地分解成若干个可求解的子问题；然后并行求解每一个子问题；最后协调子问题的解得到原问题的全局解。这种将复杂原问题分解为若干子问题求解的方式，对于解决大规模问题是尤为重要并卓有成效[13]。ADMM 最早分别由 Glowinski 和 Marrocco 及 Gabay 和 Mercier 于 1975 年[14]和 1976 年[15]提出，并被 Boyd 等在 2011 年重新综述并证明其适用于大规模分布式优化问题[16]，进而掀起了 ADMM 在工程应用领域中的广泛应用。国内的何炳生教授在 ADMM 的研究及应用方面，做出了突出贡献[17]。目前，ADMM 也是图像处理领域中求解变分正则化模型最常使用的方法之一，在本小节中仅介绍 ADMM 方法的基本框架及在求解全变差正则化模型中的应用，并不介绍 ADMM 方法的具体理论，相关理论研究成果可参见相关文献。

1) ADMM 简介[13]

考虑下面的优化问题：

$$\begin{cases}\min\limits_{x,z} & f(x)+g(z)\\ \text{s.t.} & Ax+Bz=c\end{cases}\tag{4.3.37}$$

式中：$x,z\in X$；$c\in Y$；算子 $A,B:X\to Y$，这里 X、Y 为 Banach 空间。

约束优化问题式(4.3.37)对应的增广 Lagrange 方程为

$$L(x,z;w)=f(x)+g(z)+\frac{\mu}{2}\|Ax+Bz-c+w\|_2^2-\frac{\mu}{2}\|w\|_2^2\tag{4.3.38}$$

式中：$w\in Y$ 为 Lagrange 乘子；$\mu>0$ 为一个充分大的惩罚参数。

利用交替迭代法对增广 Lagrange 方程式(4.3.38)求极小，可得下面的 ADMM 迭代格式，即

$$\begin{cases}x^{k+1}=\arg\min\limits_{x}L(x,z^k;w^k)\\ z^{k+1}=\arg\min\limits_{y}L(x^{k+1},z;w^k)\\ w^{k+1}=w^k+(Ax^{k+1}+Bz^{k+1}-c)\end{cases}\tag{4.3.39}$$

通过迭代格式式(4.3.39)可以得到迭代序列$\{x^k\}$、$\{z^k\}$和$\{w^k\}$。可以证明,当函数f和g都是正常的闭凸函数,对应的增广 Lagrange 函数有一个鞍点的情况下,ADMM 算法迭代格式式(4.3.39)所得到的迭代序列都是收敛的。这里,主要关注 ADMM 方法的应用,具体的证明及更多的理论分析可参见相关文献[13,18-20]。

对于一般的优化问题,要想利用 ADMM 方法来进行求解,先需要通过中间变量的引入,再将原问题等价地写成式(4.3.37)的多变量优化问题。而中间变量的引入可以有不同的方式,这也导致不同的算法。在本小节中,主要针对全变差正则化模型式(4.3.21)来介绍两种 ADMM 算法的设计。

2) 基于全变差去噪的 ADMM 算法(TV-ADMM)

依据 ADMM 方法所求解的优化问题式(4.3.37)的格式,将全变差图像复原正则化模型式(4.3.21)等价地改写为

$$\begin{cases}\min\limits_{u,v}\mathrm{TV}(v)+\dfrac{\lambda}{2}\|Au-f\|_2^2\\ \text{s.t.}\quad u=v\end{cases}\tag{4.3.40}$$

其对应的增广 Lagrange 方程为

$$L(u,v;w)=\mathrm{TV}(v)+\frac{\lambda}{2}\|Au-f\|_2^2+\frac{\mu}{2}\|u-v+w\|_2^2-\frac{\mu}{2}\|w\|_2^2\tag{4.3.41}$$

由此,可构造 ADMM 迭代格式为

$$\begin{cases}u-\text{子问题}:u^{(k+1)}=\arg\min\limits_{u}\dfrac{\lambda}{2}\|Au-f\|_2^2+\dfrac{\mu}{2}\|u-v^{(k)}+w^{(k)}\|_2^2\\ u-\text{子问题}:u^{(k+1)}=\arg\min\limits_{u}\mathrm{TV}(v)+\dfrac{\mu}{2}\|(u^{(k+1)}+\omega^{(k)})-v\|_2^2\\ w-\text{子问题}:w^{(k+1)}=w^{(k)}+(u^{(k+1)}-v^{(k+1)})\end{cases}\tag{4.3.42}$$

该迭代格式式(4.3.42)和式(4.3.24)的迭代格式非常相似,不同之处是多了尺度 Lagrange 乘子w及其更新。

对于式(4.3.42)中的u-子问题,求解过程完全类似于式(4.3.32)中的u-子问题的求解,即在离散情况下,求解下面的方程:

$$(\lambda\mathbf{A}^{\mathrm{T}}\mathbf{A}+\mu\boldsymbol{I})\boldsymbol{u}^{(k+1)}=\lambda\mathbf{A}^{\mathrm{T}}\boldsymbol{f}+\mu(\boldsymbol{v}^{(k)}-\boldsymbol{w}^{(k)})\tag{4.3.43}$$

特别地,当模糊退化算子A为由式(4.3.26)定义的卷积算子时,该方程同样可以利用傅里叶变换以及逆傅里叶变换得到进行快速求解:

$$\boldsymbol{u}^{(k+1)}=\mathcal{F}^{-1}\left(\frac{\lambda\cdot\mathcal{F}(\boldsymbol{h})^*\circ\mathcal{F}(\boldsymbol{f})+\mu\cdot\mathcal{F}(\boldsymbol{v}^{(k)}-\boldsymbol{w}^{(k)})}{\lambda\cdot\mathcal{F}(\boldsymbol{h})^*\circ\mathcal{F}(\boldsymbol{h})+\mu\cdot\boldsymbol{1}}\right)\tag{4.3.44}$$

式中:$\mathcal{F}$表示二维离散傅里叶变换;"$\circ$"表示矩阵之间的"点乘"运算,除法是矩阵之间的"点除"运算;$\boldsymbol{1}$则表示全 1 矩阵。

迭代格式式(4.3.42)中的v-子问题是以$u^{(k+1)}+w^{(k)}$为"噪声图像"的经典的全变差去噪模型,可以采用 Chambolle 投影算法 4.2 进行近似求解。

综上所述,可得到求解全变差正则化图像复原模型的基于全变差正则化去噪的 ADMM 算法(TV-ADMM)如下:

算法 4.5：全变差正则化复原的 TV-ADMM 算法：

输入：观测图像 $\boldsymbol{f}$，参数 $\lambda>0,\mu>0$，给定迭代终止条件。

初始化： $\boldsymbol{u}^{(0)}=\boldsymbol{f},\boldsymbol{v}^{(0)}=0,\boldsymbol{w}^{(0)}=0$。

主迭代：对 $k=0、1、2\cdots$ 按下列步骤计算：

(1) 求解 $(\lambda\mathbf{A}^{\mathrm{T}}\mathbf{A}+\mu\boldsymbol{I})\boldsymbol{u}^{(k+1)}=\lambda\mathbf{A}^{\mathrm{T}}\boldsymbol{f}+\mu(\boldsymbol{v}^{(k)}-\boldsymbol{w}^{(k)})$，得到 $\boldsymbol{u}^{(k+1)}$；

(2) 利用 Chambolle 算法(算法 4.2)对"噪声图像" $\boldsymbol{u}^{(k+1)}+\boldsymbol{w}^{(k)}$ 进行去噪，得到 $\boldsymbol{v}^{(k+1)}$；

(3) 更新 $\boldsymbol{w}^{(k+1)}=\boldsymbol{w}^{(k)}+(\boldsymbol{u}^{(k+1)}-\boldsymbol{v}^{(k+1)})$；

(4) 计算 $\widetilde{\boldsymbol{u}}^{(k+1)}=\dfrac{1}{2}(\boldsymbol{u}^{(k+1)}+\boldsymbol{v}^{(k+1)})$；

(5) 当 $\widetilde{\boldsymbol{u}}^{(k+1)}$ 满足给定的迭代终止条件时，记 $k^*=k+1$，迭代终止；否则，令 $k:=k+1$，转第(1)步继续迭代。

输出：复原图像 $\widetilde{\boldsymbol{u}}^{(k^*)}$。

3) 基于 ℓ_1 极小化的 ADMM 算法(ℓ_1-ADMM)

依据 ADMM 方法所求解的优化问题式(4.3.37)的格式，通过引入变量 $\boldsymbol{d}=(d_x,d_y)\in X\times X$，可将全变差图像复原正则化模型式(4.3.21)等价地改写为

$$\begin{cases}\min\limits_{u,\boldsymbol{d}}\int_{\Omega}|\boldsymbol{d}|\mathrm{d}x\mathrm{d}y+\dfrac{\lambda}{2}\|\mathbf{A}u-f\|_2^2\\ \text{s. t.}\quad \nabla u=\boldsymbol{d}\end{cases}\tag{4.3.45}$$

其对应的增广 Lagrange 方程为

$$L(u,\boldsymbol{d};z)=\int_{\Omega}|\boldsymbol{d}|\mathrm{d}x\mathrm{d}y+\frac{\lambda}{2}\|\mathbf{A}u-f\|_2^2+\frac{\mu}{2}\|\nabla u-\boldsymbol{d}+z\|_2^2-\frac{\mu}{2}\|z\|_2^2\tag{4.3.46}$$

式中：$z=(z_x,z_y)\in X\times X$ 为尺度 Lagrang 乘子；$\mu>0$ 为罚因子。

由此，可构造 ADMM 迭代格式为

$$\begin{cases}u-\text{子问题}:u^{(k+1)}=\operatorname*{argmin}\limits_{u}\dfrac{\lambda}{2}\|Au-f\|_2^2+\dfrac{\mu}{2}\|\nabla u-\boldsymbol{d}^{(k)}+\boldsymbol{z}^{(k)}\|_2^2\\ d-\text{子问题}:\boldsymbol{d}^{(k+1)}=\operatorname*{argmin}\limits_{d}\int_{\Omega}|\boldsymbol{d}|\mathrm{d}x\mathrm{d}y+\dfrac{\mu}{2}\|\nabla u^{(k+1)}+\boldsymbol{z}^{(k)}-\boldsymbol{d}\|_2^2\\ z-\text{子问题}:\boldsymbol{z}^{(k+1)}=\boldsymbol{z}^{(k)}+(\nabla u^{(k+1)}-\boldsymbol{d}^{(k+1)})\end{cases}\tag{4.3.47}$$

类似前面的式(4.3.43)，对于式(4.3.47)中的 u-子问题，在离散情形下要求解下面的方程：

$$(\lambda\mathbf{A}^{\mathrm{T}}\mathbf{A}+\mu\nabla^*\cdot\nabla)\boldsymbol{u}^{(k+1)}=\lambda\boldsymbol{A}^{\mathrm{T}}\boldsymbol{f}+\mu\nabla_x^*(\boldsymbol{d}_x^{(k)}-\boldsymbol{z}_x^{(k)})+\mu\nabla_y^*(\boldsymbol{d}_y^{(k)}-\boldsymbol{z}_y^{(k)})\tag{4.3.48}$$

对于式(4.3.48)的求解，有许多现有的算法，如共轭梯度法等。特别地，当模糊退化算子 A 为由式(4.3.26)定义的卷积算子时，也可以利用傅里叶变换快速地得到方程的解析解如下：

$$\boldsymbol{u}^{(k+1)} =$$

$$\mathcal{F}^{-1}\left(\frac{\lambda\ \mathcal{F}(\boldsymbol{h})^* \circ \mathcal{F}(\boldsymbol{f}) + \mu[\mathcal{F}(\nabla_x)^* \circ \mathcal{F}(\boldsymbol{d}_x^{(k)} - \boldsymbol{z}_x^{(k)}) + \mathcal{F}(\nabla_y)^* \circ \mathcal{F}(\boldsymbol{d}_y^{(k)} - \boldsymbol{z}_y^{(k)})]}{\lambda\ \mathcal{F}(\boldsymbol{h})^* \circ \mathcal{F}(\boldsymbol{h}) + \mu[\mathcal{F}(\nabla_x)^* \circ \mathcal{F}(\nabla_x) + \mathcal{F}(\nabla_y)^* \circ \mathcal{F}(\nabla_y)]}\right) \tag{4.3.49}$$

迭代格式式(4.3.47)中的$\boldsymbol{d}$-子问题则是一个标准的ℓ_1极小化问题,可利用软阈值算子得到其解析解为

$$\boldsymbol{d}^{(k+1)} = S_{1/\mu}(|\nabla \boldsymbol{u}^{(k+1)} + \boldsymbol{z}^{(k)}|) \tag{4.3.50}$$

式中:$|\nabla \boldsymbol{u}^{(k+1)} + \boldsymbol{z}^{(k)}| = \sqrt{(\nabla_x \boldsymbol{u}^{(k+1)} + \boldsymbol{z}_x^{(k)})^2 + (\nabla_y \boldsymbol{u}^{(k+1)} + \boldsymbol{z}_y^{(k)})^2}$。

综上所述,可得到求解全变差正则化图像复原模型的基于ℓ_1极小化的ADMM算法(ℓ_1-AMDD)如下:

算法4.6: 全变差正则化复原的ℓ_1-ADMM算法:

输入:观测图像$\boldsymbol{f}$,参数$\lambda>0$和$\mu>0$,给定迭代终止条件。

初始化:$\boldsymbol{u}^{(0)} = \boldsymbol{f}, \boldsymbol{z}^{(0)} = (\boldsymbol{z}_x^{(0)}, \boldsymbol{z}_y^{(0)}) = (0,0), \boldsymbol{d}^{(0)} = (\boldsymbol{d}_x^{(0)}, \boldsymbol{d}_y^{(0)}) = (0,0)$。

主迭代:对$k=0$、1、2…按下列步骤计算:

(1) 求解$(\lambda \boldsymbol{A}^{\mathrm{T}}\boldsymbol{A} + \mu \nabla^* \cdot \nabla)\boldsymbol{u}^{(k+1)} = \lambda \boldsymbol{A}^{\mathrm{T}}\boldsymbol{f} + \mu \nabla_x^*(\boldsymbol{d}_x^{(k)} - \boldsymbol{z}_x^{(k)}) + \mu \nabla_y^*(\boldsymbol{d}_x^{(k)} - \boldsymbol{z}_y^{(k)})$,得到$\boldsymbol{u}^{(k+1)}$;

(2) 计算$\boldsymbol{d}^{(k+1)} = S_{1/\mu}(|\nabla \boldsymbol{u}^{(k+1)} + \boldsymbol{z}^{(k)}|)$;

(3) 更新$\boldsymbol{z}^{(k+1)} = \boldsymbol{z}^{(k)} + (\nabla \boldsymbol{u}^{(k+1)} - \boldsymbol{d}^{(k+1)})$;

(4)当$\boldsymbol{u}^{(k+1)}$满足给定的迭代终止条件时,记$k^* = k+1$迭代终止;否则,令$k := k+1$,转第(1)步继续迭代。

输出:复原图像$\boldsymbol{u}^{(k^*)}$。

ℓ_1-ADMM算法与前面的TV-ADMM算法(算法4.5)相比较,虽然两者都是基于ADMM框架提出来的,但可以看到TV-ADMM算法在每个迭代循环中除了求解一个线性方程组外,还须要求解一个图像去噪问题。因此,涉及内部迭代计算的部分,计算量和计算复杂度都比较大。而ℓ_1-ADMM算法除了求解一个线性方程组外,其余的部分都是有解析表达式的,计算复杂度比较小,从这个角度看ℓ_1-ADMM算法要优于TV-ADMM算法。这意味着在实际问题中采用ADMM方法时,需要注意变量替换的选择问题。

4.4 全变差推广模型优化算法

作为全变差正则化方法的推广,目前非局部全变差(NLTV)正则化,二阶广义全变差(TGV)正则化以及分数阶全变差正则化都得到了广泛的应用。本节主要介绍求解这三种正则化模型的优化算法。本节与4.3节介绍的全变差正则化模型优化算法一起,作为后面章节相关模型的基础算法。

4.4.1 NLTV 正则化模型优化算法

考虑非局部全变差正则化图像复原模型：

$$\min_{u} J_{\mathrm{NLTV}}(u) + \frac{\lambda}{2}\|f - Au\|_2^2 \tag{4.4.1}$$

式中：$f \in L^2(\Omega)$ 为观测图像；$J_{\mathrm{NLTV}}(u) = \int_{\Omega} |\nabla_w u| \mathrm{d}x$ 为由式(3.4.6)定义的非局部全变差。

针对上述 NLTV 正则化图像复原模型，上海交通大学的张小群博士提出了基于 ADMM 框架的迭代算法，其源代码可在其个人主页 http://math.sjtu.edu.cn/faculty/xqzhang/html/publications.html 下载，在这里介绍该算法的基本原理。

引入变量 $\boldsymbol{d} = \nabla_w u$，可将上述优化问题等价地写为下面的约束优化问题：

$$\begin{cases} \min\limits_{u,\boldsymbol{d}} \|\boldsymbol{d}\|_1 + \dfrac{\lambda}{2}\|f - Au\|_2^2 \\ \text{s. t.} \quad \boldsymbol{d} = \nabla_w u. \end{cases} \tag{4.4.2}$$

增广 Lagrange 方程为

$$L(u,d;b) = \|\boldsymbol{d}\|_1 + \frac{\lambda}{2}\|f - Au\|_2^2 + \frac{\mu}{2}\|d - \nabla_w u + b\|_2^2 - \frac{\mu}{2}\|b\|_2^2 \tag{4.4.3}$$

采用交替迭代对 $L(u,d;b)$ 进行极小化，从而得到求解问题的 ADMM 迭代格式，即

$$\begin{cases} u^{k+1} = \operatorname*{argmin}\limits_{u} \dfrac{\lambda}{2}\|f - Au\|_2^2 + \dfrac{\mu}{2}\|d^k - \nabla_w u + b^k\|_2^2 \\ d^{k+1} = \operatorname*{argmin}\limits_{u} \|d\|_1 + \dfrac{\mu}{2}\|d - \nabla_w u^{k+1} + b^k\|_2^2 \\ b^{k+1} = b^k + d^{k+1} - \nabla_w u^{k+1} \end{cases} \tag{4.4.4}$$

对于式(4.4.4)的第一个子问题，在离散化意义下，可以求解其 Euler-Lagrange 方程为

$$(\lambda \mathbf{A}^{\mathrm{T}}\mathbf{A} - \mu\Delta_{\mathbf{w}})\boldsymbol{u}^{k+1} = \lambda \mathbf{A}^{\mathrm{T}}\boldsymbol{f} + \mu \mathrm{div}_{\mathbf{w}}(\boldsymbol{d}^k + \boldsymbol{b}^k) \tag{4.4.5}$$

由于非局部 Laplace 算子 $\Delta_{\mathbf{w}}$ 是一个半负定算子，因此当 μ 充分大时，则有 $(\lambda \mathbf{A}^{\mathrm{T}}\mathbf{A} - \mu\Delta_{\mathbf{w}})$ 是对角占优的，因此可以用 Gauss-Seidel 迭代法对式(4.4.5)进行求解。

对于式(4.4.4)的第二个子问题，利用软阈值算子，可得

$$(\boldsymbol{d}^{k+1})_j = \max\left\{|\nabla_{\mathbf{w}} \boldsymbol{u}^{k+1} - \boldsymbol{b}^k)_j|, \frac{1}{\mu}\right\} \frac{(\nabla_{\mathbf{w}}\boldsymbol{u}^{k+1} - \boldsymbol{b}^k)_j}{|(\nabla_{\mathbf{w}}\boldsymbol{u}^{k+1} - \boldsymbol{b}^k)_j|} \tag{4.4.6}$$

综上所述，得到下面的非局部全变差图像复原算法如下：

算法 4.7：非局部全变差正则化图像复原算法[21]：

输入：观测图像 $\boldsymbol{f}$，参数 λ>0 和 μ>0，给定迭代终止条件。

初始化：$\boldsymbol{u}^0=\boldsymbol{f},\boldsymbol{d}^0=0,\boldsymbol{b}^0=0$。

主迭代：对 $k=0$、1、2…按下列步骤计算：

(1) 求解 $(\lambda\boldsymbol{A}^{\mathrm{T}}\boldsymbol{A}-\mu\Delta_w)\boldsymbol{u}^{k+1}=\lambda\boldsymbol{A}^{\mathrm{T}}\boldsymbol{f}+u\mathrm{div}_{\mathrm{w}}(\boldsymbol{d}^k+\boldsymbol{b}^k)$，得到 $\boldsymbol{u}^{(k+1)}$；

(2) 计算 $(\boldsymbol{d}^{k+1})_j=\max\left\{|(\nabla_{\mathbf{w}}\boldsymbol{u}^{k+1}-\boldsymbol{b}^k)_j|,\dfrac{1}{u}\right\}\dfrac{(\nabla_{\mathbf{w}}\boldsymbol{u}^{k+1}-\boldsymbol{b}^k)_j}{|(\nabla_{\mathbf{w}}u^{k+1}-\boldsymbol{b}^k)_j|}$；

(3) 更新 $\boldsymbol{b}^{k+1}=\boldsymbol{b}^k+\boldsymbol{d}^{k+1}-\nabla_{\mathbf{w}}\boldsymbol{u}^{k+1}$；

(4) 当 $\boldsymbol{u}^{(k+1)}$ 满足给定的迭代终止条件时，记 $k^*=k+1$ 迭代终止；否则，令 $k:=k+1$，转第(1)步继续迭代。

输出：复原图像 $\boldsymbol{u}^{(k^*)}$。

4.4.2 TGV 正则化模型优化算法

对于二阶广义全变差正则化模型：

$$\min_u \ \mathrm{TGV}_\alpha^2(u)+\frac{\lambda}{2}\|f-Au\|_2^2 \tag{4.4.7}$$

文献[22]中通过求解问题式(4.4.7)的对偶问题，得到一种采用 Nesterov 加速技巧的迭代计算方法。而在文献[23]的方法中，基于二阶广义全变差的等价形式，提出了包含二阶广义全变差正则化的图像细节保持的复合正则化方法，并设计了基于 ADMM 的算法对模型进行求解，该算法中蕴含了对上述问题的求解。在这里，采用文献[23]中的方法，提炼出对二阶广义全变差正则化的 ADMM 算法。

为便于模型的求解，利用二阶全变差的等价形式，考虑下面的二阶广义全变差正则化图像复原模型，即

$$\min_{u,p} \ \alpha_1\|\nabla u-\boldsymbol{p}\|_1+\alpha_0\|\bar{\boldsymbol{\varepsilon}}(p)\|_1+\frac{\lambda}{2}\|f-Au\|_2^2 \tag{4.4.8}$$

其中

$$\boldsymbol{\nabla}u=[\mathbf{D}_x u,\mathbf{D}_y u]^{\mathrm{T}},\boldsymbol{p}=[p_1,p_2]^{\mathrm{T}},\bar{\boldsymbol{\varepsilon}}(p)=\begin{bmatrix} D_x p_1 & \frac{1}{2}(D_x p_2+D_y p_1) \\ \frac{1}{2}(D_x p_2+D_y p_1) & D_y p_2 \end{bmatrix}$$

式中：$\mathbf{D}_x$、$\mathbf{D}_y$ 分别表示沿 x 方向和 y 方向的一阶导数算子。

引入变量 $\boldsymbol{y}=[y_1,y_2]^{\mathrm{T}}=\nabla u-\boldsymbol{p},\boldsymbol{z}=\begin{bmatrix} z_1 & z_3 \\ z_3 & z_2 \end{bmatrix}=\bar{\boldsymbol{\varepsilon}}(p)$，则上述优化问题可等价地表示为

$$\begin{cases} \min\limits_{u,p} \ \alpha_1\|\boldsymbol{y}\|_1+\alpha_0\|\boldsymbol{z}\|_1+\dfrac{\lambda}{2}\|f-Au\|_2^2 \\ \text{s.t.} \quad \boldsymbol{y}=\nabla u-\boldsymbol{p},\boldsymbol{z}=\bar{\boldsymbol{\varepsilon}}(p) \end{cases} \tag{4.4.9}$$

增广 Lagrange 方程为

$$
\begin{aligned}
L(u,\boldsymbol{p},\boldsymbol{y},\boldsymbol{z},\boldsymbol{v},\boldsymbol{w}) = {} & \alpha_1\|\boldsymbol{y}\|_1 + \alpha_0\|\boldsymbol{z}\|_1 + \frac{\lambda}{2}\|f - Au\|_2^2 \\
& + \frac{\mu_1}{2}\|\boldsymbol{y} - (\nabla u - \boldsymbol{p}) + \boldsymbol{v}\|_2^2 - \frac{\mu_1}{2}\|\boldsymbol{v}\|_2^2 \\
& + \frac{\mu_2}{2}\|\boldsymbol{z} - \bar{\boldsymbol{\varepsilon}}(p) + \boldsymbol{w}\|_F^2 - \frac{\mu_2}{2}\|w\|_F^2
\end{aligned}
\tag{4.4.10}
$$

式中：$\boldsymbol{v} = [v_1, v_2]^{\mathrm{T}}$，$\boldsymbol{w} = \begin{bmatrix} w_1 & w_3 \\ w_3 & w_2 \end{bmatrix}$。

利用交替迭代法对式(4.4.10)的增广 Lagrange 方程 $L(u,\boldsymbol{p},\boldsymbol{y},\boldsymbol{z},\boldsymbol{v},\boldsymbol{w})$ 进行极小化，即得到下面的 ADMM 迭代格式：

$$
\begin{cases}
\boldsymbol{y}-\text{子问题}: y^{k+1} = \arg\min\limits_{y} \ \alpha_1\|\boldsymbol{y}\|_1 + \dfrac{\mu_1}{2}\|\boldsymbol{y} - (\nabla u^k - \boldsymbol{p}^k) + \boldsymbol{v}^k\|_F^2 \\
\boldsymbol{z}-\text{子问题}: z^{k+1} = \arg\min\limits_{z} \ \alpha_0\|z\|_1 + \dfrac{\mu_2}{2}\|\boldsymbol{z} - \bar{\boldsymbol{\varepsilon}}(\boldsymbol{p}^k) + \boldsymbol{w}^k\|_F^2 \\
\boldsymbol{u}-\text{子问题}: u^{k+1} = \arg\min\limits_{u} \dfrac{\lambda}{2}\|f - Au\|_2^2 + \dfrac{\mu_1}{2}\|\boldsymbol{y}^{k+1} - (\nabla u - \boldsymbol{p}^k) + \boldsymbol{v}^k\|_F^2 \\
\boldsymbol{p}\ \text{子问题}: p^{k+1} = \arg\min\limits_{p} \dfrac{\mu_1}{2}\|\boldsymbol{y}^{k+1} - (\nabla u^{k+1} - \boldsymbol{p}) + \boldsymbol{v}^k\|_2^2 + \dfrac{\mu_2}{2}\|\boldsymbol{z}^{k+1} - \bar{\boldsymbol{\varepsilon}}(p) + \boldsymbol{w}^k\|_F^2 \\
\boldsymbol{v}^{k+1} = \boldsymbol{v}^k + \boldsymbol{y}^{k+1} - (\nabla u^{k+1} - \boldsymbol{p}^{k+1}) \\
\boldsymbol{w}^{k+1} = \boldsymbol{w}^k + z^{k+1} - \bar{\boldsymbol{\varepsilon}}(\boldsymbol{p}^{k+1})
\end{cases}
\tag{4.4.11}
$$

对于 y-子问题，可以得到其解析解：

$$
y^{k+1} = \mathrm{Shrink}_2(\nabla u^k - \boldsymbol{p}^k - \boldsymbol{v}^k, \alpha_1/\mu_1)
\tag{4.4.12}
$$

式中：$\mathrm{Shrink}_2(a,\mu) = \max\{\|a\|_2 - \mu, 0\}\dfrac{a}{\|a\|_2}$。

对于 z-子问题，可以得到其解析解：

$$
z^{k+1} = \mathrm{Shink}_F(\bar{\varepsilon}(p^k) - w^k, \alpha_0/\mu_2)
\tag{4.4.13}
$$

式中：$\mathrm{Shrink}_F(b,\mu) = \max\{\|b\|_F - \mu, 0\}\dfrac{b}{\|b\|_F}$。

对于 u-子问题，需要求解其 Euler-Lagrange 方程为

$$
\begin{aligned}
(\lambda \boldsymbol{A}^{\mathrm{T}}\boldsymbol{A} + \mu_1\mathbf{D}_x^*\mathbf{D}_x + \mu_1\mathbf{D}_y^*\mathbf{D}_y)u^{k+1} = {} & \lambda\boldsymbol{A}^{\mathrm{T}}f + \mu_1\mathbf{D}_x^*(y_1^{k+1} + p_1 + v_1^k) \\
& + \mu_1\mathbf{D}_y^*(y_2^{k+1} + p_2 + v_2^k)
\end{aligned}
\tag{4.4.14}
$$

对于 p-子问题求解，需要求解下面的方程：

$$
\begin{cases}
(\mu_1 I + \mu_2\mathbf{D}_x^*\mathbf{D}_x + \mu_2\mathbf{D}_y^*\mathbf{D}_y)p_1^{k+1} + \mu_2\mathbf{D}_y^*\mathbf{D}_x p_2^{k+1} \\
= \mu_1(\mathbf{D}_x u^{k+1} - y_1^{k+1} - v_1^k) + \mu_2\mathbf{D}_x^*(z_1^{k+1} + w_1^k) + \mu_2\mathbf{D}_y^*(z_3^{k+1} + w_3^k) \\
(\mu_1 I + \mu_2\mathbf{D}_x^*\mathbf{D}_x + \mu_2\mathbf{D}_y^*\mathbf{D}_y)p_2^{k+1} + \mu_2\mathbf{D}_x^*\mathbf{D}_y p_1^{k+1} \\
= \mu_1(\mathbf{D}_y u^{k+1} - y_2^{k+1} - v_2^k) + \mu_2\mathbf{D}_y^*(z_2^{k+1} + w_2^k) + \mu_2\mathbf{D}_x^*(z_3^{k+1} + w_3^k)
\end{cases}
\tag{4.4.15}
$$

由于差分运算及其共轭运算都可以卷积方式进行计算，因此式(4.4.15)可以利用快速傅里叶变换，在傅里叶变换域中进行计算。

若记

$$\begin{cases} F_{11} = \mu_1 1 + \mu_2 \mathcal{F}(\mathbf{D}_x)^* \circ \mathcal{F}(\mathbf{D}_x) + \mu_2 \mathcal{F}(\mathbf{D}_y)^* \circ \mathcal{F}(\mathbf{D}_y) \\ F_{12} = \mu_2 \mathcal{F}(\mathbf{D}_y)^* \circ \mathcal{F}(\mathbf{D}_x) \\ F_{12} = \mu_2 \mathcal{F}(\mathbf{D}_x)^* \circ \mathcal{F}(\mathbf{D}_y) \\ E_1 = \mu_1(\mathcal{F}(\mathbf{D}_x) \circ \mathcal{F}(u^{k+1}) - \mathcal{F}(y_1^{k+1} - v_1^k)) \\ \quad + \mu_2 \mathcal{F}(\mathbf{D}_x)^* \circ \mathcal{F}(z_1^{k+1} + w_1^k) + \mu_2 \mathcal{F}(\mathbf{D}_y)^* \circ \mathcal{F}(z_3^{k+1} + w_3^k) \\ E_2 = \mu_1(\mathcal{F}(\mathbf{D}_y) \circ \mathcal{F}(u^{k+1}) - \mathcal{F}(y_2^{k+1} - v_2^k)) \\ \quad + \mu_2 \mathcal{F}(\mathbf{D}_y)^* \circ \mathcal{F}(z_2^{k+1} + w_2^k) + \mu_2 \mathcal{F}(\mathbf{D}_x)^* \circ \mathcal{F}(z_3^{k+1} + w_3^k) \end{cases} \tag{4.4.16}$$

则

$$\begin{cases} p_1^{k+1} = \mathcal{F}^{-1}\left(\dfrac{F_{11} \circ E_1 - F_{12} \circ E_2}{F_{11} \circ F_{11} - F_{12} \circ F_{21}}\right) \\ p_2^{k+1} = \mathcal{F}^{-1}\left(\dfrac{F_{11} \circ E_2 - F_{21} \circ E_1}{F_{11} \circ F_{11} - F_{12} \circ F_{21}}\right) \end{cases} \tag{4.4.17}$$

式中：$\mathcal{F}$ 和 $\mathcal{F}^{-1}$ 分别表示二维快速傅里叶变换及其逆变换；“$\circ$”表示矩阵元素之间的点乘运算，这里的除法是“点除”运算。

由此，得到求解二阶广义全变差正则化模型式(4.4.8)的算法如下：

算法 4.8：二阶广义全变差正则化正则化图像复原算法：

输入：观测图像 f，参数 $\lambda>0$，μ_1、$\mu_2>0$，给定迭代终止条件。

初始化：$u^{(0)}=f, p^0=(p_1^0, p_2^0)=(0,0), v^0=(v_1^0, v_2^0)=0, w_0^0=0$。

主迭代：对 $k=0、1、2\cdots$ 按下列步骤计算：

(1) 计算 $y^{k+1} = \text{Shrink}_2(\nabla u^k - p^k - v^k, \alpha_1/\mu_1)$；

(2) 计算 $z^{k+1} = \text{Shink}_{\text{F}}(\bar{\varepsilon}(p^k) - w^k, \alpha_0/\mu_2)$；

(3) 求解方程组 $(\lambda \boldsymbol{A}^{\text{T}}\boldsymbol{A} + \mu_1 \mathbf{D}_x^* \mathbf{D}_x + \mu_1 \mathbf{D}_y^* \mathbf{D}_y) u^{k+1} = \lambda \boldsymbol{A}^{\text{T}} f + \mu_1 \mathbf{D}_x^* (y_1^{k+1} + p_1 + v_1^k) + \mu_1 \mathbf{D}_y^* (y_2^{k+1} + p_2 + v_2^k)$

得到 u^{k+1}；

(4) 计算 $p_1^{k+1} = \mathcal{F}^{-1}\left(\dfrac{F_{11} \circ E_1 - F_{12} \circ E_2}{F_{11} \circ F_{11} - F_{12} \circ F_{21}}\right), p_2^{k+1} = \mathcal{F}^{-1}\left(\dfrac{F_{11} \circ E_2 - F_{21} \circ E_1}{F_{11} \circ F_{11} - F_{12} \circ F_{21}}\right)$；

(5) 更新 $v^{k+1} = v^k + y^{k+1} - (\nabla u^{k+1} - p^{k+1})$；

(6) 更新 $w^{k+1} = w^k + z^{k+1} - \bar{\varepsilon}(p^{k+1})$；

(7) 当 $\boldsymbol{u}^{(k+1)}$ 满足给定的迭代终止条件时，记 $k^* = k+1$ 迭代终止；否则，令 $k := k+1$，转第(1)步继续迭代。

输出：复原图像 $\boldsymbol{u}^{(k^*)}$。

4.4.3 分数阶全变差模型优化算法

文献[24]利用分数阶导数,构造了分数全变差正则化去噪模型,并对全变差正则化模型求解的 Chamolle 投影进行了推广,提出了求解分数阶全变差正则化去噪模型的投影优化算法。这里考虑分数阶全变差正则化图像去噪模型为

$$\min_{u \in \mathrm{BV}_\alpha} \left\{ E(u) = J_\alpha(u) + \frac{\lambda}{2}\|f - u\|_2^2 \right\} \tag{4.4.18}$$

式中:$J_\alpha(u) = \int_\Omega \sqrt{(D_x^\alpha u)^2 + (D_y^\alpha u)^2}\,\mathrm{d}x\mathrm{d}y$ 为由式(3.6.19)定义的分数阶全变差正则项。

可以看到,利用 ADMM 方法可以将一个复杂的变分正则化优化问题的求解分解为若干子问题求解。因此,在这里提出的分数阶全变差正则化全变差去噪模型的求解算法,可以作为其他具有分数阶全变差正则化模型求解的一个子问题求解算法而得到应用。

分数阶全变差算子 J_α 的凸共轭为

$$J_\alpha^*(v) = \sup\{ < \boldsymbol{u},\boldsymbol{v} >_X - J_\alpha(\boldsymbol{u}) \}, \boldsymbol{v} \in X = \mathbb{R}^n \tag{4.4.19}$$

满足 $\boldsymbol{p} \in \partial J_\alpha(\boldsymbol{u}) \Rightarrow \boldsymbol{u} \in \partial J_\alpha^*(\boldsymbol{p})$,并且算子 J_α^* 满足下面定理[24]。

定理 4.10:若记 K_α 为下面集合的闭集为

$$\{ \overline{(-1)^\alpha}\mathrm{div}^\alpha \boldsymbol{p} : \boldsymbol{p} = (\boldsymbol{p}^1, \boldsymbol{p}^2) \in Y = X \times X, |\boldsymbol{p}_{i,j}| = \sqrt{(\boldsymbol{p}_{i,j}^1)^2 + (\boldsymbol{p}_{i,j}^2)^2} \leqslant 1, \forall i, = 1, 2, \cdots, N \} \tag{4.4.20}$$

则

$$J_\alpha^*(\boldsymbol{v}) = \begin{cases} 0, & \boldsymbol{v} \in K_\alpha \\ +\infty, & \boldsymbol{v} \notin K_\alpha \end{cases} \tag{4.4.21}$$

证明:根据 $J_\alpha(\boldsymbol{u})$ 的定义以及关系式(3.6.26),设

$$L(\boldsymbol{u},\boldsymbol{v}) = < \boldsymbol{u},\boldsymbol{v} >_X - J_\alpha(\boldsymbol{u}) = < \boldsymbol{u},\boldsymbol{v} >_X - \sup_{p \in Y, |p_{i,j}| \leqslant 1} < \overline{(-1)^\alpha}\mathrm{div}^\alpha \boldsymbol{p}, \boldsymbol{u} >_X$$

则

$$J_\alpha^*(\boldsymbol{v}) = \sup_u L(\boldsymbol{u},\boldsymbol{v})$$

(1)显然当 $\boldsymbol{u}=0$ 时,$L(\boldsymbol{u},\boldsymbol{v}) = 0$,所以 $J_\alpha^*(\boldsymbol{v}) \geqslant 0$;当 $\boldsymbol{v} \in K_\alpha$ 时,$L(\boldsymbol{u},\boldsymbol{v}) \leqslant 0$,从而 $J_\alpha^*(\boldsymbol{v}) = \sup_u L(\boldsymbol{u},\boldsymbol{v}) \leqslant 0$,因此 $J_\alpha^*(\boldsymbol{v}) = 0$。

(2)当 $v \notin K_\alpha$ 时,对于任意 $w \in X$ 和实数 ε,构造

$$g(\varepsilon) = L(\boldsymbol{u} + \varepsilon\boldsymbol{w}, \boldsymbol{v}) = < \boldsymbol{u} + \varepsilon\boldsymbol{w}, \boldsymbol{v} > - J_\alpha(\boldsymbol{u} + \varepsilon\boldsymbol{w})$$

若 $J_\alpha^*(\boldsymbol{v}) < +\infty$,则 $g(\varepsilon)$ 一定有极值。令 $g'(0) = 0$,可得

$$\begin{aligned} 0 &= < \boldsymbol{v},\boldsymbol{w} >_X - < \frac{\nabla^\alpha \boldsymbol{u}}{\nabla^\alpha \boldsymbol{u}|}, \nabla^\alpha \boldsymbol{w} >_Y \\ &= < \boldsymbol{v},\boldsymbol{w} >_X - < \overline{(-1)^\alpha}\mathrm{div}^\alpha\left(\frac{\nabla^\alpha \boldsymbol{u}}{|\nabla^\alpha \boldsymbol{u}|}\right), \boldsymbol{w} >_X \\ &= < \boldsymbol{v} - \overline{(-1)^\alpha}\mathrm{div}^\alpha > \left(\frac{\nabla^\alpha \boldsymbol{u}}{|\nabla^\alpha \boldsymbol{u}|}\right), \boldsymbol{w} >_X \end{aligned}$$

当 $\boldsymbol{v} \notin K_\alpha$ 时,$\boldsymbol{v} - \overline{(-1)^\alpha}\mathrm{div}^\alpha\left(\frac{\nabla^\alpha \boldsymbol{u}}{|\nabla^\alpha \boldsymbol{u}|}\right) \neq 0$,$w$ 为任意,因此 $g'(0) = 0$ 无解,即 $g(\varepsilon)$

无极值，这与 $g(\varepsilon)$ 一定有极值矛盾，从而 $J_\alpha^*(\boldsymbol{v})=+\infty$。

综上所述，J_α 满足

$$J_\alpha^*(\boldsymbol{v})=\begin{cases}0, & \boldsymbol{v}\in K_\alpha\\ +\infty, & \boldsymbol{v}\notin K_\alpha\end{cases}$$

模型式(4.4.18)的 Euler-Lagrange 方程为

$$\partial J_\alpha(\boldsymbol{u})-\lambda(\boldsymbol{f}-\boldsymbol{u})=0 \tag{4.4.22}$$

由于 J_α 和 J_α^* 满足 $\boldsymbol{p}\in\partial J_\alpha(\boldsymbol{u})\Rightarrow\boldsymbol{u}\in\partial J_\alpha^*(\boldsymbol{p})$，则

$$\boldsymbol{u}=\partial J_\alpha^*(\lambda(\boldsymbol{f}-\boldsymbol{u}))$$

记 $\boldsymbol{w}=\lambda(\boldsymbol{f}-\boldsymbol{u})$，则 $u=\boldsymbol{f}-\dfrac{\boldsymbol{w}}{\lambda}$，则

$$\partial J_\alpha^*(\boldsymbol{w})-\left(\boldsymbol{f}-\frac{\boldsymbol{w}}{\lambda}\right)=0$$

该方程可以看作是下面极小化问题的 Euler-Lagrange 方程：

$$\min\left\{E(\boldsymbol{w})=J_\alpha^*(\boldsymbol{w})+\frac{1}{2\lambda}\|\lambda\boldsymbol{f}-\boldsymbol{w}\|_2^2\right\} \tag{4.4.23}$$

由定理 4.10 知，式(4.4.23)的极小解 $\boldsymbol{w}\in K_\alpha$，从而式(4.4.23)等价于下面的优化问题：

$$\min_p\left\{\|\overline{(-1)^\alpha}\mathrm{div}^\alpha\boldsymbol{p}-\lambda\boldsymbol{f}\|_X:\boldsymbol{p}\in Y,|\boldsymbol{p}_{i,j}|^2\leqslant 1(i,j=1,2,\cdots,N)\right\} \tag{4.4.24}$$

式中：$\boldsymbol{w}=\overline{(-1)^\alpha}\mathrm{div}^\alpha\boldsymbol{p}$ 实际上是 $\lambda\boldsymbol{f}$ 在 K_α 中的投影。由此 BV_α-L^2 模型可改写为下面的基于投影的分数阶变分模型：

$$\begin{cases}\boldsymbol{p}^*=\arg\min\limits_{\boldsymbol{p}\in K_\alpha}\left\{\|\overline{(-1)^\alpha}\mathrm{div}^\alpha\boldsymbol{p}-\lambda\boldsymbol{f}\|_X\right\}\\ u=\boldsymbol{f}-\dfrac{\overline{(-1)^\alpha}\mathrm{div}^\alpha\boldsymbol{p}^*}{\lambda}\end{cases} \tag{4.4.25}$$

由 Lagrange 乘子法求解式(4.4.24)，可得

$$(\nabla^\alpha(\overline{(-1)^\alpha}\mathrm{div}^\alpha\boldsymbol{p}-\lambda\boldsymbol{f}))_{i,j}+\alpha_{i,j}\boldsymbol{p}_{i,j}=0(i,j=1,2,\cdots,N) \tag{4.4.26}$$

式中：$\alpha_{i,j}\geqslant 0$ 为 Lagrange 乘子。

式(4.4.26)要求对任意 $\alpha_{i,j}>0$ 且 $|\boldsymbol{p}_{i,j}|=1$，或者 $\alpha_{i,j}=0$ 且 $|\boldsymbol{p}_{i,j}|<1$ 都成立。显然，可取

$$\alpha_{i,j}=|(\nabla^\alpha(\overline{(-1)^\alpha}\mathrm{div}^\alpha\boldsymbol{p}-\lambda\boldsymbol{f}))_{i,j}|$$

从而得到，当 $i,j=1,2,\cdots,N$ 时，有

$$(\nabla^\alpha(\overline{(-1)^\alpha}\mathrm{div}^\alpha\boldsymbol{p}-\lambda\boldsymbol{f}))_{i,j}+|(\nabla^\alpha(\overline{(-1)^\alpha}\mathrm{div}^\alpha\boldsymbol{p}-\lambda\boldsymbol{f}))_{i,j}|\cdot\boldsymbol{p}_{i,j}=0,$$

取步长 $\tau>0$，给定初值 $\boldsymbol{p}^{(0)}=0\in Y$，构造隐式迭代格式：

$$\begin{aligned}\boldsymbol{p}_{i,j}^{(n+1)}=\boldsymbol{p}_{i,j}^{(n)}-\tau[&(\nabla^\alpha(\overline{(-1)^\alpha}\mathrm{div}^\alpha\boldsymbol{p}^{(n)}-\lambda\boldsymbol{f}))_{i,j}\\&+|(\nabla^\alpha(\overline{(-1)^\alpha}\mathrm{div}^\alpha\boldsymbol{p}^{(n)}-\lambda\boldsymbol{f}))_{i,j}|\cdot\boldsymbol{p}_{i,j}^{(n+1)}]\end{aligned}$$

即

$$\boldsymbol{p}_{i,j}^{(n+1)}=\frac{\boldsymbol{p}_{i,j}^{(n)}-\tau(\nabla^{\alpha}(\overline{(-1)^{\alpha}}\mathrm{div}^{\alpha}\boldsymbol{p}^{(n)}-\lambda\boldsymbol{f}))_{i,j}}{1+\tau\left|\nabla^{\alpha}(\overline{(-1)^{\alpha}}\mathrm{div}^{\alpha}\boldsymbol{p}^{(n)}-\lambda\boldsymbol{f}))_{i,j}\right|}(i,j=1,2,\cdots,N)\quad(4.4.27)$$

每计算一个 $p^{(n)}$，都可以由

$$\boldsymbol{u}^{(n)}=\boldsymbol{f}-\frac{\overline{(-1)^{\alpha}}\mathrm{div}^{\alpha}\boldsymbol{p}^{(n)}}{\lambda}$$

得到一个近似解。

可得看到求解分数阶全变差去噪模型的算法实际上是求解全变差正则化图像去噪模型的 Chambolle 算法(算法 4.2)在分数阶情形下的推广。

综上所述,可得到求解分数阶全变差正则化图像去噪模型式(4.4.18)的投影算法如下:

算法 4.9: 分数阶全变差正则化图像去噪算法[24]:

输入:输入观测图像 $\boldsymbol{f}$,参数 α,λ 以及迭代步长 τ。

初始化:$p^{(0)}=0$。

主迭代:对 $k=0$、1、2…按下列步骤计算:

(1)计算

$$\boldsymbol{p}_{i,j}^{(k+1)}=\frac{\boldsymbol{p}_{i,j}^{(k)}-\tau(\nabla^{\alpha}(\overline{(-1)^{\alpha}}\mathrm{div}^{\alpha}\boldsymbol{p}^{(k)}-\lambda\boldsymbol{f}))_{i,j}}{1+\tau\left|\nabla^{\alpha}(\overline{(-1)^{\alpha}}\mathrm{div}^{\alpha}\boldsymbol{p}^{(k)}-\lambda\boldsymbol{f}))_{i,j}\right|},i,j=1,2,\cdots,N$$

得到 $\boldsymbol{p}^{(k+1)}$，其中分数阶梯度与分数阶散度按照式(3.6.22)~式(3.6.25)计算;

(2)计算 $\boldsymbol{u}^{(k+1)}=f-\dfrac{\overline{(-1)^{\alpha}}\mathrm{div}^{\alpha}\boldsymbol{p}^{(k+1)}}{\lambda}$;

(3)当 $\boldsymbol{u}^{(k+1)}$ 满足给定的迭代终止条件时,迭代终止;否则,令 $k:=k+1$,转(1)。

输出:输出去噪图像 $u^{(k+1)}$。

对于算法的收敛性,有以下结论[24]。

定理 4.11:当 $\tau\leqslant\left(2K\sum\limits_{k=0}^{K-1}(C_{\alpha}^{k})^{2}\right)^{-1}$ 时,算法 4.9 收敛。

证明:事实上,要证明算法收敛,只需要证明迭代格式式(4.4.27)收敛即可。

记

$$\frac{\boldsymbol{p}^{(n+1)}-\boldsymbol{p}^{(n)}}{\boldsymbol{\tau}}=\eta\in Y$$

$$\begin{aligned}
&\|\overline{(-1)^{\alpha}}\mathrm{div}^{\alpha}\boldsymbol{p}^{(n+1)}-\lambda\boldsymbol{f}\|_{X}^{2}\\
&=\|\overline{(-1)^{\alpha}}\mathrm{div}^{\alpha}\boldsymbol{p}^{(n)}-\lambda\boldsymbol{f}+\tau\cdot\overline{(-1)^{\alpha}}\mathrm{div}^{\alpha}\boldsymbol{\eta}\|_{X}^{2}\\
&\leqslant\|\overline{(-1)^{\alpha}}\mathrm{div}^{\alpha}\boldsymbol{p}^{(n)}-\lambda\boldsymbol{f}\|_{X}^{2}+2\tau<\nabla^{\alpha}(\overline{(-1)^{\alpha}}\mathrm{div}\boldsymbol{p}^{(n)}-\lambda f),\eta>Y+\boldsymbol{\tau}^{2}\boldsymbol{\kappa}^{2}\|\boldsymbol{\eta}\|_{Y}^{2}\\
&=\|\overline{(-1)^{\alpha}}\mathrm{div}^{\alpha}\boldsymbol{p}^{(n)}-\lambda\boldsymbol{f}\|_{X}^{2}+\tau\cdot\sum_{i,j=1}^{N}[2(\nabla^{\alpha}(\overline{(-1)^{\alpha}}\mathrm{div}^{\alpha}\boldsymbol{p}^{(n)}-\lambda f)_{i,j}\cdot\boldsymbol{\eta}_{i,j}+\tau\boldsymbol{\kappa}^{2}|\boldsymbol{\eta}_{i,j}|^{2}
\end{aligned}$$

式中：$\kappa = \sup\limits_{\boldsymbol{p} \in Y, p \neq 0} \dfrac{\|\overline{(-1)^{\alpha}} \operatorname{div}^{\alpha} \boldsymbol{p}\|_X}{\|\boldsymbol{p}\|_Y}$。

若记

$$\rho_{i,j} = |(\nabla^{\alpha}(\overline{(-1)^{\alpha}} \operatorname{div}^{\alpha} \boldsymbol{p}^{(n)} - \lambda \boldsymbol{f}))_{i,j}| \cdot p_{i,j}^{(n+1)}$$

由式(4.4.27)可知

$$((\nabla^{\alpha}(\overline{(-1)^{\alpha}} \operatorname{div}^{\alpha} \boldsymbol{p}^{(n)} - \lambda \boldsymbol{f}))_{i,j} + \rho_{i,j} = -\eta_{i,j}$$

则

$$\begin{aligned}
& 2(\nabla^{\alpha}(\overline{(-1)^{\alpha}} \operatorname{div}^{\alpha} \boldsymbol{p}^{(n)} - \lambda \boldsymbol{f}))_{i,j} \cdot \eta_{i,j} + \tau\kappa^2 |\eta_{i,j}|^2 \\
= & (\tau\kappa^2 - 1)|\eta_{i,j}|^2 + |\eta_{i,j}|^2 + 2 \cdot (\nabla^{\alpha}(\overline{(-1)^{\alpha}} \operatorname{div}^{\alpha} \boldsymbol{p}^{(n)} - \lambda \boldsymbol{f}))_{i,j} \cdot \eta_{i,j} \\
= & (\tau\kappa^2 - 1)|\eta_{i,j}|^2 + [(\nabla^{\alpha}(\overline{(-1)^{\alpha}} \operatorname{div}^{\alpha} \boldsymbol{p}^{(n)} - \lambda \boldsymbol{f}))_{i,j} + \rho_{i,j}] \\
& \cdot [(\nabla^{\alpha}(\overline{(-1)^{\alpha}} \operatorname{div}^{\alpha} \boldsymbol{p}^{(n)} - \lambda \boldsymbol{f}))_{i,j} + \rho_{i,j}] \\
& - 2 \cdot [(\nabla^{\alpha}(\overline{(-1)^{\alpha}} \operatorname{div}^{\alpha} \boldsymbol{p}^{(n)} - \lambda \boldsymbol{f}))_{i,j}] \cdot [(\nabla^{\alpha}(\overline{(-1)^{\alpha}} \operatorname{div}^{\alpha} \boldsymbol{p}^{(n)} - \lambda \boldsymbol{f}))_{i,j} + \rho_{i,j}] \\
= & (\tau\kappa^2 - 1)|\eta_{i,j}|^2 + |(\nabla^{\alpha}(\overline{(-1)^{\alpha}} \operatorname{div}^{\alpha} \boldsymbol{p}^{(n)} - \lambda \boldsymbol{f}))_{i,j}|^2 \cdot (|p_{i,j}^{(n+1)}|^2 - 1)
\end{aligned}$$

由于 $|p_{i,j}^{(n+1)}| \leqslant 1$，若 $\tau\kappa^2 - 1 \leqslant 0$，有

$$2(\nabla^{\alpha}(\overline{(-1)^{\alpha}} \operatorname{div}^{\alpha} \boldsymbol{p}^{(n)} - \lambda \boldsymbol{f}))_{i,j} \cdot \eta_{i,j} + \tau\kappa^2 |\eta_{i,j}| \leqslant 0$$

则

$$0 \leqslant \|\overline{(-1)^{\alpha}} \operatorname{div}^{\alpha} \boldsymbol{p}^{(n+1)} - \lambda \boldsymbol{f}\|_X^2 \leqslant \|\overline{(-1)^{\alpha}} \operatorname{div}^{\alpha} \boldsymbol{p}^{(n)} - \lambda \boldsymbol{f}\|_X^2$$

由单调有界准则可知，极限 $\lim\limits_{n \to \infty} \|\overline{(-1)^{\alpha}} \operatorname{div}^{\alpha} \boldsymbol{p}^{(n)} - \lambda \boldsymbol{f}\|_X^2$ 必定存在，即存在 $\boldsymbol{p}^* \in Y$，使得 $\lim\limits_{n \to \infty} \boldsymbol{p}^{(n)} = \boldsymbol{p}^*$，从而迭代格式式(4.4.27)是收敛的。

下面证明 $\tau\kappa^2 - 1 \leqslant 0$。

对于 $\forall \boldsymbol{p} = (\boldsymbol{p}_1, \boldsymbol{p}_2) \in Y$，且 $p \neq 0$，有

$$\begin{aligned}
\|\overline{(-1)^{\alpha}} \operatorname{div}^{\alpha} \boldsymbol{p}\|_X^2 &= \sum_{i,j=1}^{N} \left[\sum_{k=0}^{K-1} (-1)^k C_{\alpha}^k (p_1(i+k,j) + p_2(i,j+k))\right]^2 \\
&\leqslant \sum_{i,j=1}^{N} \left[\sum_{k=0}^{K-1} (C_{\alpha}^k)^2 \cdot \sum_{k=0}^{K-1} (p_1(i+k,j) + p_2(i,j+k))^2\right] \\
&\leqslant \sum_{k=0}^{K-1} (C_{\alpha}^k)^2 \cdot \sum_{i,j=1}^{N} \sum_{k=0}^{K-1} 2(p_1(i+k,j)^2 + p_2(i,j+k)^2) \\
&\leqslant 2K \sum_{k=0}^{K-1} (C_{\alpha}^k)^2 \cdot \sum_{i,j=1}^{N} (p_1(i,j)^2 + p_2(i,j)^2) \\
&= 2K \sum_{k=0}^{K-1} (C_{\alpha}^k)^2 \cdot \|p\|_Y^2
\end{aligned}$$

从而 $\kappa = \sup\limits_{p \in Y, p \neq 0} \dfrac{\|\overline{(-1)^{\alpha}} \operatorname{div}^{\alpha} p\|_X}{\|p\|_Y} \leqslant \sqrt{2K \sum\limits_{k=0}^{K-1} (C_{\alpha}^k)^2}$。要使 $\tau\kappa^2 - 1 \leqslant 0$，即 $\tau \leqslant \dfrac{1}{\kappa^2}$，只需要

$\tau \leqslant \left[2K\sum_{k=0}^{K-1}(C_\alpha^k)^2\right]^{-1}$ 即可。

当 $\alpha = 1$ 时，$K \equiv 2$，此时模型式(4.4.18)退化为离散意义下的 ROF 模型。由定理 4.11 知，对于 ROF 模型，当 $\tau < \frac{1}{8}$ 时，迭代收敛，这和 Chambolle 证明的结论完全一致[1]。

4.5 本章小结

本章首先介绍了图像处理涉及的求非线性泛函极值的基本概念，特别是包括 G-导数和 F-导数，以及 Hessian 矩阵等高阶导数的概念以及计算方法，这对于在求解非线性泛函极小化是非常重要的。其次，本章重点介绍了求解全变差正则化模型的一些基本数值方法，其中梯度下降方法是求解一般最优化问题的常用方法之一，Chambolle 投影算法是在全变差去噪算法中最常用的算法之一，而基于算子分裂技术的方法是本章算法的重点。算子分裂的方法有利于将复杂的优化问题转化为若干简单优化问题进行迭代求解。算子分裂的方式有很多种，其中交替方向乘子法(ADMM)是当前图像处理领域中使用最多的方法之一。从本章介绍的 TV-ADMM 算法和 ℓ_1-ADMM 算法可以看到，在 ADMM 算法框架下可以采用不同的分裂方式得到不同的算法。最后，本章介绍了一阶全变差正则化模型的几种推广模型的优化算法，包括非局部全变差、二阶段广义全变差和分数阶全变差正则化，其中分数解全变差正则化去噪的推广 Chambolle 算法是作者的研究成果之一，这些算法和全变差正则化复原算法一起，作为本书后面相关模型的基础算法。

本章重点介绍的算法构造基本思想，可以帮助读者按照这类思想，在解决实际问题时，构建特定的算法。对于本章所提出算法的收敛性、算法复杂度没有赘述，感兴趣的读者可查阅相关文献。

参考文献

[1] Chambolle A. An algorithm for total variation minimization and applications[J]. Journal of Mathematical Imaging and Vision, 2004,20(1-2):89.

[2] 黄象鼎. 非线性数值分析的理论与方法[M]. 武汉:武汉大学出版社,2004.

[3] Lindenstrauss J,Tzafriri L. Classical banach spaces Ⅰ[J]. Ergebnisse Der Mathematik Und Ihrer Grenzgebiete,1997, 350(2):572-580,.

[4] 袁亚湘. 最优化理论与方法[M]. 北京:科学出版社, 1997.

[5] Borwein J M,Lewis A S. Convex Analysis and Nonlinear Optimization[M]. New York:Springer,2000.

[6] Setzer S. Operator Splittings, Bregman Methods and Frame Shrinkage in Image Processing[J]. International Journal of Computer Vision,2011,92(3):265-280.

[7] Fadili M,Starck J. Monotone operator splitting for optimization problems in sparse recovery. IEEE International Conference on Image Processing[C]. Cairo:IEEE,2010:1445-1448.

[8] Sun Yubao,Wei Zhihui. Image recovery by combined peaceman-rachford and douglasrachford operator splitting method. International Conference on Information Science and Engineering[C]. Nanjing:IEEE,2009:1291-1294.

[9] Burger M, Sawatzky A, Steidl G. First Order Algorithms in Variational Image Processing in Splitting Methods in Communication,imaging,science,and enginecring[M].Switzenland: Springer, 2016.

[10] Wang Yilun, Yin Wotao, Zhang Yin. A fast algorithm for image deblurring with total variation regularization: CAM Report [R]. Houston: Rice University, 2007.

[11] Wang Yilun, Yang Junfeng, Yin Wotao, et al. A new alternating minimization algorithm for total variation image reconstruction[J]. SIAM Journal on Imaging Sciences, 2008, 1(3): 248-272.

[12] Yin Wotao, Osher S, Goldfarb D, et al. Bregman iterative algorithms for l1-minimization with applications to compressed sensing.[J]. SIAM Journal on Imaging Sciences, 2008, 1(1): 143-168.

[13] 何炳生. 我和乘子交替方向法 20 年[J]. 运筹学学报, 2018, 22(1): 1-31.

[14] Glowinski R, Marrocco A. Sur l'approximation, parééléments finis d'ordre 1, et la résolution, par pénalisation-dualité, d'une classe de problèmes de dirichlet non linéaires[J]. Journal of Equine Veterinary Science, 1975, 2(R-2): 41-76.

[15] Gabay D, Mercier B. A dual algorithm for the solution of nonlinear variational problems via finite element approximation [J]. Computers and Mathematics with Applications, 1976, 2(1): 17-40.

[16] Boyd S, Parikh N, Chu E, et al. Distributed optimization and statistical learning via the alternating direction method of multipliers[J]. Foundations and Trends in Machine Learning, 2011, 3(1): 1-122.

[17] Shi Wei, Ling Qing, Yuan Kun, et al. On the linear convergence of the admm in decentralized consensus optimization [J]. IEEE Transactions on Signal Processing, 2014, 62(7): 1750-1761.

[18] Nishihara R, Lessard L, Recht B, et al. A general analysis of the convergence of admm. International Conference on International Conference on Machine Learning[C]. Lille: IEEE, 2015: 343-352.

[19] Wang Yu, Yin Wotao, Zeng Jinshan. Global convergence of admm in nonconvex nonsmooth optimization[J/OL]. Journal of Scientific Computing, [2019-1]. http://www.springerlink.com/openurl.asp? genre=journal&issn=0885-7474.

[20] Zhang Xiaoqun, Burger M, Bresson X, et al. Bregmanized nonlocal regularization for deconvolution and sparse reconstruction[J]. SIAM Journal on Imaging Sciences, 2010, 3(3): 253-276.

[21] Bredies K, Kunisch K, Pock T. Total generalized variation[J]. SIAM Journal on Imaging Sciences, 2010, 3(3): 492-526.

[22] Guo Weihong, Qin Jing, Yin Wotao. A new detail-preserving regularization scheme[J]. SIAM Journal on Imaging Sciences, 2014, 7(2): 1309-1334.

[23] Zhang Jun, Wei Zhihui. A class of fractional-order multi-scale variational models and alternating projection algorithm for image denoising[J]. Applied Mathematical Modelling, 2011, 35(5): 2516-2528.

第 5 章　全变差正则化图像复原:复合正则化

5.1　引　　言

在正则化图像复原建模理论中,模型中的正则化项实际上是对图像先验的建模。而事实上,人们通常会通过不同侧面来刻画图像的先验,意味着对于图像先验的建模具有多样性。在这种情况下,综合利用不同的图像先验,在图像复原模型中引入不同的正则项,建立图像复原的复合正则化模型,有利于图像复原质量的提高。

在本章中,首先针对相干成像系统中普遍存在的服从伽马分布的乘性噪声(相干斑噪声)的抑制问题,在全变差正则化图像建模基础上,考虑图像 Weberize 视觉对比度保持,进一步引入 Weberized 全变差正则项,从而提出全变差与 Weberized 全变差复合正则化乘性噪声抑制模型,使处理后的图像对比度改善,具有良好的视觉效果。其次,针对图像边缘、纹理等具有各向异性特性的图像细节保持问题,将传统的各向同性全变差改进为加权各向异性全变差正则项,并进一步引入基于 Tetrolet 变换的稀疏性正则化,对图像中的不同方向细节进行有效的稀疏表示和建模,从而提出基于加权各向异性全变差和 Tetrolet 稀疏性正则化的图像复原模型,有效地改善图像复原过程中的细节保持能力。

5.2　全变差与 Weberized 全变差复合正则化乘性噪声抑制

5.2.1　乘性伽马噪声抑制模型

乘性噪声是合成孔径雷达(Synthetic Aperture Radar,SAR)、单光子发射计算机断层显像以及正电子发射断层成像等相干成像系统的固有的原理性缺点。因此,乘性噪声抑制对于相干成像系统及各种图像处理应用有着重要意义。

一般地,乘性噪声图像生成模型可表示为

$$f = uv \tag{5.2.1}$$

式中:f 为观测含噪声图像;u 为真实图像;v 为噪声。

在 SAR 等相干成像系统中,噪声 v 是相干斑噪声,通常假设是服从均值为 1 的伽马分布的随机噪声[1]。对于 L 视 SAR 图像相干斑噪声,v 服从均值为 1、方差为 $1/L$ 的伽马分布[2]:

$$P(v) = \frac{L^L}{\Gamma(L)} v^{L-1} \exp(-Lv) \cdot 1(v > 0) \tag{5.2.2}$$

根据乘性噪声模型式(5.2.1)和式(5.2.2),可得

$$P(f|u) = \frac{L^L}{u^L \Gamma(L)} f^{L-1} \exp\left(-\frac{Lf}{u}\right) \tag{5.2.3}$$

根据 MAP 统计推断，原始真实图像 u 可通过求解下列最小化问题得到，即

$$\arg\min_{u}\{-\log P(u|f)\} = \arg\min_{u}\{-\log P(u) - \log P(f|u)\} \tag{5.2.4}$$

假设随机向量 u 服从 Gibbs 分布：$p(u) = 1/C \cdot \exp\{-\gamma\varphi(u)\}$，其中：$C$ 表示归一化常数；φ 表示一个给定的非负函数。同时，根据噪声分布式(5.2.3)可推导出下列乘性伽马噪声抑制模型：

$$\min_{u}\left\{\int_{\Omega}\left(\frac{f}{u} + \log u\right)\mathrm{d}x + \frac{\gamma}{L}\int_{\Omega}\varphi(u)\,\mathrm{d}x\right\} \tag{5.2.5}$$

式中：第一项为在伽马乘性噪声假设下度量原始真实图像 u 和观测图像 f 偏离程度的数据保真项；第二项为正则项，对原始真实图像强加某种先验约束(如光滑性先验)，并在很大程度上决定了复原图像的去噪效果；γ 为正则化参数，在保真项和正则项之间进行权衡。

为了说明抑制乘性伽马噪声的困难，图 5.1 给出了一维原始信号和对应的被乘性伽马噪声污染和高斯噪声污染的信号比较，其中垂直方向上的刻度表示信号强度值。

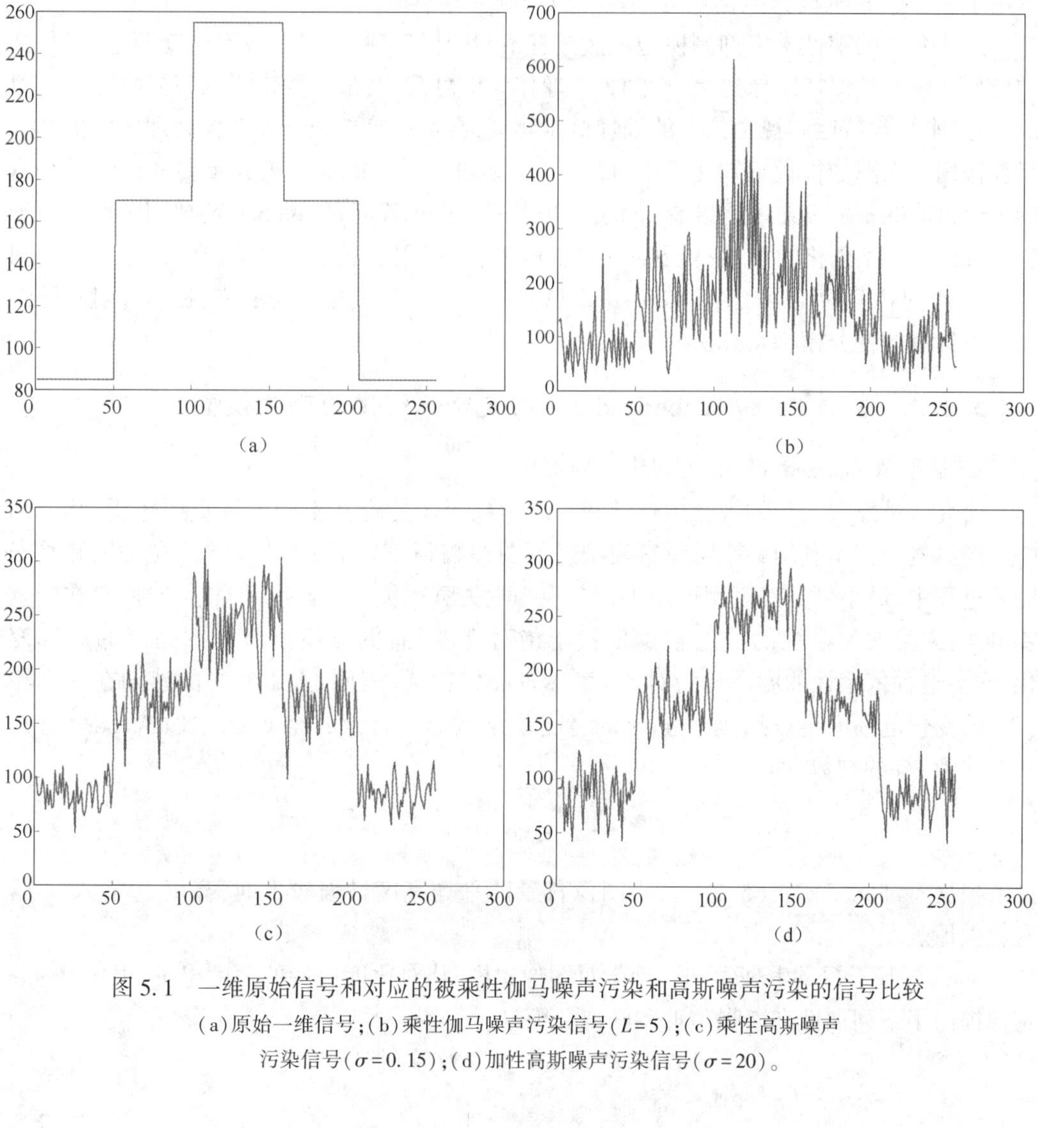

图 5.1　一维原始信号和对应的被乘性伽马噪声污染和高斯噪声污染的信号比较

(a)原始一维信号；(b)乘性伽马噪声污染信号($L=5$)；(c)乘性高斯噪声污染信号($\sigma=0.15$)；(d)加性高斯噪声污染信号($\sigma=20$)。

从含噪声信号的比较可以看到,受到乘性伽马噪声污染后,几乎所有的信号信息都被淹没了,而且噪声信号的强度范围大大增加,因此与加性噪声相比较,这种乘性噪声抑制是一项具有挑战性的任务。

对于这种受到噪声严重污染的信号和图像的复原,图像先验的建模尤为重要。从第3章和第4章可以知道,基于BV空间理论的全变差图像建模有利于图像边缘等细节信息的保持,因此全变差正则化已经在图像处理领域广泛应用,其中包括针对乘性噪声的抑制。2008年,Aubert和Aujol[3]提出了一个全变差正则化的非凸变分模型(简称为AA模型),其数据项由乘性伽马噪声的最大后验方法推导出。随后,Shi和Osher[4]提出了一个更一般的全局凸模型(简称为SO模型),并应用相应的松弛逆尺度空间流进行去噪。SO模型将AA模型以及首个乘性噪声抑制模型[5](由Rudin、Lion和Osher提出,简称为RLO模型)统一到了一个变分框架中。Bioucas和Figueiredo[6]利用对数变换将乘性噪声转化为加性噪声进行处理,并在此基础上提出了一个贝叶斯型变分模型。Steidl和Teuber[7]提出了一个以I-散度为数据项的乘性噪声抑制变分模型。

上述介绍的乘性噪声抑制模型虽然具有不同的保真项,但是都具有全变差正则项,这类模型能较好地保持图像边缘。然而,图像作为信息载体,最终要由人眼来接收感知。因此,对人眼视觉特性和视觉信息的处理机制建模,会对计算机视觉和图像处理提供很好的指导作用。在图像视觉感知建模中,视觉生理学和心理学扮演着极为重要的角色。经典的工作,如Shen[8-9]从对比度保持的角度出发,根据著名的Weber定律,提出了基于Weberized TV正则化的加性高斯噪声抑制模型,并取得了很好的去噪效果。因此,受到Shen工作的启发,可以考虑将Weberized TV与经典的TV模型联合起来,提出针对乘性伽马噪声抑制的变分模型及算法。

5.2.2 基于TV和Weberized TV的复合正则化的变分模型

1. 基于Weberized TV的正则化变分模型

研究人员发现人类的视觉生理学和心理学在图像处理技术中发挥重要作用,其中的一个经典例子就是利用最小可觉察模型进行图像编码和数字水印[10-11]。在编码和水印嵌入过程中,最小可觉察模型可用于控制视知觉失真。关于对比度和自适应性,存在的重要事实:人类视觉系统的响应较少依赖于绝对亮度,而更依赖于对周围亮度的局部变化[12]。这种依赖性的度量称为对比度。Weber定律[13]表明,人眼对光的感知在一个相当大的变化范围内,主观上刚可辨别的亮度差异$|\nabla u|$与背景的亮度u之比(Weber比)是一个约为2%的常数,即

$$\frac{|\nabla u|}{u}=\text{constant} \tag{5.2.6}$$

根据Weber定律式(5.2.6),当图像背景的平均亮度增强较大时,亮度差异$|\nabla u|$具有较大值。

Shen[8]基于视觉生理学和心理学对图像建模,从对比度保持的角度出发,根据Weber定律提出了下列加性高斯噪声抑制的变分模型:

$$\min_{u\in S(\Omega)}\{\mathrm{TV}(\log u)+\lambda\|f-u\|_2^2\} \tag{5.2.7}$$

式中：$S(\Omega)=\{u>0\,|\,u\in L^2(\Omega),\mathrm{TV}(\log u)<\infty,u>f/2\}$；第一项 $\mathrm{TV}(\log u)=\int_\Omega |\nabla u|/u\mathrm{d}x$ 为著名的 Weberized TV 正则项；第二项为数据保真项。此外，Shen 还从理论上证明了该变分模型存在唯一解。

受到 Shen[9]工作的启发，可以考虑基于 Weberized TV 正则化乘性噪声抑制模型：

$$\min_u\left\{E(u)=\int_\Omega \frac{|\nabla u|}{u}\mathrm{d}x+\lambda\int_\Omega\left(\frac{f}{u}+\log u\right)\mathrm{d}x\right\} \tag{5.2.8}$$

式中：第一项为 Weberized TV 正则项；第二项为非凸的数据保真项。将该模型与高斯加性噪声抑制模型式(5.2.7)相比较，发现两者之间本质上相似，区别是两者所采用的数据保真项不同。乘性噪声抑制模型式(5.2.8)是 MAP 理论的直接应用，即在式(5.2.5)取 $\varphi(u)=|\nabla u|/u$。

已有研究表明全变差正则化有利于图像边缘结构的保持，因此综合考虑到图像边缘结构的保持和图像对比度保持，提出基于 TV 和 Weberized TV 复合正则化的乘性噪声抑制模型：

$$\min_u\left\{E(u)=\alpha_1\int_\Omega|\nabla u|\mathrm{d}x+\alpha_2\int_\Omega\frac{|\nabla u|}{u}\mathrm{d}x+\int_\Omega\left(\frac{f}{u}+\log u\right)\mathrm{d}x\right\} \tag{5.2.9}$$

式中：第一项和第二项为正则项，第一项 TV 正则项可以保持边缘，第二项 Weberized TV 正则项可以保持对比度；第三项非凸数据项，由乘性伽马噪声的 MAP 推导出。注意到，模型式(5.2.9)可将现有的一些乘性伽马噪声抑制模型统一到一个变分框架中：

(1) 当 $\alpha_1=0$ 时，通过对数变换 $w=\log u$，模型式(5.2.9)退化成 SO 模型[4]；

(2) 当 $\alpha_2=0$ 时，模型式(5.2.9)退化成 AA 模型[3]。

2. 模型的分析

通过模型式(5.2.9)的正则项，可以很容易得到该模型的解空间为

$$\Pi(\Omega)=\left\{u\in\mathrm{BV}(\Omega):u>0,\mathrm{TV}(\log u)=\int_\Omega\frac{|\nabla u|}{u}\mathrm{d}x<+\infty\right\}$$

为了证明优化问题式(5.2.9)解的存在性，首先给出解的有界性证明。

引理 5.1(有界性)：设 $f\in L^\infty(\Omega)$ 并且 $\inf_\Omega f>0$，若优化问题式(5.2.9)存在解 $\hat{u}$，那么

$$\inf_\Omega f\leqslant\hat{u}\leqslant\sup_\Omega f$$

证明：记 $\alpha=\inf_\Omega f$，$\beta=\sup_\Omega f$。注意到 $u>f$ 时，函数 $\log u+f/u$ 严格单调增加，有

$$\int_\Omega\left(\log(\inf(u,\beta))+\frac{f}{\inf(u,\beta)}\right)\mathrm{d}x\leqslant\int_\Omega\left(\log u+\frac{f}{u}\right)\mathrm{d}x \tag{5.2.10}$$

另外，根据文献[14]中的引理 1，有

$$\mathrm{TV}(\inf(u,\beta))\leqslant\mathrm{TV}(u),\mathrm{TV}(\log(\inf(u,\beta)))\leqslant\mathrm{TV}(\log u) \tag{5.2.11}$$

联合式(5.2.10)和式(5.2.11)，得

$$E(\inf(u,\beta))\leqslant E(u) \tag{5.2.12}$$

且仅当 $u\leqslant\beta$ 时，等式成立。

因为 $\hat{u}$ 为问题式(5.2.9)的最小解，所以当 $u=\hat{u}$ 时，等式成立，从而 $\hat{u}\leqslant\beta$。类似地，可得

$$E(\sup(u,\alpha)) \leqslant E(u) \tag{5.2.13}$$

则

$$\hat{u} \geqslant \alpha$$

下面根据引理 5.1 给出模型式(5.2.9)解的存在性证明。

定理 5.1(存在性)： 设 $f \in L^{\infty}(\Omega)$ 并且 $\inf_{\Omega} f>0$，那么优化问题式(5.2.9)在其解空间 $\Pi(\Omega)$ 中至少存在一个解。

证明：不失一般性，假设 $\alpha_1=\alpha_2=1$，并记 $\alpha=\inf_{\Omega} f, \beta=\sup_{\Omega} f$。注意到 $u \equiv \beta \in \Pi(\Omega)$，因此解空间非空。

考虑优化问题式(5.2.9)的极小化序列 $\{u_n\} \subset \Pi(\Omega)$。根据引理 5.1，有 $\alpha \leqslant u_n \leqslant \beta$，又因为 Ω 有界，则

$$\|u_n\|_{L^1(\Omega)} < +\infty \tag{5.2.14}$$

另外，由 $\{u_n\}$ 的定义知道，存在常数 $C>0$，使得 $E(u_n) \leqslant C$。由于 $\mathrm{TV}(\log u_n)<\infty$，当 $u_n=f$ 时，积分 $\int_{\Omega}\left(\log u_n+\dfrac{f}{u_n}\right)\mathrm{d}x$ 达到最小值 $\int_{\Omega}(1+\log f)\,\mathrm{d}x$。因此

$$\mathrm{TV}(u_n) \leqslant C \tag{5.2.15}$$

由式(5.2.14)和式(5.2.15)可说明 u_n 在 $\mathrm{BV}(\Omega)$ 空间中关于 n 一致有界。由 $\mathrm{BV}(\Omega)$ 空间的紧性，存在 $\{u_n\}$ 中的子列(为方便起见，仍用 $\{u_n\}$ 表示)和 $\mathrm{BV}(\Omega)$ 空间中的函数 u，使 $\{u_n\}$ 在 $L^1(\Omega)$ 空间中强收敛于 u。进一步地，假设

$$u_n(x) \to u(x), a.e.\ x \in \Omega$$

利用 Lebesgue 控制收敛定理，则有

$$\int_{\Omega}\left(\log u+\frac{f}{u}\right)\mathrm{d}x=\lim_{n\to\infty}\int_{\Omega}\left(\log u_n+\frac{f}{u_n}\right)\mathrm{d}x \tag{5.2.16}$$

下面，证明式(5.2.9)中的复合正则项下半连续。

首先，由 BV 函数的下半连续性，有

$$\int_{\Omega}|\nabla \boldsymbol{u}|\,\mathrm{d}x \leqslant \liminf_{n\to\infty}\int_{\Omega}|\nabla \boldsymbol{u}_n|\,\mathrm{d}x \tag{5.2.17}$$

下面，证明 Weberized TV 也是下半连续的。

令 $v_n=\log u_n, v=\log u$，则

$$v_n(x) \to v(x), \text{a. e. } x \in \Omega$$

设 $p \in C_0^1(\Omega,\mathbb{R}^2)$ 为一个向量值函数，且满足 $|p|\leqslant 1$，那么

$$v_n \mathrm{div}(p) \to v\mathrm{div}(p), |v_n \mathrm{div}(p)| \leqslant |\log\beta|\,|\mathrm{div}(p)| \text{a. e. } x \in \Omega \tag{5.2.18}$$

由于 p 具有紧支集，故不等式(5.2.18)左端函数属于 $L^1(\Omega)$ 空间。再次利用 Lebesgue 控制收敛定理，有

$$\int_{\Omega} v\mathrm{div}(p)\,\mathrm{d}x=\lim_{n\to\infty}\int_{\Omega} v_n \mathrm{div}(p)\,\mathrm{d}x \leqslant \liminf_{n\to\infty}\int_{\Omega}|\nabla v_n|\,\mathrm{d}x \tag{5.2.19}$$

式(5.2.19)关于 p 取上确界，得

$$\int_{\Omega}|\nabla v|\,\mathrm{d}x \leqslant \liminf_{n\to\infty}\int_{\Omega}|\nabla v_n|\,\mathrm{d}x \tag{5.2.20}$$

联合式(5.2.17)、式(5.2.20)和式(5.2.21)，有

$$E(u) \leqslant \liminf_{n\to\infty} E(u_n)$$

容易证明 $u \in \Pi(\Omega)$。由于 u_n 为最小化序列,故 u 是优化问题式(5.2.9)的最小解。

根据优化理论,当目标函数严格凸和强制时,定解问题存在唯一最小解[15],优化问题式(5.2.9)中的目标函数 $E(u)$ 含有非凸的负 log 似然函数和 Weberized TV 正则项,因此 $E(u)$ 非凸,从而解的唯一性不能直接由目标函数的凸性得出。下面用优化问题式(5.2.9)的 Euter-Lagrange 方程,证明其解的唯一性。

定理 5.2(唯一性): 设 $\alpha_1 > 0, \alpha_2 > 0, f \in L^\infty(\Omega)$ 并且 $f>0$,若优化问题式(5.2.9)的解 u 满足下列条件:

$$0 < u < \sqrt{f^2 + kf}, k = \alpha_2/\alpha_1 \tag{5.2.21}$$

那么 u 为唯一最小解。

证明:优化问题式(5.2.9)的解 u 满足下列 Euler-Lagrange 方程,即

$$\begin{cases} -\dfrac{\alpha_1 u + \alpha_2}{u}\operatorname{div}\left(\dfrac{\nabla u}{|\nabla u|}\right) + \dfrac{u-f}{u^2} = 0, x \in \Omega \\ \dfrac{\partial u}{\partial \boldsymbol{n}} = 0, x \in \partial\Omega \end{cases} \tag{5.2.22}$$

式中:$\boldsymbol{n} = \nabla u/|\nabla u|$ 为边界 $\partial\Omega$ 的外法线。由于 $u>0$,式(5.2.22)可等价地重写为

$$\begin{cases} -\operatorname{div}\left(\dfrac{\nabla u}{|\nabla u|}\right) + \dfrac{u-f}{u(\alpha_1 u + \alpha_2)} = 0, x \in \Omega \\ \dfrac{\partial u}{\partial \boldsymbol{n}} = 0, x \in \partial\Omega \end{cases} \tag{5.2.23}$$

记

$$F'(u;\alpha_1,\alpha_2) = \frac{u-f}{u(\alpha_1 u + \alpha_2)}$$

可对 $E(u)$ 定义一个新的参考目标函数,即

$$E_r(u) = \int_\Omega |\nabla u| + F(u;\alpha_1,\alpha_2)\,\mathrm{d}x$$

容易证明式(5.2.23)正好是 $E_r(u)$ 的 Euler-Lagrange 方程,由

$$F''(u;\alpha_1,\alpha_2) = \frac{-\alpha_1 u^2 + 2\alpha_1 fu + \alpha_2 f}{(\alpha_1 u^2 + \alpha_2 u)^2}$$

容易推导出,当 u 满足条件式(5.2.21)时,$F''>0$,因此 F 是一个严格凸的函数。由于 TV Radon 测度半凸,故目标函数 $E_r(u)$ 具有全局严格凸性,因此存在唯一最小解,从而原始目标函数 $E(u)$ 也存在唯一最小解。

5.2.3 滞后扩散不动点迭代算法

由一阶最优条件,求解优化问题式(5.2.9)最终归结为求解具有 Neumann 边界条件的 Euler-Lagrange 方程:

$$\begin{cases} -\dfrac{a_1 u + \alpha_2}{u}\operatorname{div}\left(\dfrac{\nabla u}{|\nabla u|}\right) + \dfrac{u-f}{u^2} = 0, x \in \Omega \\ \dfrac{\partial u}{\partial \boldsymbol{n}} = 0, x \in \partial\Omega \end{cases} \tag{5.2.24}$$

由于 $u>0$,式(5.2.24)可等价地重写为

$$\begin{cases} -\operatorname{div}\left(\dfrac{\nabla u}{|\nabla u|}\right)+\dfrac{u-f}{u(\alpha_1 u+\alpha_2)}=0, x\in\Omega \\ \dfrac{\partial u}{\partial \boldsymbol{n}}=0, x\in\partial\Omega \end{cases} \tag{5.2.25}$$

实际计算式(5.2.25)时,主要存在两个难点:一是当 $|\nabla u|=0$ 时,会导致问题严重退化;二是问题具有高度的非线性。

第一个问题,实际计算可以采用 $|\nabla u|_\varepsilon=\sqrt{|\nabla u|^2+\varepsilon}$ 作为 $|\nabla u|$ 的光滑逼近,其中:ε 表示充分接近 0 的正数。

第二个问题,注意到经典的全变差去噪模型[16]:

$$\min_{u\in \mathrm{BV}(\Omega)}\left\{\mathrm{TV}(u)+\lambda/2\|f-u\|_{L^2(\Omega)}^2\right\} \tag{5.2.26}$$

其对应的 Euler-Lagrange 方程为

$$\begin{cases} -\operatorname{div}\left(\dfrac{\nabla u}{|\nabla u|}\right)+\lambda(u-f)=0, x\in\Omega \\ \dfrac{\partial u}{\partial \boldsymbol{n}}=0, x\in\partial\Omega \end{cases} \tag{5.2.27}$$

式(5.2.25)和式(5.2.27)的差别在于第二项非线性项。目前已经发展出了许多经典成熟的算法对大型方程式(5.2.27)进行求解,其中滞后扩散不动点迭代法(Lagged Diffusivity Fixed Point Iteration,LDFPI)是利用线性化技巧求解 Euler-Lagrange 方程的有效方法[17-18]。下面,将该方法推广,用来求解乘性伽马噪声抑制问题。

记 $\widetilde{\lambda}=\widetilde{\lambda}(u)=1/(u(\alpha_1 u+\alpha_2))$,由于 $u>0$,因此 $\widetilde{\lambda}>0$。式(5.2.25)可重写为

$$\begin{cases} \nabla E(u):=-\operatorname{div}\left(\dfrac{\nabla u}{|\nabla u|_\varepsilon}\right)+\widetilde{\lambda}(u-f)=0, x\in\Omega \\ \dfrac{\partial u}{\partial \boldsymbol{n}}=0, x\in\partial\Omega \end{cases} \tag{5.2.28}$$

注意,除了正则化参数 $\widetilde{\lambda}$ 依赖于 u 之外,式(5.2.28)与式(5.2.27)在形式上还完全相同。为方便起见,将式(5.2.28)用算子符号表示为

$$L(u)u=\widetilde{\lambda}(u)f \tag{5.2.29}$$

式中:线性扩散算子 $L(u)$ 作用在 v 上的表达式为

$$L(u)v=-\operatorname{div}\left(\frac{\nabla u}{|\nabla u|_\varepsilon}\right)+\widetilde{\lambda}(u)v \tag{5.2.30}$$

由此,可得到下列滞后扩散不动点迭代格式:

$$L(u^{(n)})u^{(n+1)}=\widetilde{\lambda}(u^{(n)}f), n=0、1、\cdots \tag{5.2.31}$$

式中:上标(n)表示迭代次数。

在迭代过程中,记 $d^{(n)}$ 为能量泛函 E 在 $u^{(n)}$ 处的下降方向,那么 $u^{(n+1)}=u^{(n)}+d^{(n)}$,将 $u^{(n+1)}$ 代入式(5.2.31)得到下列线性扩散方程为

$$L(u^{(n)})d^{(n)}=-(L(u^{(n)})u^{(n)}-\widetilde{\lambda}(u^{(n)}f)=-\nabla E(u^{(n)}) \tag{5.2.32}$$

由式(5.2.32)解出列差 $d^{(n)}$,从而得到下一步迭代值 $u^{(n+1)}$。

下面考虑如何计算偏微分方程式(5.2.32)。有限差分法是离散化偏微分方程的常用方法,式(5.2.32)可由下列一阶差分格式[16]近似计算。

$$D_x^{\pm}(u_{i,j}) = \pm(u_{i\pm1,j} - u_{i,j})$$

$$D_y^{\pm}(u_{i,j}) = \pm(u_{i,j\pm1,} - u_{i,j})$$

$$|D_x(u_{i,j})|_\varepsilon = \sqrt{(D_x^+(u_{i,j}))^2 + (m[D_y^+(u_{i,j}),D_y^-(u_{i,j})])^2 + \varepsilon}$$

$$|D_y(u_{i,j})|_\varepsilon = \sqrt{(D_y^+(u_{i,j}))^2 + (m[D_x^+(u_{i,j}),D_x^-(u_{i,j})])^2 + \varepsilon}$$

式中:$m[a,b] = \left(\dfrac{sign(a) + sign(b)}{2}\right)\cdot \min(|a|,|b|)$。

则式(5.2.30)的近似表达式为

$$\boldsymbol{L}(u)v \approx \left(D_x^-\left(\frac{D_x^+ v}{|D_x u|_\varepsilon}\right) + D_y^-\left(\frac{D_y^+ v}{|D_y u|_\varepsilon}\right)\right) + \widetilde{\lambda}(u)v$$

按照这个离散方法得到的系数矩阵 $\boldsymbol{L}$ 是一个半正定的对称稀疏矩阵。由于滞后扩散不动点迭代格式式(5.2.31)属于拟牛顿格式,因此其收敛性可由文献[19]的收敛性定理保证。

综上所述,求解模型式(5.2.9)的滞后扩散不动点迭代算法(LDFPI)由下列算法给出:

算法 5.1: 滞后扩散不动点迭代算法(LDFPI):

输入:观测图像 f,参数 $\varepsilon>0$、$\lambda>0$、$\alpha_1>0$、$\alpha_2>0$,给定迭代终止条件。

初始化:$u^{(0)}=f$。

主迭代:对 $k=0$、1、2…按下列步骤计算:

(1) 根据式(5.2.28)计算 $\nabla E(u^{(k)})$;

(2) 求解线性方程组(5.2.32)得到 $d^{(k)}$;

(3) 计算 $u^{(k+1)} = u^{(k)} + d^{(k)}$;

(4)当 $u^{(k+1)}$ 满足给定的迭代终止条件,记 $k^* = k+1$,并终止迭代;否则,令 $k := k+1$ 转到第(1)步继续迭代。

输出:去噪图像 $u^{(k^*)}$。

5.2.4 实验结果与分析

本小节通过仿真实验和真实 SAR 图像验证本章模型和算法的有效性。仿真实验用的测试图像包括标准图像 Lena、Cameraman 以及合成图像 SynIm1、SynIm2,图像大小均为 256×256,如图 5.2 所示。真实 SAR 图像如图 5.4(a)所示的地物目标包括田野、道路以及建筑物。仿真实验中,原始图像被乘性伽马噪声(均值为 1、标准差为 $1/\sqrt{L}$)所污染。噪声水平由视数 L 控制,L 越小,噪声污染越严重。

将本小节提出的 LDFPI 方法与下列乘性噪声抑制方法进行比较:

(1) 2003 年由 Rudin 等提出的 RLO 方法[5];

(2) 2008 年由 Aubert 等提出的 AA 方法[3];

(a)　　(b)　　(c)　　(d)

图 5.2　测试图像的原始图像

(a)Lena;(b)Cameraman;(c)SynIm1;(d)SynIm2。

(3) 2009 年由 Huang 等提出的 HMW 方法[20]。

所有程序均在 Matlab 平台下运行,所用计算机的配置:处理器 Intel(R)Pentium(R) Dual CPU、主频 2.00GHz、内存 0.99GB。

从视觉效果和定量指标两个方面对算法的性能进行评价,所采用的定理指标包括峰值信噪比(Peak Signal to Noise Ratio,PSNR)、改进信噪比(Improved Signal to Noise Ratio,ISNR)以及相对误差(Relative Error,ReErr),分别定义如下:

$$\mathrm{PSNR} = 10\lg_{10}\{M \times N \max\{u\}^2 / \|u^* - u\|_2^2\}$$

$$\mathrm{ISNR} = 10\lg_{10}\{\|f - u\|_2^2 / \|u^* - u\|_2^2\}$$

$$\mathrm{ReErr} = \|u^* - u\|_2^2 / \|u\|_2^2$$

式中:u、u^*、f 分别表示 $M \times N$ 大小的原始图像、去噪图像以及观察到的噪声图像。

表 5.1 分别列出了在不同噪声水平下本小节所比较的各个方法的去噪定量指标结果。由表 5.1 可以看出,本章方法的各项定理指标大部分都比 RLO、AA 以及 HMW 方法要好。图 5.3 给出了针对 SynIm2 图像在噪声水平为 $\sigma^2=0.5$ 时,采用不同方法获得的四幅灰度图像的去噪结果。由这些图表可看出,由 LDFPI 方法获得的去噪图像,其视觉效果都要优于另外三种方法。本章方法在有效抑制噪声的同时,能够保持边缘、轮廓等重要视觉特征。特别是当污染的噪声水平较大时(L 较小时),去噪效果更为明显。虽然大部分由 HMW 方法获得的去噪图像从视觉效果上看比较好,但如图 5.3(d)所示,去噪图像出现过光滑的现象,丢失了许多细节。

表 5.1　由各方法获得的去噪结果定量指标比较

方法	指标	噪声图像及其去噪图像指标值				
		Lena ($\sigma^2=1/33$)	Lena ($\sigma^2=0.2$)	Cameraman ($\sigma^2=1/13$)	SynIm1 ($\sigma^2=0.2$)	SynIm2 ($\sigma^2=0.5$)
RLO[5]	PSNR/dB	27.65	23.14	25.74	29.71	25.84
	ISNR/dB	7.58	11.29	9.09	16.98	11.42
	ReErr	0.0053	0.0150	0.0095	0.0041	0.0361

（续）

方法	指标	噪声图像及其去噪图像指标值				
		Lena ($\sigma^2=1/33$)	Lena ($\sigma^2=0.2$)	Cameraman ($\sigma^2=1/13$)	SynIm1 ($\sigma^2=0.2$)	SynIm2 ($\sigma^2=0.5$)
AA[3]	PSNR/dB	27.02	22.55	24.98	31.86	25.72
	ISNR/dB	6.95	10.70	8.34	19.13	11.29
	ReErr	0.0061	0.0171	0.0113	0.0025	0.0371
HMW[20]	PSNR/dB	27.94	23.25	25.51	30.69	25.52
	ISNR/dB	7.63	11.14	8.87	17.89	11.81
	ReErr	0.0052	0.0154	0.0099	0.0032	0.0331
LDFPI	PSNR/dB	28.42	23.62	26.44	33.17	26.95
	ISNR/dB	8.38	11.70	9.79	20.38	12.49
	ReErr	0.0044	0.0134	0.0081	0.0018	0.0279

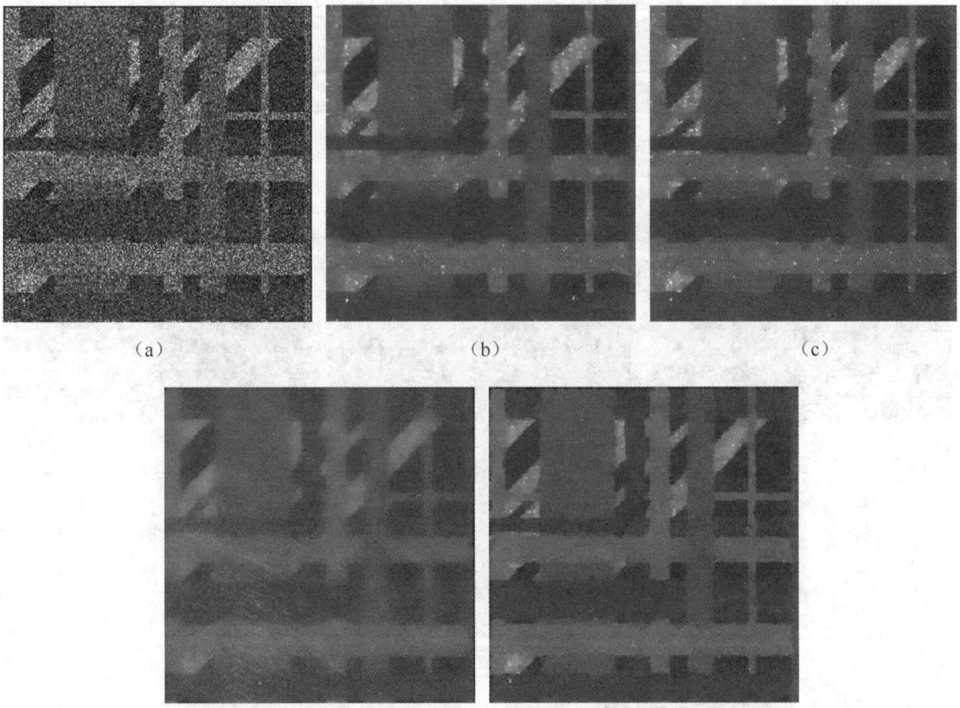

(a)　　(b)　　(c)

(d)　　(e)

图 5.3　由各方法获得的 SynIm2 图去噪结果

(a)噪声图像($L=2$)；(b)RLO 方法[5]；(c)AA 方法[3]；(d)HMW 方法[20]($\lambda_1=19,\lambda_2=0.04$)；(e)LDFPI 方法($\alpha_1=0.005,\alpha_2=0.45$)。

对于真实 SAR 图像，由于不知道干净的原始图像 u，因此不能采用上面的定量指标对去噪效果进行比较。这里采用等效视数(Equivalent Number of Looks，ENL)来比较去噪效果，即

$$\mathrm{ENL} = \frac{E(I_s)^2}{\mathrm{Var}(I_s)}$$

式中：I_s 为图像中选定的平坦区域；$E(I_s)$、$\mathrm{Var}(I_s)$ 分别为该平坦区域的均值和方差。

图 5.4 给出了各方法所获得的去噪图像，表 5.2 给出了各方法所需迭代次数以及对应图 5.4(a)中 A、B、C 三个区域的等效视数。通过比较看到，各方法迭代 100 次后，HMW 方法获得的三个区域等效视数最高。从视觉效果看，该方法在平坦区域的去噪效果较好，但边缘和细节模糊的很严重。相比之下，本章方法 LDFPI 在取得较好去噪效果的同时，对于边缘和细节部分保持的较好，获得的的三个区域等效视数也比较高。

表 5.2　各方法迭代 100 次得到的 SAR 去噪图像各区域 ENL 比较

方　法	区域 A	区域 B	区域 C
原噪声图像	10.05	4.16	4.17
RLO 方法	73.38	7.40	8.20
AA 方法	79.12	7.91	8.80
HNM 方法	221.97	13.06	21.03
LDFPI 方法	100.95	8.05	9.62

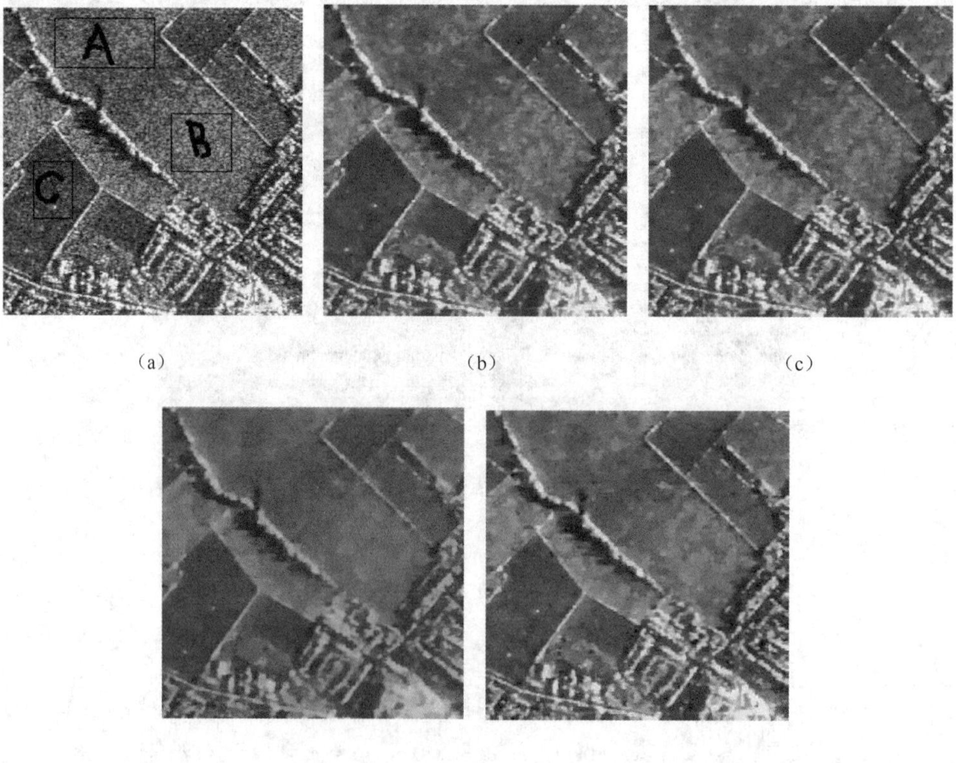

(a)　(b)　(c)

(d)　(e)

图 5.4　由各方法获得的 SAR 图像去噪结果

(a)真实 SAR 图像；(b)RLO 方法[5]；(c)AA 方法[3]；(d)HMW 方法[20]($\lambda_1 = 19$, $\lambda_2 = 0.04$)；(e)LDFPI 方法($\alpha_1 = 0.005$, $\alpha_2 = 0.45$)。

5.3 加权各向异性全变差与 Tetrolet 稀疏性复合正则化图像复原

5.3.1 Tetrolet 变换

Tetrolet 变换[21]是一种自适应 Haar 类型小波变换，Tetrolet 和传统的 2D Haar 小波的区别：传统 2D Haar 小波的支集为固定的正方形小块，在分解图像时用四个固定的2×2的正方形不重叠地匹配划分一个 4×4 的方块；而 Tetrolet 变换是用有五种基本形状来划分一个 4×4 的图像方块，Tetrolet 变换的五种基本形状称为 Tetrominoes。Tetrominoes 是著名计算机游戏"Tetris"[22]（俄罗斯方块）中的那些几何图形。所有的 Tetrominoes 都是由四个相同大小的正方形小块组成的。如果不算上旋转和对称的话，则总共有五种基本类型的 Tetrominoes。图 5.5 给出了这五种 Tetrominoes。

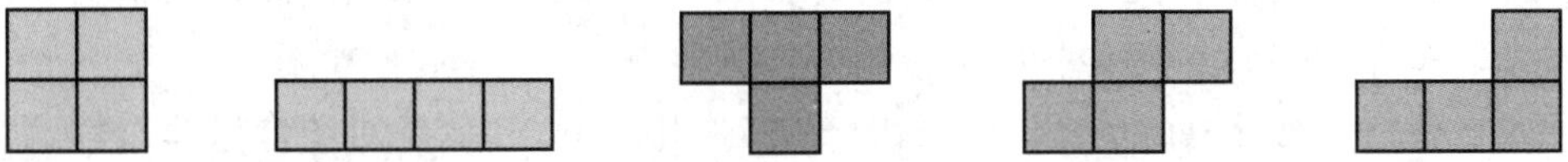

图 5.5　五种 Tetrominoes

图 5.6 所示为一个方块中的局部结构以及匹配划分一个方块的两个示例。文献［21］证明用任意四种 Tetrominoes 匹配划分一个 4×4 的方块共有 117 种匹配划分方式。图 5.6(a)表示一个大小为 4×4 的图像块中的局部结构，图 5.6(b)为 2D Haar 小波中一个固定正方形的示例，图 5.6(c)是 Tetrolet 的 117 种匹配划分方式中的一种。当要匹配类似图 5.6(a)中方块所示的局部结构时，图 5.6(c)中的形状组合方式明显比图 5.6(b)中的固定正方形更加合适，则表明 Tetrolets 在分解图像时可以自适应图像中不同的局部结构。此外，注意到图 5.6(b)中的四个 2×2 正方形也是 Tetrominoes 中的一种，因此 Haar 小波变换可以看作是 Tetrolet 变换的一个特例。

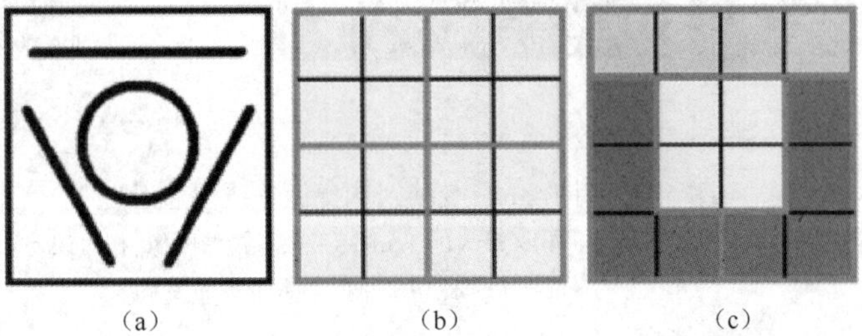

图 5.6　一个 4×4 方块中的局部结构以及匹配划分一个 4×4 方块的两个示例

(a)4×4 方块中的局部结构；(b)2D Haar 小波的固定正方形；(c)用 Tetrominoes 匹配划分图(a)中的方块。

用于匹配划分的四种 Tetrominoes 组成了一个自适应基，记为$\{I_0, I_1, I_2, I_3\}$，其中：$I_v = \{(i_1, j_1), (i_2, j_2), (i_3, j_3), (i_4, j_4)\}$表示每个 Tetrominoes 所占用的四个像素点的为位置坐标集合，其匹配划分的顺序可以通过一个双射映射 $L: I_v \to \{0,1,2,3\}$ 设置为$\{0,1,2,3\}$。在此基础上，离散形式的 Tetrolet 基函数定义为

$$\phi_{I_v}[i,j]:=\begin{cases}1/2, & (i,j)\in I_v\\ 0, & \text{其他}\end{cases} \tag{5.3.1}$$

$$\psi_{I_v}^{l}[i,j]:=\begin{cases}\varepsilon[l,L(i,j)], & (i,j)\in I_v\\ 0, & \text{其他}\end{cases} \tag{5.3.2}$$

式中:$l=1,2,3$。

$\varepsilon[m,n]$ 的函数值可由下面的 Haar 小波变换矩阵,可得

$$\boldsymbol{W}:=(\varepsilon[m,n])_{m,n=0}^{3}=\frac{1}{2}\begin{pmatrix}1 & 1 & 1 & 1\\ 1 & 1 & -1 & -1\\ 1 & -1 & 1 & -1\\ 1 & -1 & -1 & 1\end{pmatrix} \tag{5.3.3}$$

对于一幅图像 $\boldsymbol{a}=[a(i,j)]_{i,j=1}^{n}$ 应用 Tetrolet 变换时,先将图像分成 4×4 的小块,每个图像块可以得到 4 个低通系数(由图像块与 $\phi_{I_v}(v=0,1,2,3)$ 作内积得到)和 12 个 Tetrolet 系数(由图像块与 $\psi_{I_v}^{l}(v-0,1,2,3,;l=1,2,3)$ 作内积得到),将所有低通系数重排列成矩阵后,作为输入图像进行下一层变换分解。

为了进一步说明 Tetrolet 阈值收缩的有效性,用 Tetrolet 变换对图像做非线性逼近的示例,如图 5.7 所示。从图可以看出,对 Tetrolet 系数进行硬阈值操作后仍然能保持图像中的局部结构,且保留下来的系数越多,图像逼近的误差越小。因此,用硬阈值函数保留前 10%最大的 Tetrolet 系数重构的图像和原图像之间的相对误差为 0.0020。

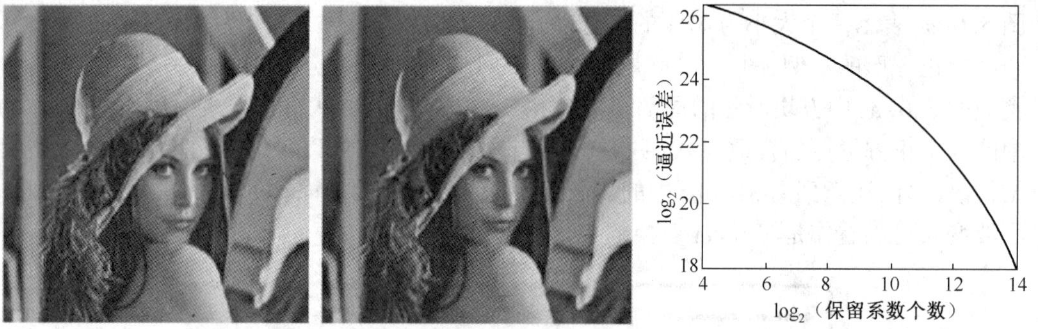

(a)　　(b)　　(c)

图 5.7　用 Tetrolet 变换对图像做非线性逼近

(a)原始的 Lena 图像;(b)用前 10%最大的 Tetrolet 系数重构的图像,相对误差 0.0020;
(c)非线性逼近误差与保留下来的系数个数的关系。

5.3.2　复合正则化图像复原模型与算法

本小节分析下面的复合正则化图像复原模型:

$$u=\underset{u}{\operatorname{argmin}}\left\{R_{\mathrm{WATV}}(u)+\lambda_1 R_{\mathrm{Tetrolet}}(u)+\frac{\lambda_2}{2}\|Au-f\|_2^2\right\} \tag{5.3.4}$$

式中:$R_{\mathrm{Tetrolet}}(u)=\|\boldsymbol{\Psi}u\|_1$ 是 Tetrolet 变换下的稀疏性正则项,其中 $\boldsymbol{\Psi}$ 表示 Tetrolet 基;$R_{\mathrm{WATV}}(u)$ 是加权各项异性全变差正则项,即

$$R_{\mathrm{WATV}}(u)=\|D_h u\|_1+\|D_v u\|_1+\|D_{\mathrm{ullr}} u\|_1+\|D_{\mathrm{urll}} u\|_1 \tag{5.3.5}$$

式中：D_h 和 D_v 分别是水平和垂直梯度算子；D_{ullr} 和 D_{urll} 分别是左上到右下(upper left to lower right,ULLR)方向和右上到左下(upper right to lower left,URLL)方向的梯度算子。

由于自然图像中的结构通常是不同方向的，所以以相同程度来度量四个方向上的像素强度的连续性，使模型能有效恢复四个方向上的尖锐边缘。

为方便起见，令 $\boldsymbol{D}=(D_h;D_v;D_{\mathrm{ullr}};D_{\mathrm{urll}})=(D^{(1)};D^{(2)};D^{(3)};D^{(4)})$，并记 $R_{\mathrm{WATV}}(u)=\|\boldsymbol{D}u\|_1=\sum_{m=1}^{4}\|D^{(m)}u\|_1$。引入变量 $\boldsymbol{w}=(\boldsymbol{w}_1;\boldsymbol{w}_2;\boldsymbol{w}_3;\boldsymbol{w}_4)$，将式(5.3.4)改写为

$$u=\operatorname*{argmin}_{u}\|\boldsymbol{w}\|_1+\lambda_1\|\boldsymbol{\Psi}u\|_1+\frac{\lambda_2}{2}\|Au-f\|_2^2,\ \text{s. t. }\ \boldsymbol{w}=\boldsymbol{D}u \tag{5.3.6}$$

利用 Lagrange 乘子法，将式(5.3.6)改写为

$$(u,\boldsymbol{w})=\operatorname*{argmin}_{u,\boldsymbol{w}}\left\{\|\boldsymbol{w}\|_1+\frac{\beta}{2}\|\boldsymbol{w}-\boldsymbol{D}u\|_2^2+\lambda_1\|\boldsymbol{\Psi}u\|_1+\frac{\lambda_2}{2}\|Au-f\|_2^2\right\} \tag{5.3.7}$$

利用交替迭代的方法，可以将式(5.3.7)分解为下面两个关于$\boldsymbol{w}$ 和 u 的子问题来求解：

(1) 固定 u^k，求解求解下面最小化问题得到$\boldsymbol{w}^{k+1}$，即

$$\boldsymbol{w}^{k+1}=\operatorname*{argmin}_{\boldsymbol{w}}\left\{\|\boldsymbol{w}\|_1+\frac{\beta}{2}\|\boldsymbol{w}-\boldsymbol{D}u^k\|_2^2\right\} \tag{5.3.8}$$

(2) 固定$\boldsymbol{w}^{k+1}$，求解下面最小化问题得到 u^{k+1}，即

$$u^{k+1}=\operatorname*{argmin}_{u}\left\{\frac{\beta}{2}\|\boldsymbol{w}^{k+1}-\boldsymbol{D}u\|_2^2+\lambda_1\|\boldsymbol{\Psi}u\|_1+\frac{\lambda_2}{2}\|Au-f\|_2^2\right\} \tag{5.3.9}$$

在离散化情形下，数字图像都是矩阵。不妨设图像 $\boldsymbol{u}\in R^{M\times N}$，则离散化的梯度算子 $D_h,D_v,D_{\mathrm{ullr}}$ 和 D_{urll} 分别可定义为

$$\begin{cases}(D_h\boldsymbol{u})_{i,j}=(D^{(1)}\boldsymbol{u})_{i,j}=u(i+1,j)-u(i,j)\\(D_v\boldsymbol{u})_{i,j}=(D^{(2)}\boldsymbol{u})_{i,j}=u(i,j+1)-u(i,j)\\(D_{\mathrm{ullr}}\boldsymbol{u})_{i,j}=(D^{(3)}\boldsymbol{u})_{i,j}=u(i+1,j+1)-u(i,j)\\(D_{\mathrm{urll}}\boldsymbol{u})_{i,j}=(D^{(4)}\boldsymbol{u})_{i,j}=u(i-1,j+1)-u(i,j)\end{cases} \tag{5.3.10}$$

式中：$i=1,2,\cdots,M$；$j=1,2,\cdots,N$。

在离散化情形下，式(5.3.8)可表示为

$$\boldsymbol{w}^{k+1}=\operatorname*{argmin}_{\boldsymbol{w}}\left\{\|\mathrm{Vec}(\boldsymbol{w})\|_1+\frac{\beta}{2}\|\mathrm{Vec}(\boldsymbol{w})-\mathrm{Vec}(\boldsymbol{D}\boldsymbol{u}^k)\|_2^2\right\} \tag{5.3.11}$$

这是一个标准的ℓ_1 极小化问题，可以利用软阈算子得到其解析解，即

$$\boldsymbol{w}^{k+1}=(\boldsymbol{w}_1^{k+1};\boldsymbol{w}_2^{k+1};\boldsymbol{w}_3^{k+1};\boldsymbol{w}_4^{k+1}) \tag{5.3.12}$$

式中：$\boldsymbol{w}_m^{k+1} = ((w_m^{k+1})_{i,j})_{i,j=1}^n (m = 1,2,3,4)$。
其中

$$(w_m^{k+1})_{i,j} = S_{1/\beta}(|(D^{(m)}u^k)_{i,j}|) = \max\left\{|(D^{(m)}u^k)_{i,j}| - \frac{1}{\beta}, 0\right\} \cdot \frac{(D^{(m)}u^k)_{i,j}}{|(D^{(m)}u^k)_{i,j}|} \tag{5.3.13}$$

为了求解式(5.3.9)中的最小化问题，可以采用 ADMM 方法进行求解。令引入变量 z，且 $z = \boldsymbol{\Psi}u$，得到式(5.3.9)中极小化泛函的增广 Lagrange 函数为

$$L(u;z,p) = \frac{\beta}{2}\|\boldsymbol{w}^{k+1} - \boldsymbol{D}u\|_2^2 + \lambda_1\|z\|_1 + \frac{\lambda_2}{2}\|Au - f\|_2^2 + \frac{\lambda_3}{2}\|\boldsymbol{\Psi}u - z + p\|_2^2 - \frac{\lambda_3}{2}\|p\|_2^2 \tag{5.3.14}$$

式中：λ_3 为新增的罚因子；p 为尺度 Lagrange 乘子。

对式(5.3.14)按照 ADMM 方法进行计算，即对 $m=0$、1、2、…按照以下格式进行迭代计算。

（1）u 子问题：

$$u^{k+1,m+1} = \underset{u}{\operatorname{argmin}}\left\{\frac{\beta}{2}\|\boldsymbol{w}^{k+1} - \boldsymbol{D}u\|_2^2 + \frac{\lambda_2}{2}\|Au - f\|_2^2 + \frac{\lambda_3}{2}\|\boldsymbol{\Psi}u - z^{k+1,m} + p^{k+1,m}\|_2^2\right\} \tag{5.3.15}$$

（2）z 子问题：

$$z^{k+1,m+1} = \underset{z}{\operatorname{argmin}}\left\{\lambda_1\|z\|_1 + \frac{\lambda_3}{2}\|\boldsymbol{\Psi}u^{k+1,m+1} + p^{k+1,m} - z\|_2^2\right\} \tag{5.3.16}$$

（3）p 的更新：

$$p^{k+1,m+1} = p^{k+1,m} + (\boldsymbol{\Psi}u^{k+1,m+1} - z^{k+1,m+1}) \tag{5.3.17}$$

式(5.3.15)的 u 子问题的求解，在离散意义下等价于求解下面的方程：

$$(\beta\boldsymbol{D}^{\mathrm{T}}\boldsymbol{D} + \lambda_2A^{\mathrm{T}}A + \lambda_3\boldsymbol{\Psi}^{\mathrm{T}}\boldsymbol{\Psi})\boldsymbol{u}^{k+1,m+1} = \beta\boldsymbol{D}^{\mathrm{T}}\boldsymbol{w}^{k+1} + \lambda_2A^{\mathrm{T}}\boldsymbol{f} + \lambda_3\boldsymbol{\Psi}^{\mathrm{T}}(\boldsymbol{z}^{k+1,m} - \boldsymbol{p}^{k+1,m}) \tag{5.3.18}$$

注意，各方向的梯度算子 $D^{(m)}$ 都是卷积运算，Ψ 是一个正交变换，当退化算子 A 可以用以 h 为卷积核心的卷积形式表示时，因此按照式(4.3.49)可以利用傅里叶变换得到离散意义下的解析解为

$$\boldsymbol{u}^{k+1,m+1} = \mathcal{F}^{-1}\left[\frac{\beta\sum_{j=1}^4 \mathcal{F}(\boldsymbol{D}^{(j)})^* \circ \mathcal{F}(\boldsymbol{w}^{k+1}) + \lambda_2\mathcal{F}(\boldsymbol{A})^* \circ \mathcal{F}(\boldsymbol{f}) + \lambda_3\mathcal{F}(\boldsymbol{\Psi}^{\mathrm{T}}(z^{k+1,m} - \boldsymbol{p}^{k+1,m}))}{\beta\sum_{j=1}^4 \mathcal{F}(\boldsymbol{D}^{(j)})^* \circ \mathcal{F}(\boldsymbol{D}^{(j)})^* + \lambda_2\mathcal{F}(\boldsymbol{A})^* \circ \mathcal{F}(\boldsymbol{A}) + \lambda_3 1}\right] \tag{5.3.19}$$

式(5.3.16)是一个典型的 ℓ_1 极小化问题，可以利用软阈值算子得到解析解为

$$\boldsymbol{z}^{k+1,m+1} = S_{\lambda_1/\lambda_3}(\boldsymbol{\Psi}\boldsymbol{u}^{k+1,m+1} + \boldsymbol{p}^{k+1,m}) \tag{5.3.20}$$

依据式(5.3.15)～式(5.3.17)得到迭代序列 $\{\boldsymbol{u}^{k+1,m}\}$，当该迭代序列收敛时，则其收敛结果为式(5.3.9)的解，但实际计算中不须要达到收敛的极限，只需要得到一个近似值。

综上所述,求解模型的步骤可归纳为下面的算法:

算法 5.2: 加权各向异性全变差与 Tetrolet 稀疏性复合正则化图像复原迭代算法:

输入: 观测图像 $\boldsymbol{f}$,图像模糊卷积核 $\boldsymbol{h}$,参数 λ_1、λ_2、λ_3、β,给定迭代终止条件。

初始化: $\boldsymbol{u}^0=\boldsymbol{f}, z^0=0, \boldsymbol{p}^0=0$。

主迭代: 对 $k=0$、1、2…按下列步骤计算:

(1) 按照式(5.3.11)~式(5.3.13),计算 $\boldsymbol{w}^{k+1}$;

(2) 按照式(5.3.19)、式(5.3.20)和式(5.3.17)进行迭代,得到的迭代结果记为 $\boldsymbol{u}^{k+1}$;

(3) 当 $\boldsymbol{u}^{(k+1)}$ 满足给定的迭代终止条件,记 $k^*=k+1$,并终止迭代;否则,$k:=k+1$ 转到第(1)步继续迭代。

输出: 去噪图像 $\boldsymbol{u}^{(k^*)}$。

5.3.3 实验结果比较与分析

本小节通过仿真实验来验证模型的有效性,其比较的方法包括 TV Curvelets 方法[23]、加权各向异性 TV(WATV)方法[24],所得到的结果如图 5.8、图 5.9 所示和见表 5.3 所列。

图 5.8(a)和图 5.9(a)分别为原始的"Window"图像和"Textile"图像。这两幅 RGB 图像包含较复杂的结构,显著边缘和明亮的颜色。图 5.8(b)和图 5.9(b)均为经过高斯模糊含有加性噪声的图像。图 5.8(c)和图 5.9(c)为 TV Curvelets 方法得到的复原结果。图 5.8(d)和图 5.9(d)为 WATV 方法得到的复原结果。图 5.8(e)和图 5.9(e)为本章方

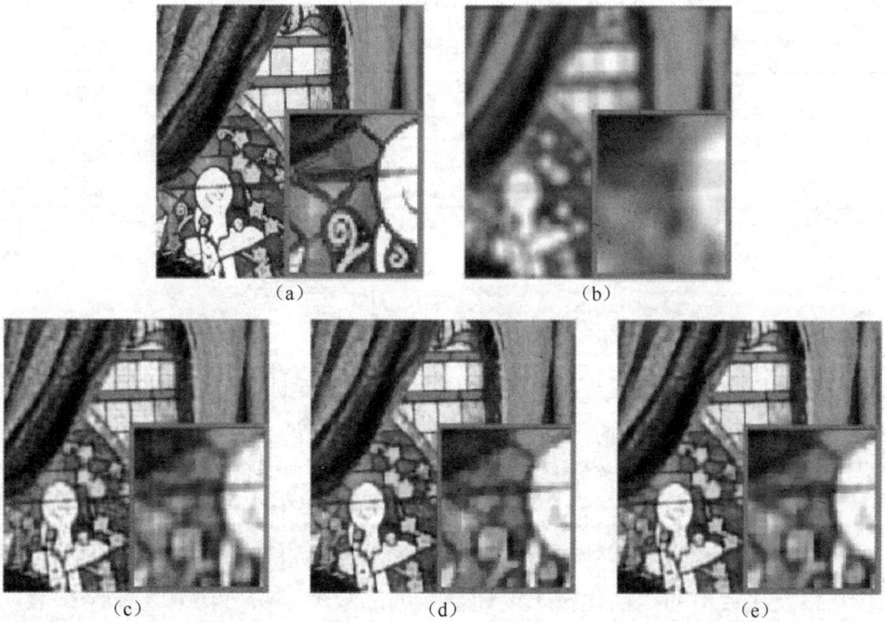

图 5.8 TV-Curvelets 方法、WATV 方法和本章方法在高斯模糊情况下复原"Window"图像的结果比较
(a)原始图像;(b)退化图像;(c)TV-Curvelets 方法的结果;(d)WATV 方法的结果;(e)本章方法的结果。

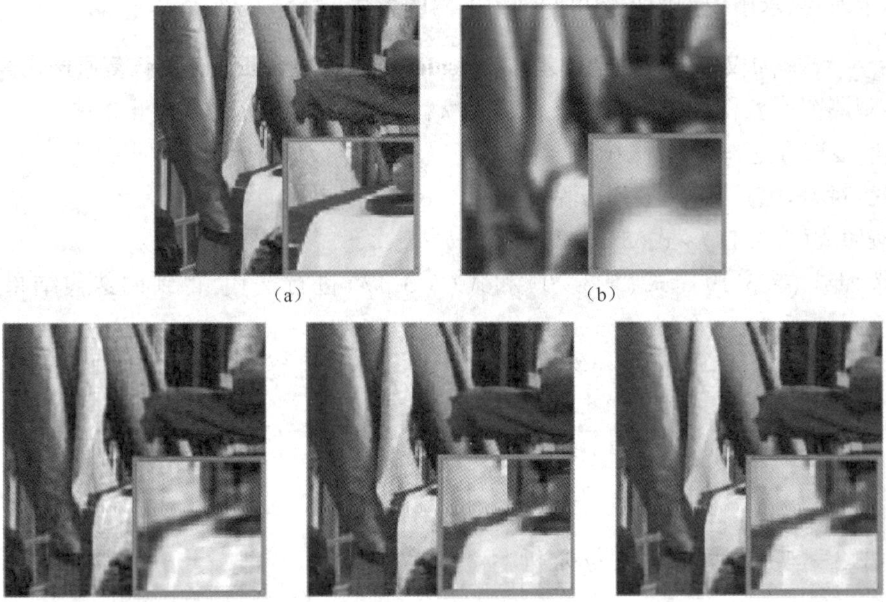

图 5.9 TV-Curvelets 方法、WATV 方法和本章方法在高斯模糊情况下复原“Textile”图像的结果比较
(a)原始图像;(b)退化图像;(c)TV-Curvelets 方法的结果;(d)WATV 方法的结果;(e)本章方法的结果。

法得到的复原结果。同时,在红色方框中还给出了图像的局部放大部分。从图 5.8 和图 5.9可以看出本章方法在平坦区域能有效抑制伪像并保持尖锐边缘。表 5.3 给出了这两幅 RGB 图像用不同方法处理得到结果的 PSNR 值。数值结果也表明,在处理彩色图像时,本章方法得到的结果比 TV-Curvelets 方法和 WATV 方法得到的结果要好。

表 5.3 彩色图像去模糊比较

图像	退化图像/db	TV-Curvlet 方法的结果/db	WATV 方法的结果/db	本章方法的结果/db
Windows	16.8283	0.9293	21.6501	21.7894
Textile	19.9155	23.9185	24.7256	25.8414

5.4 本章小结

本章的主要内容是来源于黄丽丽博士、王力谦博士在博士学位研究期间取得的工作成果,重点介绍了两种复合正则化图像复原方法。

第一,综合考虑图像视觉感知建模和几何图像的正则空间建模的优点,基于全变差(Total Variation,TV)和 Weberized TV 正则化框架,提出了抑制乘性伽马噪声的非凸变分模型,证明了模型解的存在唯一性,给出了正则化参数的自适应选择方法。同时,利用二次惩罚技巧以及代数中的线性化技术设计了模型的数值解法。仿真实验结果表明,本章所提出的方法不仅能有效抑制噪声,并且在图像边缘和对比度保持等方面同样具有很好的效果。

第二,针对图像复原问题,以同时保持图像中物体边缘和局部结构细节为目标,分析了传统全变差正则项和基于稀疏性先验的正则项的优缺点,提出了一种联合 Tetrolet 阈值收缩和加权各向异性 TV 的图像复原模型和算法。利用加权各向异性 TV 来保持图像中多个方向的边缘,同时利用 Tetrolet 变换的多尺度性质和 Tetrolet 的支集具有多形状自适应的特点,建立了基于 Tetrolet 阈值收缩的稀疏性正则项;通过联合加权各向异性 TV 正则项和 Tetrolet 稀疏性正则项,得到最终的复合正则化图像复原模型,并给出了求解模型的对偶 Douglas-Rachford 分裂算法。实验结果表明,与其他基于 TV 正则化的图像复原模型或基于其他经典稀疏性先验的图像复原模型相比较,本章提出的模型和算法无论是对于灰度图像,还是对于彩色图像,都能够保持图像中的重要边缘和小尺度的细节结构。

参考文献

[1] Henderson F M, Lewis A J. Principles and applications of imaging radar. manual of remote sensing(third edition)[J]. Ecological Engineering, 1998,16(2):309-311.

[2] Ulaby F T, Kouyate F, Brisco B G, et al. Textural infornation in sar images[J]. IEEE Transactions on Geoscience and Remote Sensing, 1986,2(2):235-245.

[3] Aubert A, Aujol J F. A variational approach to removing multiplicative noise[J]. SIAM Journal on Applied Mathematics, 2008, 68(4):925-946.

[4] Shi Jianing, Osher S. A nonlinear inverse scale space method for a convex multiplicative noise model[J]. SIAM Journal on Imaging Sciences, 2008,1(3):294-321.

[5] Rudin L, Lions P L, Osher S. Multiplicative Denoising and Deblurring: Theory and Algorithms[M]. New York: Springer, 2003.

[6] Bioucas-Dias J, Figueiredo M, Rio A T. Total variation restoration of speckled images using a split-bregman algorithm. IEEE International Conference on Image Processing[C]. Cairo: IEEE, 2009:3717-3720.

[7] Steidl G, Teuber T. Removing multiplicative noise by douglas-rachford splitting methods[J]. Journal of Mathematical Imaging and Vision. 2010,36(2):168-184.

[8] Shen Jianhong. On the foundations of vision modeling: I weber's law and weberized tv restoration[J]. Physica D: Nonlinear Phenomena, 2003, 175(3):241-251.

[9] Shen Jianhong, Jung Yoon Mo. Weberized mumford-shah model with bose-einstein photon noise[J]. Applied Mathematics and Optimization, 2006,53(3):331-358.

[10] Wei Zhihui, Fu Yueqing, Gao Zhiguo, et al. Visual compander in wavelet-based image coding[J]. IEEE Transactions on Consumer Electronics, 2002, 44(4):1261-1266.

[11] Wei Z H, Qin P, Fu Y Q. Perceptual digital watermark of images using wavelet transform[J]. IEEE Transactions on Consumer Electronics, 1998, 44(4):1267-1272.

[12] 肖亮. 基于变分 PDE 和多重分形的图像建模理论、算法与应用[D]. 南京:南京理工大学计算机科学与工程学院,2003.

[13] Weber E H. De pulsu, resorptione, audita et tactu[J]. In Annotationes anatomicae et physiologicae, Koehler, Leipzig, 1834.

[14] Kornprobst P, Deriche R, Aubert. G Image sequence analysis via partial differential equations[J]. Journal of Mathematical Imaging and Vision, 1999,11(1):5-26.

[15] Aubert G, Kornprobst P. Mathematical problems in image processing: Partial differential equations and the calculus of variations (applied mathematical sciences)[J]. Applied Intelligence, 2006,40(2):291-304.

[16] Rudin L I, Osher S, Fatemi E. Nonlinear total variation based noise removal algorithms[J]. Physica D, 1992:259-268.

[17] Vogel C R, Oman M E. Iterative methods for total variation denoising[J]. SIAM Journal on Scientific Computing, 1996, 17(1):227-238.

[18] Chan T F, Osher S, Shen Jianhong. The digital tv filter and nonlinear denoising[J].IEEE Transactions on Image Processing, 2001,10(2):231-241.

[19] Vogel C R. A Multigrid Method for Total Variation-Based Image Denoising. Computation and Control Ⅳ Progress in Systems and Control Teory[C]. Bozeman:Springer,1994:323-331.

[20] Huang Yu Mei, Ng M K, Wen You Wei. A new total variation method for multiplicative noise removal[J]. SIAM Journal on Imaging Sciences,2009, 2(1):20-40.

[21] Krommweh J. Tetrolet transform: A new adaptive haar wavelet algorithm for sparse image representation[J].Journal of Visual Communication and Image Representation,2010,21(4):364-374.

[22] Demaine E D, Hohenberger S, Libennowell D. Tetris is hard, even to approximate In 9th Annual International Conference on.Computing and Combinatorics Conference[C]. Massachusetts:MIT,2003:351-363.

[23] Shu Xianbiao, Ahuja N. Hybrid compressive sampling via a new total variation tvl1. European Conference on Computer Vision[C]. Crete:Springer,2010:393-404.

[24] Wang Yilun, Yang Junfeng,Yin Wotao, et al. A new alternating minimization algorithm for total variation image reconstruction[J]. SIAM Journal on Imaging Sciences,2008,1(3):248-272.

第6章　全变差正则化图像盲复原:边缘启发核估计

6.1　引　　言

在图像盲去模糊算法中,模糊核的估计起到非常关键的作用。然而,自然图像作为一种特殊的二维信号,在空域内具有多种结构成分,其中:显著的阶跃边缘部分在模糊核估计过程中显示出关键性的作用,而细小的纹理结构包含了错误的模糊核测量信息,从而会对模糊核估计产生灾难性的影响。为了增强模糊核估计中强边缘的作用并有效减少纹理等弱边缘结构的影响,基于边缘增强的启发式算法是一类受到广泛关注的直观且有效的方法。这类方法采用边缘增强操作预先检测并恢复图像中的阶跃边缘,进一步利用这些边缘部分估计模糊核并恢复清晰图像,从而有效地避免了图像弱小细节对于模糊核估计的不良影响。

边缘增强操作中的核心是如何抽取图像中"有价值的"边缘部分。在文献[1-2]中首先采用冲击滤波对边缘进行增强,然后抽取不同的边缘,但是这种方法往往受到弱小边缘的影响。针对这个问题,文献[3]和文献[4]的方法先用图像分解算法获取图像的卡通部分,再对卡通部分进行冲击滤波边缘增强,从而更好地避免了图像中细小结构对模糊核估计造成的不利影响。同时,相比较直接利用空域图像的做法,采用梯度域图像作为模糊核估计的输入更能体现出图像中边缘信息的作用[1-2,5]。然而,传统意义下的梯度算子并不能够准确地检测图像的边缘结构特征,从而影响模糊核估计的准确性。针对这个问题,本章提出了一种基于图像分解和自适应方向梯度的启发式边缘增强图像盲去模糊算法。首先,具体地考虑到图像中纹理结构的多尺度特征,引入了一种快速的可变尺度的快速图像分解算法,以期获得图像的卡通部分,从而避免因图像中细小纹理结构对模糊核估计造成不利影响。然后,将基于图像局部结构的自适应方向梯度作为一种边缘特征提取算子引入模糊核估计模型中,更准确地描述图像中的边缘特征,为进一步模糊核估计的精度提供了有效的保证。最后,仿真数据和真实数据表明,与现有相关的基于边缘增强的启发式图像盲去模糊算法相比较,本章所提出的模型能够更加准确地估计出模糊核,并恢复清晰图像。

6.2　模型的提出

6.2.1　图像分解模型作用分析

对于图像盲去模糊而言,特别是单幅图像情况下,图像中显著的结构包含了大部分的模糊信息,使其在模糊核估计中起到举足轻重的作用。然而,并非所有的显著结构都可以用来进行模糊核估计。事实上,只有部分显著的阶跃边缘具有利用价值,而当模糊核尺寸较大时,所引起的模糊会导致图像中的纹埋结构部分混叠在一起(图 6.1),使这一部分图像内容无法用作模糊核估计的信息来源。

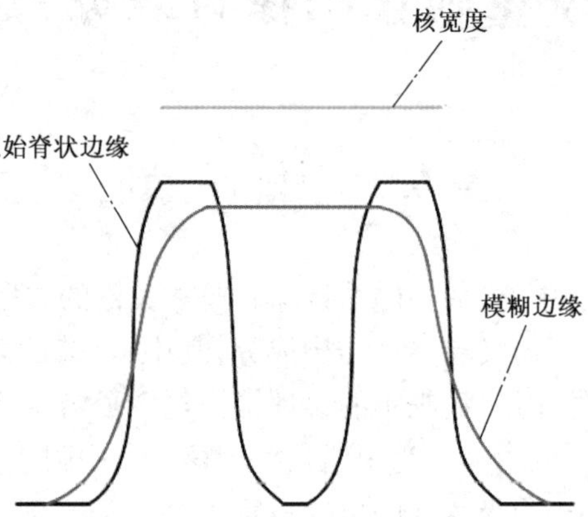

图 6.1　纹理结构模糊示意图

为了在提取这些阶跃边缘的同时,保持其强度不变,Wang 等[3]采用了一种基于局部极值的图像分解算法[6]。但是该方法直接采用冲击滤波后的卡通图像作为模糊核估计部分的输入,会使图像中的振铃效应被当作边缘部分,进而导致错误的模糊核估计。本章引入了一种基于 Meyer 分解模型[7]的多尺度快速图像分解算法[8]。事实上,这类图像分解模型有一个基本假设,即图像 $\boldsymbol{u}$ 可以建模为卡通成分 $\boldsymbol{u}_c$ 和纹理成分 $\boldsymbol{u}_t$ 之和,即 $\boldsymbol{u}=\boldsymbol{u}_c+\boldsymbol{u}_t$,其中:卡通成分 $\boldsymbol{u}_c$ 包含图像中的平滑和边缘结构,而纹理成分 $\boldsymbol{u}_t$ 包含了图像中纹理结构和噪声成分。从图像函数空间建模的角度来讲,Meyer 采用 BV 函数空间来刻画卡通成分 $\boldsymbol{u}_c$,采用 G 范数空间来刻画纹理成分 $\boldsymbol{u}_t$,通过采用两种不同的函数空间分别对两种成分进行建模,实现对图像的有效分解。从图 6.2 可以看出,卡通部分包含了大尺度的阶跃边缘结构,纹理部分包含了小尺度的细节结构(纹理和噪声等),而图像中的纹理部分经过模糊之后混叠在了一起,因此并不能够提供有效的模糊测量信息。引入图像分解算法抽取出卡通部分 $\boldsymbol{u}_c$ 进行模糊核估计主要有以下优点。

(1) 利用图像分解后的卡通部分恢复显著的阶跃边缘,可以有效地排除纹理结构在冲击滤波后产生错误的结果。

(2)引入的图像分解算法将噪声归为纹理部分,可以消除噪声部分对冲击滤波的不利影响。

(3) 如高斯滤波器(Gaussian Filter)等的图像平滑算子会导致图像边缘更加平滑,而引入的图像分解算法能够保持图像边缘的强度,并不改变图像本身的模糊信息。

6.2.2　自适应方向梯度作用分析

对于卡通图像而言,利用冲击滤波可以恢复图像中显著的阶跃边缘结构,而如何描述这些显著的边缘结构,使其更好地服务于模糊核估计,是基于边缘增强的启发式算法中一个关键问题。由于梯度图像中平坦区域的灰度值为 0,因此仅有边缘部分参与了模糊核估计,但梯度值为 0 的平坦部分不影响卷积的结果,所以不会对模糊核估计产生任何

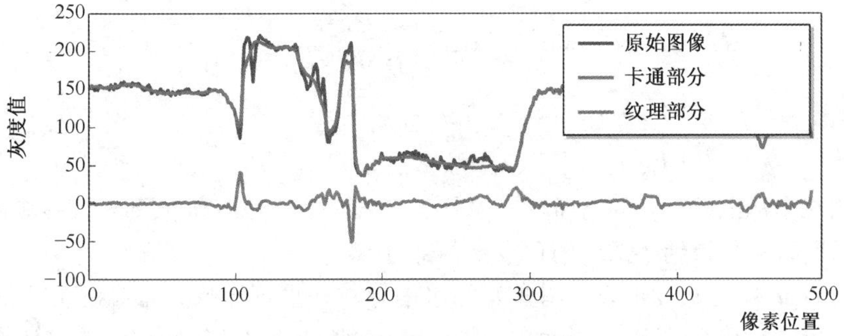

(a) 原始和分解信号

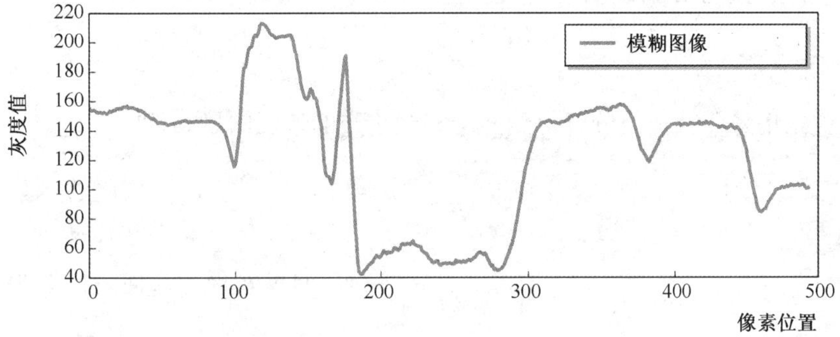

(b) 模糊信号

图 6.2　图像分解示意图

影响。

一般常用的梯度算子描述图像中相邻像素间沿水平方向和垂直方向灰度值的变化。但是,这种各向同性的导数滤波器并不能很好的反映图像的方向信息,特别是在图像含有大量不同方向边缘的情况下。现有文献[1-2,5]中大多采用了量化方向的策略,将图像梯度向量按 45°角量化为 8 个方向共四组,以保证足够多的方向信息能够用来进行模糊核估计。

为了进一步准确地描述图像中的边缘特征,从而获得更为可靠的梯度图像,本章提出了一种基于图像局部结构的自适应方向导数滤波器。受 Roth 等研究工作[9]的启发,因此可以依据图像局部结构的主方向来调节水平导数和垂直导数,推导出正交于主方向和平行于主方向的自适应方向导数滤波器。此时,问题的关键是对图像局部结构的有效描述。

众所周知,结构张量可以有效地捕获图像的结构信息,尤其可以用来估计结构方向。根据文献[10-11]可知,给定一幅图像 $\boldsymbol{u}$, 其结构张量可以定义为下面的对称半正定矩阵①,即

① 结构张量是逐点计算的,即每一个点的张量是一个 2×2 的对称半正定矩阵,为了表述简单清晰,故在文中省略其坐标。——作者注

$$J = G_\rho(\nabla u \cdot \nabla u^{\mathrm{T}}) = G_\rho * \begin{bmatrix} (D_x u)^2 & D_x u \cdot D_y u \\ D_x u \cdot D_y u & (D_y u)^2 \end{bmatrix}$$

$$= \begin{bmatrix} J_{11} & J_{12} \\ J_{12} & J_{22} \end{bmatrix} \tag{6.2.1}$$

式中:利用一个标准差为ρ的高斯核G_ρ对张量$\nabla u \cdot \nabla u^{\mathrm{T}}$做高斯卷积,目的是得到更精确的方向估计,特别是得到图像中的角点结构部分。

这里,$D_x u$和$D_y u$分别表示图像u的水平导数和垂直导数。需要说明的是,尽管这里的导数算子D_x和D_y可以采用标准一阶导数或者Sobel算子等常用的导数算子,但是为了进一步提高其对噪声的鲁棒性,采用下面的5×5导数滤波器[9],即

$$D_x = (0.0234, 0.2415, 0.4700, 0.2415, 0.0234)^{\mathrm{T}} \cdot (0.0838, 0.3323, 0, -0.3323, -0.0838) \tag{6.2.2}$$

$$D_y = D_x^{\mathrm{T}} \tag{6.2.3}$$

对上述结构张量采取特征值分解得到两个相互正交的特征向量ω和ν:

$$\omega = \frac{\mu}{\|\mu\|}, \nu = \omega^{\perp}, \tag{6.2.4}$$

式中:$\mu = \begin{pmatrix} 2J_{12} \\ J_{22} - J_{11} + \sqrt{(J_{22} - J_{11})^2 + 4J_{12}^2} \end{pmatrix}$;特征向量$\nu$表示几何结构最小对比度的占优方向,对应几何结构的方向;特征向量ω表示几何结构最大对比度的占优方向,对应几何结构的正交方向(图6.3)。

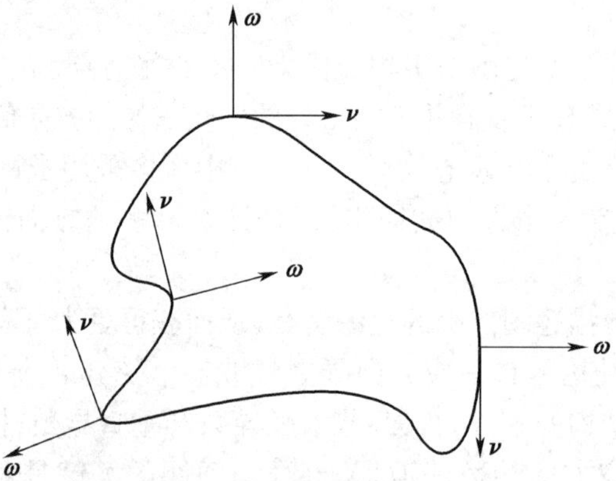

图6.3 图像的局部结构张量示意图

进一步地将水平方向与几何结构方向之间的夹角记为θ,则特征向量ω和ν与θ的关系为

$$\omega = (\cos\theta, \sin\theta)^{\mathrm{T}} \tag{6.2.5}$$

$$\nu = (-\sin\theta, \cos\theta)^{\mathrm{T}} \tag{6.2.6}$$

于是,可以得到正交方向导数滤波器∂_o和平行方向导数滤波器∂_a如下:

$$\partial_o = \cos\theta \cdot \partial_x + \sin\theta \cdot \partial_y \tag{6.2.7}$$

$$\partial_a = -\sin\theta \cdot \partial_x + \cos\theta \cdot \partial_y \tag{6.2.8}$$

式中：∂_x 和∂_y 分别表示标准的一阶导数滤波器。

因此，与标准导数滤波器相比较，采用基于图像局部结构的自适应方向导数滤波器能够更为准确的刻画图像中显著的阶跃边缘结构，从而进一步提高模糊核估计的准确度。

6.3 边缘启发式图像盲去模糊算法

6.3.1 算法流程总览

针对图像盲去模糊的特殊性，为了避免算法在估计模糊核陷入局部极值，本章提出的算法采用了一种金字塔型的多尺度迭代框架[12]用于模糊核估计。具体地说，本章采用双线性插值操作将模糊图像$\boldsymbol{f}$降采样为 S 个不同尺度的模糊图像，记为 $\{\boldsymbol{f}_s\}_{s=1}^{S}$，其中：最精细的尺度 S 所对应的为原始模糊图像 $\boldsymbol{f}=\boldsymbol{f}_S$。在最粗的尺度 $s=1$ 条件下，采用最粗尺度的模糊图像$\boldsymbol{f}_1$ 作为进一步图像增强操作的初始值；对于模糊核 $h_1^{(0)}$ 而言，采用最简单的 Delta 函数对其进行初始化。在任意尺度 s 条件下，当前尺度最初用于进行增强操作的图像 $\boldsymbol{u}_s^{(0)}$，可以采用更粗尺度 $s-1$ 条件下估计的清晰图像 $\boldsymbol{u}_{s-1}$ 进行上述采样后的图像对其进行初始化。同样地，对于模糊核 $\boldsymbol{h}_s^{(0)}$ 也是如此。通过这种由粗到精的估计框架，可以得到一系列不同尺度下的清晰图像 $\{\boldsymbol{u}_s\}_{s=1}^{S}$ 和模糊核 $\{\boldsymbol{h}\}_{s=1}^{S}$。在最精细尺度 S 条件下估计的模糊核 $\boldsymbol{h}_S$ 可作为算法最终的模糊核，并采用图像非盲去模糊恢复最终的清晰图像。

总地来说，在每一个尺度下，边缘启发式图像盲去模糊算法主要包含三个核心步骤：一是基于图像分解的强边缘恢复；二是基于自适应方向导数滤波器的模糊核估计；三是快速的清晰图像恢复。本章算法的具体流程，如图 6.4 所示。

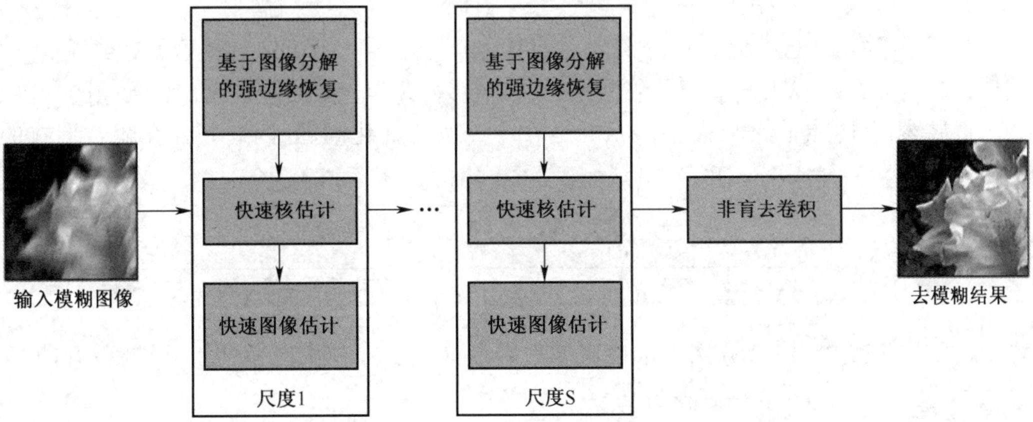

图 6.4 算法流程框图

6.3.2 基于图像分解的强边缘恢复

在图像的强边缘恢复步骤中，目的是为了获得能够用于进行模糊核估计的自适应方向梯度图像 $\{\boldsymbol{p}_o,\boldsymbol{p}_a\}$，使在该梯度图像中仅保留有价值的显著阶跃边缘部分。该步骤的流程,如图 6.5 所示。

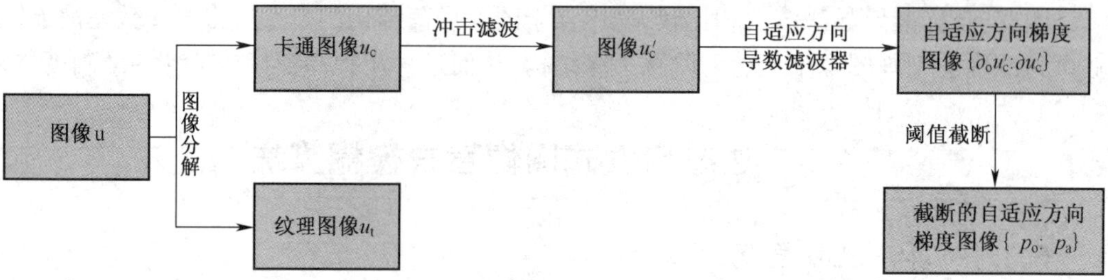

图 6.5　基于图像分解的强边缘恢复流程图

针对图像的强边缘恢复主要有三个部分:快速图像分解、冲击滤波以及生成自适应方向梯度图像。首先,针对当前所估计的清晰图像 u,采用一种快速的多尺度图像分解算法[8]将其分解为卡通部分 $\boldsymbol{u}_c$ 和纹理部分 $\boldsymbol{u}_t$。其次,对卡通部分 $\boldsymbol{u}_c$ 进行冲击滤波操作[1-2,13],以恢复图像中的显著阶跃边缘。由于卡通图像中并不包含噪声成分,因此在冲击滤波之前无须进行额外的图像平滑操作。再次,针对冲击滤波后的图像 $\boldsymbol{u}'_c$,采取 6.2.2 节中推导的自适应方向导数滤波器(∂_o,∂_a)计算出相应的自适应方向梯度图像 $\{\partial_o\boldsymbol{u}'_c,\partial_a\boldsymbol{u}'_c\}$。最后,为了消除一些微小的孤立像素点,采取阈值法获得最终截断的自适应方向梯度图像 $\{\boldsymbol{p}_o,\boldsymbol{p}_a\}$,并将其作为下一步模糊核估计的初始输入。

6.3.3　基于自适应方向导数滤波器的模糊核估计

对于模糊核先验约束的选取,主要有三方面考虑:一是要保证模糊核的光滑性;二是考虑到相机抖动模糊所对应的模糊核应该具备空间上的连续性这一基本特征;三是要同时保证估计模型能够快速求解。为此,给出以下的模糊核估计模型:

$$\min_{\boldsymbol{h}} E(\boldsymbol{h}) = \sum_{*\in\{o,a\}} \lambda_* \|\boldsymbol{p}_* * h - \partial_* \boldsymbol{f}\|_2^2 + \beta\|\boldsymbol{h}\|_2^2 + \gamma\|\nabla\boldsymbol{h}\|_2^2 \tag{6.3.1}$$

为了表述简单,记 $*\in\{o,a\}$,则有 $\boldsymbol{p}_*\in\{\boldsymbol{p}_o,\boldsymbol{p}_a\}$,$\partial_*\in\{\partial_o,\partial_a\}$,梯度算子 $\nabla\in\{\partial_x,\partial_y\}$。此外,式中:$\lambda_*\in\{\lambda_o,\lambda_a\}$ 表示数据保真项的参数,β 和 γ 为两个模糊核正则项的参数。

很显然,上述能量泛函式 (6.3.1) 是一个二次凸优化问题,因而其存在闭合形式的解为

$$\boldsymbol{h} = \mathcal{F}^{-1}\left(\frac{\sum_{*\in\{o,a\}} \lambda_* \overline{\mathcal{F}(\boldsymbol{p}_*)}\circ\mathcal{F}(\partial_*\boldsymbol{f})}{\sum_{*\in\{o,a\}} \lambda_* \overline{\mathcal{F}(\boldsymbol{p}_*)}\circ\mathcal{F}(\boldsymbol{p}_*) + \gamma\overline{\mathcal{F}(\nabla)}\circ\mathcal{F}(\nabla) + \beta\cdot 1}\right) \tag{6.3.2}$$

式中:$\mathcal{F}(\cdot)$ 和 $\mathcal{F}^{-1}(\cdot)$ 分别表示快速傅里叶变换(FFT)和快速逆傅里叶变换(IFFT);$\overline{\mathcal{F}(\cdot)}$ 表示 FFT 的复共轭算子。

6.3.4　快速的清晰图像恢复

快速的清晰图像恢复主要是结合估计的模糊核 $\boldsymbol{h}$,从模糊图像 $\boldsymbol{f}$ 中恢复清晰图像 $\boldsymbol{u}$。类似于文献[1,14]中的图像去卷积步骤,不仅要求图像在空域中保真,也需要满足在自适应方向梯度域中的保真。对于图像的先验约束,考虑到图像在空域内的分片光滑性质,可以采用各向同性的 TV 模型,同时保证了模型的快速求解。于是,基于自适应方向梯度

的清晰图像恢复模型为

$$\min_{\boldsymbol{u}} E(\boldsymbol{u}) = \omega\|\boldsymbol{u}*\boldsymbol{h}-\boldsymbol{f}\|_2^2 + \sum_{*\in\{o,a\}} \omega_*\|\partial_*\boldsymbol{u}*\boldsymbol{h}-\partial_*\boldsymbol{f}\|_2^2 + \alpha\|\nabla\boldsymbol{u}\|_2^2 \tag{6.3.3}$$

式中：ω和$\omega_* \in \{\omega_o, \omega_a\}$为三个数据保真项的参数；$\alpha$为正则化参数。

由于能量泛函式(6.3.3)是二次的，故其闭合解存在。同样地，将上述模型转换为频域下求解，得到第n次迭代的解：

$$\boldsymbol{u}^{(n)} = \mathcal{F}^{-1}\left(\frac{\overline{\mathcal{F}(\boldsymbol{h})}\circ\mathcal{F}(\boldsymbol{f})\circ\left(\omega+\sum_{*\in\{o,a\}}\omega_*\overline{\mathcal{F}(\partial_*^{(n)})}\circ\mathcal{F}(\partial_*^{(n)})\right)}{\overline{\mathcal{F}(\boldsymbol{h})}\circ\mathcal{F}(\boldsymbol{h})\circ\left(\omega_1+\sum_{*\in\{o,a\}}\omega_*\overline{\mathcal{F}(\partial_*^{(n)})}\circ\mathcal{F}(\partial_*^{(n)})\right)+\alpha\overline{\mathcal{F}(\nabla)}\circ\mathcal{F}(\nabla)}\right) \tag{6.3.4}$$

注意，第n次迭代的方向导数滤波器$\partial_* \in \{\partial_o^{(n)}, \partial_a^{(n)}\}$是依赖于第$n-1$次迭代所获取的清晰图像$\boldsymbol{u}^{(n-1)}$的。由于自适应方向导数滤波器是逐像素点计算的，因此这种空间变化的滤波器并不能转化为循环卷积的形式。为了使其能够快速计算，通过一些简单的代数推导可以计算出自适应方向导数滤波器的频域响应。考虑到卷积的线性特征，并且结合式(6.2.7)与式(6.2.8)，可以将第n次迭代的自适应方向导数滤波器$\partial_o^{(n)}$和$\partial_a^{(n)}$的频域响应近似为标准导数滤波器∂_x和∂_y频域响应的线性组合，具体形式为

$$\mathcal{F}(\partial_o^{(n)}) \approx M_c^{(n-1)}\circ\mathcal{F}(\partial_x) + M_s^{(n-1)}\circ\mathcal{F}(\partial_y) \tag{6.3.5}$$

$$\mathcal{F}(\partial_a^{(n)}) \approx -M_s^{(n-1)}\circ\mathcal{F}(\partial_x) + M_c^{(n-1)}\circ\mathcal{F}(\partial_y) \tag{6.3.6}$$

这里，将依据第$n-1$迭代的清晰图像$\boldsymbol{u}^{(n-1)}$所计算的结构张量矩阵的特征向量记为$\boldsymbol{\omega}^{(n-1)}$，那么$\boldsymbol{M}_c^{(n-1)}$和$\boldsymbol{M}_s^{(n-1)}$分别表示$\boldsymbol{\omega}^{(n-1)}$的分量$\cos\theta$和$\sin\theta$所对应的矩阵形式。式(6.3.4)的快速计算格式便得到了保证。

6.3.5 图像非盲去卷积

在由粗到精地估计出模糊核$\boldsymbol{h}$之后，采用了以下形式的 TV-ℓ_1 非盲去模糊模[2]型以恢复出最终的清晰图像：

$$\min_{\boldsymbol{u}} E(\boldsymbol{u}) = \|\boldsymbol{u}*\boldsymbol{h}-\boldsymbol{f}\|_1 + \boldsymbol{\eta}\|\nabla\boldsymbol{u}\|_1 \tag{6.3.7}$$

式中：$\boldsymbol{\eta}$为 TV 正则项的参数，该模型的具体求解过程这里不再赘述。

因此，本章提出的基于图像分解和自适应方向梯度的启发式边缘增强图像盲去模糊算法具体过程如下：

算法 6.1：启发式边缘增强图像盲去模糊算法(记为 DS-Edge 方法)：

输入：糊图像$\boldsymbol{f}$，模糊核尺寸$m\times m$，最大尺度数S，快速图像恢复的最大迭代次数$N_{\max}$。

初始化：$\boldsymbol{u}^{(0)}=\boldsymbol{f}$，模糊核$\boldsymbol{h}^{(0)}$。

主迭代：对$k=0$、1、2…按下列步骤计算：

(1) 利用 6.3.2 节的方法计算自适应方向梯度图像$\{\boldsymbol{p}_o, \boldsymbol{p}_a\}$；

(2) 利用式(6.3.2)计算当前尺度的模糊核$\boldsymbol{h}$；

(3) **while** $n\leqslant N_{\max}$：利用式(6.3.4)恢复出当前尺度清晰图像$\boldsymbol{u}$；**end while**；

(4) 根据模糊核$\boldsymbol{h}$，通过求解式(6.3.7)获得清晰图像。

输出：清晰图像$\boldsymbol{u}$。

6.4 实验结果与分析

在本节中,为了评估本章提出的图像盲去模糊方法的效果,分别采用模拟数据和真实数据进行测试。实验采用的计算机硬件环境为 Intel Core i3 2100 CPU 3.2GHz、内存 2GB 微型计算机,软件环境为 Microsoft Windows 7、Matlab R2012b。

在实验中,模糊核尺寸 $m\times m$ 是一个重要的参数,通常需要手动设置数值。除此之外,还包含一些其他参数,下面详细说明各个参数的作用并给出其有效的默认值。

在基于图像分解的强边缘恢复步骤中,所涉及的参数主要包括图像分解算法的空间尺度参数 σ 及其增量 τ。

(1) 参数 σ 为由粗到精迭代框架中最粗尺度 $s=1$ 图像分解算法中的空间尺度参数[8]。在大多数情况下,将其设置为一个较小的数值:$\sigma=2.0$。

(2) 参数 τ 为空间尺度参数 σ 的增量。对于由粗到粗迭代框架而言,不同尺度的图像对应的纹理结构尺度也不同,采用增量参数 τ 是为了保证图像分解算法对不同尺度图像的有效性,通常将其设置为 $\tau=1.0$。

在基于自适应方向梯度的快速模糊核估计步骤中,所需要的参数包括数据保真项参数 λ_o 和 λ_a,正则化参数 β 和 γ。

(1) λ_o、λ_a 均为基于自适应方向梯度域数据保真项的参数。为了计算方便,将这两个参数均设置为 1,即这两项参数实际上是不起作用的。

(2) β、γ 为两个模糊核正则项的参数。其中:参数 β 控制模糊核的光滑程度,通过大量实验发现,其取值位于区间[2,10]。参数 γ 设置为 β 的 3.0 倍,即 $\gamma=3\beta$。

快速图像恢复的步骤,须要对三个数据保真项参数 ω、ω_{o}、ω_{a} 以及一个正则化参数 α 进行设置。

(1) ω 为图像空域保真项的参数,ω_{o} 和 ω_{a} 均为基于自适应方向梯度域数据保真项的参数。类似于文献[14]中的参数选择,将这三个参数设置为 $\omega=50$ 和 $\omega_{\mathrm{o}}=\omega_{\mathrm{a}}=25$。

(2) 参数 α 控制图像正则项对整个能量泛函的贡献程度,通常将其设置为 $\alpha=10$。其他对比算法的参数均按照原文或原程序的默认设置。

6.4.1 模拟数据实验

本小节设计几个模拟数据实验来评测本章提出的图像盲去模糊方法的有效性。为了验证该方法的可行性,给出了两幅模拟相机抖动模糊图像的去模糊示例,并且这两个模拟的模糊核都是手动生成的。图 6.6(c)和图 6.6(f)所示为去模糊后的结果以及所估计出的模糊核,可以看出本章提出的方法能够成功地估计出模糊核,验证了其可行性。

(1) 模拟数据实验一。从去模糊后图像质量评估的角度来给出本章方法与现有的三种代表性方法之间的对比实验,包括 Cho 等基于双边滤波的启发式边级增强盲去模糊方法[1](记为 BF-Edge 方法),Shan 等基于分段函数逼近重尾分布的盲去模糊方法[14](记为 PF-Sparse 方法),基于 ℓ_1/ℓ_2 范数的盲去卷积方法[15](记为 NL1-Sparse 方法)。

采用两种常用的图像质量客观评价指标 PSNR 和 SSIM 来定量地进行比较说明,具体如下。

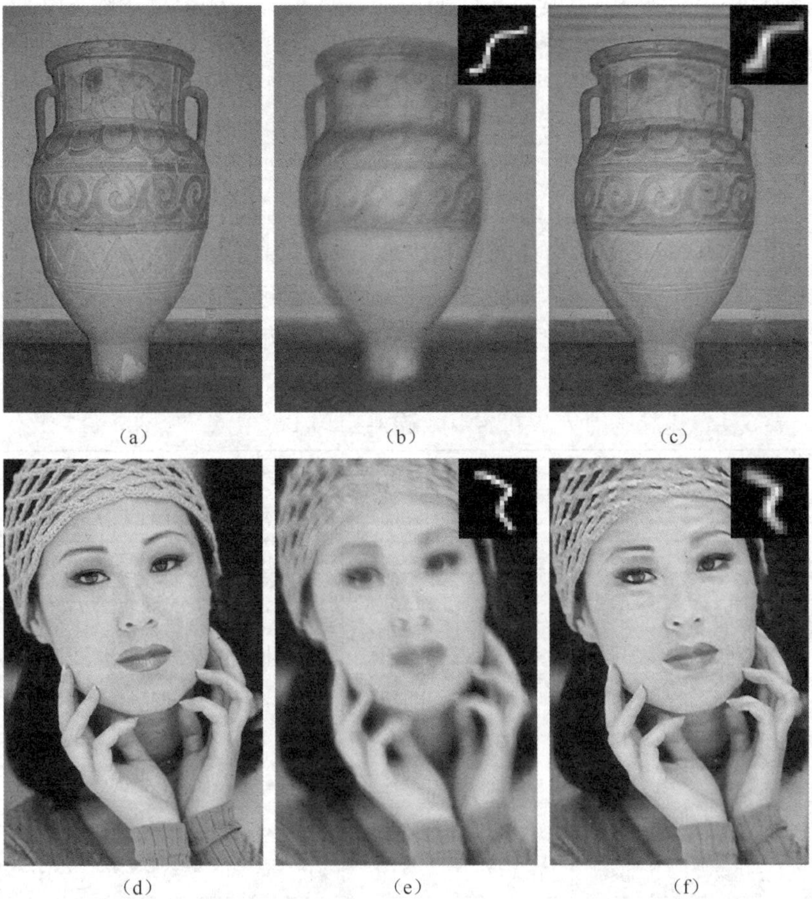

图 6.6　两幅模拟相机抖动模糊图像的去模糊示意图

(a)清晰图像“vase”;(b)“vase”模糊图像及模糊核;(c)“vase”的去模糊图像及估计的模糊核;
(d)清晰图像“women”;(e)“women”模糊图像及模糊核;(f)“women”的去模糊图像及估计的模糊核。

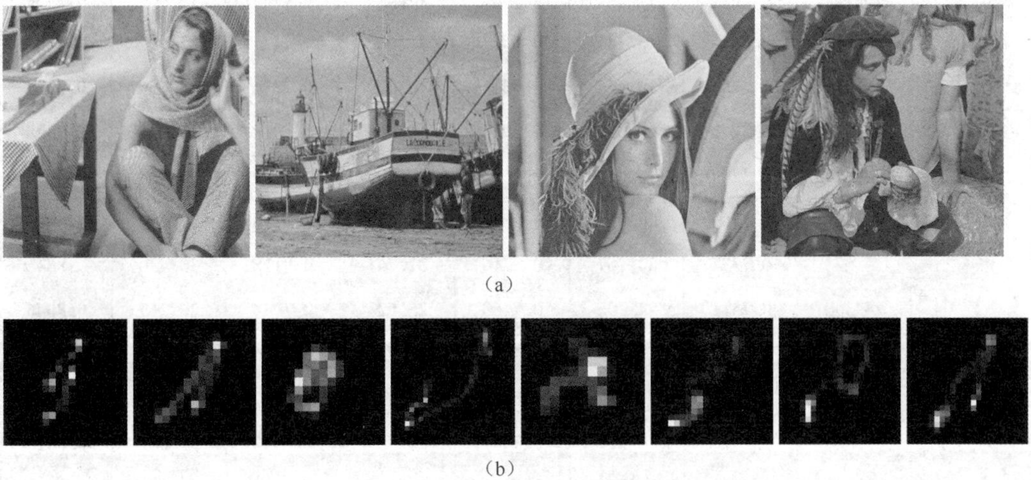

图 6.7　在模拟数据实验一中用于创建测试数据集的清晰图像与模糊核示意图

(a)四幅标准测试图像;(b)八种不同的运动模糊核。

首先,创建一个包含 32 幅模糊测试图像的数据集。这些模糊图像是由四幅大小为 512×512 的标准测试图像与 8 种不同的运动模糊核(来源于 Levin 等的数据集[16]生成的,如图 6.7 所示)。可以看出,选取的这 4 幅标准测试图像包含多种形态的图像结构,以便于测试本章提出的 DS-Edge 方法对不同形态成分图像的鲁棒性。

表 6.1 给出了四种方法在本节的数据集上所得到的 PSNR 值和 SSIM 值。可以看出,BF-Edge 方法在该测试数据集上的结果较差。这是因为该方法采用的双边滤波并不能够有效的排除纹理结构对模糊核估计的不利影响。本章提出 DS-Edge 方法在大多数情况下的 PSNR 值和 SSIM 值均高于其他三种方法,从而说明了 DS-Edge 方法的有效性。此外,本章提出的 DS-Edge 方法对图像的形态成分并不敏感,特别是在具有较多纹理的"Barbara"图像上,从一定程度上反映了图像分解算法的有效性。

表 6.1 四种不同方法在本节数据集上的 PSNR 值和 SSIM 值对比

图像	BF-Edge 方法		NL1-Sparse 方法		PF-Sparse 方法		DS-Edge 方法	
	PSNR	SSIM	PSNR	SSIM	PSNR	SSIM	PSNR	SSIM
barbara	18.552	0.6025	**21.771**	0.6271	20.310	0.6472	20.863	**0.6767**
	17.583	0.4022	**23.497**	0.6966	22.451	**0.7558**	23.177	0.7190
	17.981	0.5185	**20.715**	0.5393	17.430	0.4553	20.538	**0.6137**
	14.375	0.1638	13.127	0.1151	17.524	**0.4095**	**17.755**	0.3286
	18.372	0.5189	21.922	0.6379	22.634	0.7567	**24.753**	**0.7882**
	15.929	0.3582	15.992	0.3132	17.342	**0.4167**	**17.520**	0.3890
	14.990	0.3217	16.415	0.3095	15.255	0.2534	**18.474**	**0.4045**
	15.834	0.3080	18.013	0.3430	18.399	**0.5396**	**19.042**	0.4245
boat	20.912	0.5573	22.037	0.5144	24.458	**0.7394**	**25.160**	0.7152
	22.430	0.6178	22.132	0.5324	23.418	**0.6706**	**24.385**	0.610
	23.377	0.6727	**25.287**	**0.7399**	22.699	0.6601	24.097	0.6633
	16.722	0.3077	17.601	0.3087	**19.710**	**0.4408**	18.669	0.3480
	26.252	**0.8043**	23.175	0.6523	24.693	0.7421	23.999	0.6622
	17.329	0.3257	18.167	0.3321	18.099	0.3376	**18.756**	**0.3662**
	18.460	0.3758	19.061	0.3983	19.655	0.4019	**20.206**	**0.4328**
	18.321	0.3299	18.311	0.3560	20.396	0.4199	**20.438**	**0.4355**
lenna	24.361	0.7369	26.695	0.8089	28.846	**0.8715**	**29.826**	0.8629
	24.623	0.7327	30.767	0.8716	**32.761**	**0.9115**	30.430	0.8642
	24.360	0.7511	24.396	0.7460	25.523	0.7943	**26.213**	**0.8046**
	18.375	0.4801	19.218	0.4619	**21.734**	**0.6236**	18.691	0.5068
	28.278	0.8633	28.842	0.8572	29.056	0.8630	**29.549**	**0.8694**
	19.328	0.5779	19.321	0.5407	20.509	0.5992	**20.687**	**0.6018**
	19.722	0.5764	20.078	0.5642	19.630	0.5079	**22.085**	**0.6335**
	20.239	0.5797	22.815	0.6519	24.320	0.7410	**24.770**	**0.7552**

（续）

图像	BF-Edge 方法		NL1-Sparse 方法		PF-Sparse 方法		DS-Edge 方法	
	PSNR	SSIM	PSNR	SSIM	PSNR	SSIM	PSNR	SSIM
myman	23.199	0.6448	23.208	0.6166	27.710	**0.8535**	**27.887**	0.8110
	22.426	0.5824	27.661	0.8010	**32.218**	**0.9140**	29.519	0.8407
	24.054	0.6638	23.712	0.6532	23.856	0.6924	**25.609**	**0.7363**
	19.177	0.3798	18.205	0.2579	**20.913**	**0.4589**	19.787	0.3853
	26.392	0.7781	27.762	0.8191	**28.783**	**0.8710**	27.574	0.8066
	19.298	0.4193	17.959	0.3206	19.432	0.4129	**19.764**	**0.4133**
	18.941	0.4848	19.436	0.4058	20.856	0.4423	**21.449**	**0.4896**
	18.652	0.4385	18.842	0.3433	**22.833**	**0.5950**	21.666	0.4676

（2）模拟数据实验二。从模糊核估计精度的角度给出本章提出的 DS-Edge 方法与现有的两种基于启发式边缘增强的 BF-Edge 方法[1]和 TS-Edge 方法[2]之间的对比实验，如图 6.8 所示。

（a） （b） （c）

图 6.8 模拟数据实验二中测试数据集示例

选取美国 Berkeley 大学的 BSD500 图像库[17]作为图像的数据来源，并采用一个大小为 25×25 的模糊核生成出 500 幅模糊图像作为测试数据集（图 6.8）。对于模糊核估计的客观评价指标，常见的指标包括均方根误差（RMSE）以及核相似性（KS）[103]。其中：RMSE 的计算形式为

$$\mathrm{RMSE} = \sqrt{\frac{1}{M}\sum_i (h(i) - \hat{h}(i))^2} \tag{6.4.1}$$

式中：$h(i)$ 和 $\hat{h}(i)$ 分别表示真实模糊核 h 与估计的模糊核 $\hat{h}$ 中的第 i 个元素；M 表示模糊核中的元素个数。

从式（6.4.1）可以看出，RMSE 需要真实模糊核与估计的模糊核的相同位置保持一一对应关系，因此计算该指标前，须要对模糊核做对齐处理。为了克服该缺陷，Hu 等[103]提出了一种具有平移不变性的模糊核相似性度量 KS，其定义为

$$\mathrm{KS} = \max_j \rho(\mathbf{h}, \hat{\mathbf{h}}, j) \tag{6.4.2}$$

式中：函数 $\rho(\cdot)$ 是模糊核的相似度，其形式为

$$\rho(\mathbf{h}, \hat{\mathbf{h}}, j) = \frac{\sum_i h(i) \cdot \hat{h}(i+j)}{\|\mathbf{h}\| \cdot \|\hat{\mathbf{h}}\|}$$

图 6.9 给出了三种不同方法在本节测试数据集上的 KS 值和 RMSE 值对比。对于每一种方法,首先根据 500 幅模糊图像可以估计出 500 个模糊核,并计算其相应的 KS 值和 RMSE 值,然后计算其中 KS 值大于 0.5 的比例以及 RMSE 小于 0.006 的比例。显然,比例值越大的方法代表其模糊核估计的精度越高。从图 6.9 可以看出,尽管 TS-Edge 方法在 RMSE 值方面的比例值略高于本章提出的 DS-Edge 方法,但其在更具参考价值的 KS 值方面是低于 DS-Edge 方法的,由此说明本章提出的 DS-Edge 方法在模糊核估计精度方面具有较好的效果,从而可以进一步获得效果更好地去模糊图像。

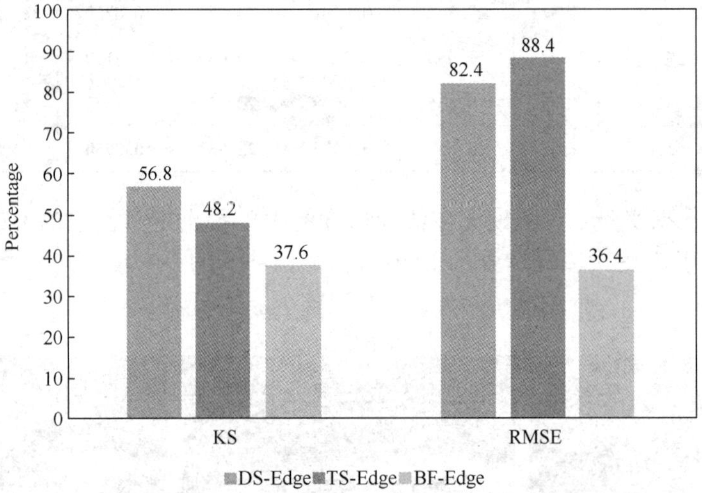

图 6.9 三种不同方法的 KS 值和 RMSE 值对比

6.4.2 真实数据实验

在本小节中,将进一步验证本章提出的 DS-Edge 方法在针对真实获取的模糊图像时的有效性。

(1) 选用四种现有的主流方法进行对比实验,包括 BF-Edge 方法[1]、PF-Sparse 方法[14]、NL1-Sparse 方法[15]以及一种基于 VB 的方法[18](记为 Gaussian-VB 方法)。由于真实数据实验缺乏原始清晰图像作为参考,因此从图像去模糊的视觉效果角度以及模糊核估计准确程度上,来主观地评估各个方法的优劣。

图 6.10 给出了五种不同方法对大小为 504×500 的“Stitch”图像的盲去模糊结果以及相应的模糊核。如图 6.10(b)、图 6.10(d)和图 6.10(e)所示,BF-Edge 方法、NL1-Sparse 方法以及 Gaussian-VB 方法所估计出的模糊核包含较多的异常点,并且恢复的图像从视觉上看过于平滑。在图 6.10(c)中 PF-Sparse 方法所估计的模糊核中包含的噪声较少,但是其恢复的图像中却存在较多的振铃效应。而本章的 DS-Edge 方法无论从模糊核估计的准确程度上,还是图像去模糊的视觉效果上来看都是最好的。

图 6.11(a)给出了一幅在非均匀光照条件下的模糊图像,而这种不均匀的光照对模糊核估计的影响较大,特别是在一些过饱和区域[19]。从图 6.11 可知,除了本章提出的方法之外,其余的四种方法均未能估计出准确的模糊核,并且恢复的图像从视觉角度上看也

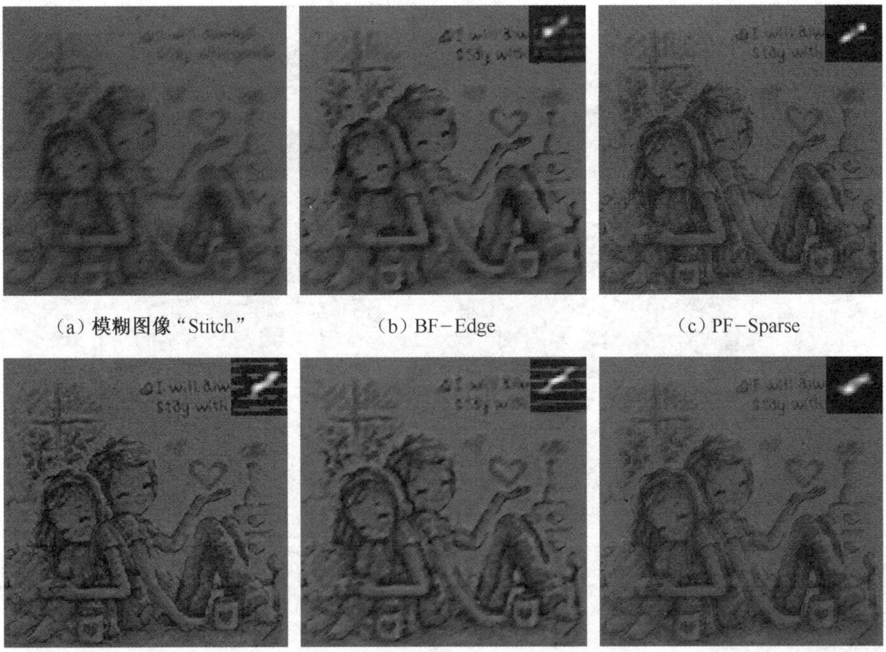

（a）模糊图像“Stitch”　　（b）BF-Edge　　（c）PF-Sparse

（d）NL1-Sparse　　（e）Gaussian-VB　　（f）DS-Edge

图 6.10　五种不同方法对“Stitch”图像的盲去模糊结果对比图(图像尺寸:504×500;模糊该尺寸:25×25)

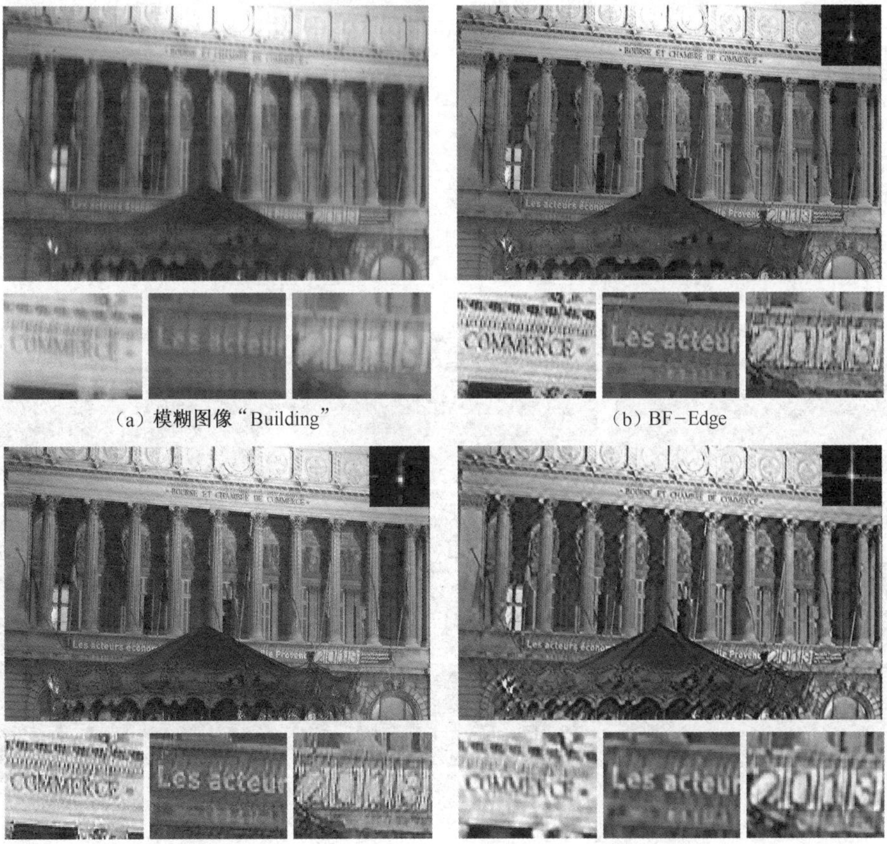

（a）模糊图像“Building”　　（b）BF-Edge

（c）PF-Sparse　　（d）NL1-Sparse

（e）Gaussian-VB　　　　（f）DS-Edge

图 6.11　五种不同方法对“Building”图像的盲去模糊结果及局部放大图
（图像尺寸：716×451；模糊核尺寸：27×27）

不够理想。而本章提出的 DS-Edge 方法所估计的模糊核具备较好的连续性和光滑性，从复原图像中包含文字的局部放大图来看，本章提出的 DS-Edge 方法也取得了相对较好的效果。

（2）算法在图像中细节的恢复能力方面，从图 6.12 可知，本章提出的 DS-Edge 方法能够较好地恢复图像中的一些细节部分。事实上相较于其他方法，DS-Edge 方法在模糊核估计方面更为准确，恢复的图像质量也更高。

（3）为了进一步说明本章提出的 DS-Edge 方法中图像分解以及自适应方向梯度的有效性，分别在仅包含图像分解（6.13（c））和仅包含自适应方向梯度（图 6.13（d））的情况下对示例图像“Flower”进行去模糊处理。一方面，当仅考虑图像分解，而采用标准梯度时，所估计出的模糊核中包含较多的噪声，并且恢复的图像中振铃效应较为严重；另一方面，对比图 6.13（d）和图 6.13（e）可以发现，图像分解能够一定程度上提高模糊核估计的精度。结合这两种技术，本章提出的 DS-Edge 方法能够取得更好的去模糊效果。

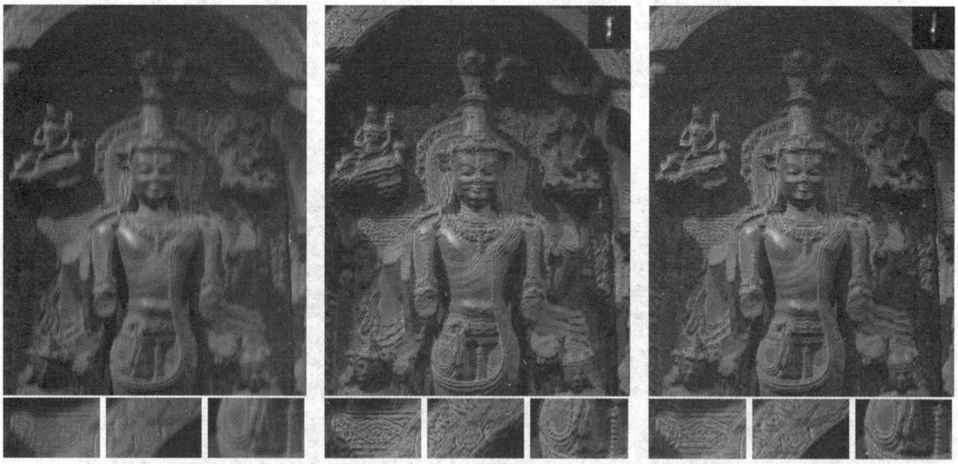

（a）模糊图像“Building”　　　　（b）BE-Edge　　　　（c）PF-Sparse

(d) NL1-Sparse　　(e) Gaussian-VB　　(f) DS-Edge

图 6.12　五种不同方法对“lyndsey”图像的盲去模糊结果及局部放大图
（图像尺寸:724×905;模糊核尺寸:27×27）

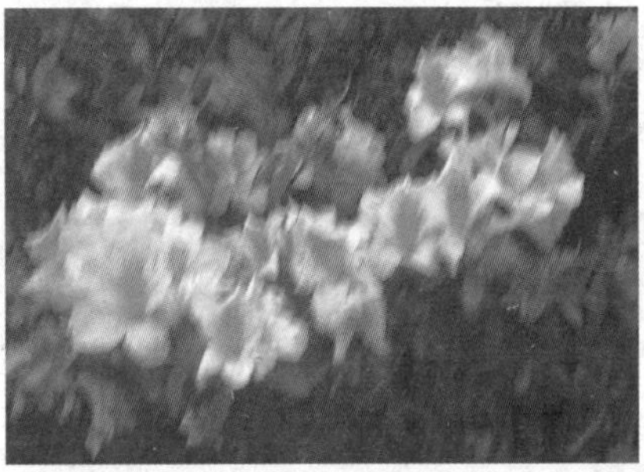

(a)

(b)　　(c)

(d)　　(e)

图 6.13　DS-Edge 方法中图像分解与自适应方向梯度的作用示意图
(a)模糊图像“flower”;(b)BF-Edge 方法;(c)不使用自适应方向梯度;(d)不使用图像分解;(e)本章 DS-Edge 方法的结果。

6.5 本章小结

本章的主要内容是来源于王凯博士在攻读博士学位期间取得的研究成果。其成果是针对图像盲去模糊问题分析并研究了现有的基于边缘增强的启发式算法。一方面,为了避免图像中细小结构对模糊核估计造成的不利影响,本章从图像的形态成分角度入手,提出了采用图像分解算法获取图像中的显著阶跃边缘用来进行模糊核估计;另一方面,为了更加准确地描述图像中的边缘结构,本章将基于图像局部结构的自适应方向梯度作为一种边缘特征提取算子引入模糊核估计模型,从而给出了基于图像分解和自适应方向梯度的启发式边缘增强图像盲去模糊算法,其中:采用了 FFT 加速技术,提高了算法的求解速度。在模拟数据实验中,通过在参考图像以及参考模糊核上与相关主流方法的比较,分析了各种方法结果的客观评价指标,证明了本章方法的有效性;在真实数据实验中,通过比较各种算法结果在视觉上的效果,进一步证明了本章方法的有效性及优越性,特别是在模糊核估计方面获得较好的估计精度。

参考文献

[1] Cho S,Lee S. Fast motion deblurring[J].ACM transactions on graphics,2009,28(5):145.

[2] Xu Li,Jia Jiaya. Two-phase kernel estimation for robust motion deblurring. European Conference on Computer Vision[C]. Crete:Springer,2010:157-170.

[3] Wang Chao, Sun Lifeng, Cui Peng,et al. Analyzing image deblurring through three paradigms[J]. IEEE Transactions on Image Processing,2012, 21(1):115-129.

[4] Xu Yuquan, Hu Xiyuan, Wang Lu, et al. Single image blind deblurring with image decomposition. IEEE International Conference on Acoustics, Speech and Signal Processing[C].Kyoto:IEEE,2012:929-932.

[5] Pan Jinshan, Liu Risheng, Su Zhixun,et al. Kernel estimation from salient structure for robust motion deblurring[J]. Signal Processing Image Communication,2013, 28(9):1156-1170.

[6] Subr K, Soler C, Durand F. Edge-preserving multiscale image decomposition based on local extremal. International Conference on Computer Graphics and Interactive Techniques[C]. Yokohama:IEEE,2009:147.

[7] Meyer Y. Oscillating patterns in image processing and nonlinear evolution equations: The fifteenth dean jacqueline b. lewis memorial lectures. [M]. Boston:American Mathematical Society,2001.

[8] Buades A, Le T M, Morel J,et al. Fast cartoon + texture image filters[J]. IEEE Transactions on Image Processing, 2010, 19(8):1978-1986.

[9] Roth S,Black M J. Steerable random fields. In Proceedings on International Conference on Computer Vision[C]. Janeiro: Springer, 2007.

[10] Weickert J. Anisotropic diffusion in image processing[J]. Bgteubner Stuttgart, 1998,16(1):272.

[11] Shao Wen Ze,Wei Zhi Hui. Edge-and-corner preserving regularization for image interpolation and reconstruction[J]. Image and Vision Computing, 2008,26(12):1591-1606.

[12] Fergus R, Singh B, Hertzmann A,et al. Removing camera shake from a single photograph[J]. ACM Transactions on Graphics, 2006,27(3):787-794.

[13] Money J H,Kang S H. Total variation minimizing blind deconvolution with shock filter reference[J]. Image and Vision Computing,2008,26(2):302-314.

[14] Shan Qi, Jia Jiaya, Agarwala A. High-quality motion deblurring from a single image[J].Acm Transactions on Graphics, 2008,27(3):1-10.

[15] Krishnan D,Tay T, Fergus R. Blind deconvolution using a normalized sparsity measure. Computer Vision and Pattern Recognition[C]. Proridence RI:Springer,2011:233-240.

[16] Levin A, Weiss Y, Durand F,et al. Understanding and evaluating blind deconvolution algorithms.IEEE Computer Society Conference on Computer Vision and Pattern Recongnition[C]. Miami:IEEE,2009:1964-1971.

[17] Arbelaez P, Maire M, Fowlkes C, et al. Contour detection and hierarchical image segmentation[J]. IEEE Transactions on Pattern Analysis and Machine Intelligence,2011,33(5):898-916.

[18] Levin A, Weiss Y, Durand F, et al. Efficient marginal likelihood optimization in blind deconvolution. IEEE Conference on Computer Vision and Pattern Recognition[C]. Providence RI:IEEE,2011:2657-2664.

[19] Whyte O, Sivic J, Zisserman A. Deblurring shaken and partially saturated images[J]. International Journal of Computer Vision, 2014,110(2):185-201.

第 7 章　高阶全变差正则化图像复原

7.1 引　言

全变差是基于一阶导数,全变差正则化方法倾向得到分片常数解,由于在图像的灰度渐变区域中很容易产生分片的“阶梯效应”,因此引入高阶导数信息是抑制阶梯效应的重要途径之一[1-6]。文献[7-8]提出了基于四阶 PDE 的图像去噪方法在去除噪声时可以较好地抑制阶梯效应,但容易引起图像细节的模糊。文献[9-12]考虑图像局部像素 Hessian 矩阵的几何结构描述性质,提出了 Hessian 谱范数、Hessian Frobenius 范数和 Hessian 核范数正则项。该类高阶正则化方法可以有效地应用于图像复原、图像稀疏重建等图像反问题,具有更好的边缘保持和阶梯效应抑制能力,并且可以更好地保持管状和丝状目标,其中:Hessian 核范数正则化方法在绝大多数情况下表现出最好的复原效果。文献[13]基于重新解释原始全变差定义,提出了一种二阶全变差正则化方法,减少了重建图像中的阶梯效应和振铃效应。

本章主要考虑基于高阶全变差的图像复原问题,具体内容如下:

(1) 为了克服基于 TV 正则化乘性伽马噪声抑制模型所产生的严重的阶梯效应现象,提出了一种基于二阶全变差正则化乘性伽马噪声抑制模型和算法,达到同时抑制阶梯效应和保持图像的锐利边缘的目的。

(2)针对基于二阶全变差图像复原模型的 MM(Majorization Minimization,MM)计算复杂度高和收敛速度慢的缺点,利用半二次正则化思想和变量分裂方法首先提出了一种解耦变分模型;然后结合交替方向迭代法提出了一种迭代最小的快速求解算法。该算法将图像复原问题分解成图像去模糊和图像去噪两个简单的子问题分别进行求解,并且每个子问题都有闭式解析解。

(3) 针对图像复原问题,为了在保持尖锐边缘的同时恢复图像的局部结构细节,以及避免阶梯效应和振铃效应,提出了一种基于混合高阶全变差正则化图像复原方法。

7.2　高阶全变差正则化乘性噪声抑制

第 5 章已经研究了基于全变差正则化的乘性伽马噪声抑制问题,数值实验表明基于全变差的正则化方法会引起严重的阶梯效应。为了克服基于 TV 正则化乘性伽马噪声抑制模型的阶梯效应现象,达到同时抑制阶梯效应和保持图像的锐利边缘的目的,本节在 MAP 框架下提出一种基于二阶全变差正则化的乘性伽马噪声抑制模型和算法,并且从理论上证明了该算法的收敛性。其实验结果验证了本节方法对于乘性伽马噪声抑制的有效性。

7.2.1 模型描述

假设 f 为受到乘性伽马噪声污染的图像,其中:噪声均值为 1,方差为 $1/L$。根据最大后验估计以及贝叶斯法则,可得对原始清析图像 u 的估计为

$$\hat{u} = \underset{u}{\operatorname{argmin}}[-\log p(f|u)] + [-\log p(u)] \tag{7.2.1}$$

式中:$p(u)$ 为对图像先验的建模。

假设

$$p(u) = p(u|w)p(w)$$

式中:w 为对 $\log u$ 的光滑逼近,其误差服从高斯分布,即

$$p(u|w) \propto \mathrm{e}^{-\lambda_1 \|\log u - w\|_{L_2}^2}$$

另外,考虑到阶梯效应的抑制,我们假设 w 满足二阶全变差先验,即

$$p(w) \propto \mathrm{e}^{-\lambda_2 \mathrm{HDTV}_2(w)}$$

式中:HDTV(·)是由式(3.5.5)定义的二阶全变差;λ_1 和 λ_2 为两个正常数。

根据上述假设,变分模型式(7.2.1)可具体表述为

$$\hat{u} = \underset{u}{\operatorname{argmin}}\left\{\int_{\Omega}\left(\log u + \frac{f}{u}\right)\mathrm{d}x\mathrm{d}y + \lambda_1\|\log u - w\|_2^2 + \lambda_2 \mathrm{HDTV}_2(w)\right\} \tag{7.2.2}$$

引入变量 $z=\log u$,可将模型式(7.2.2)改写为

$$(\hat{z},\hat{w}) = \underset{z,w}{\operatorname{argmin}}\left\{\left(J(z,w) = \int_{\Omega}(z + f\mathrm{e}^{-z})\mathrm{d}x\mathrm{d}y + \lambda_1\|z - w\|_2^2 + \lambda_2 \mathrm{HDTV}_2(w)\right\}\right. \tag{7.2.3}$$

对模型式(7.2.3)进行求解后,得到最终的复原图为 $\hat{u} = \mathrm{e}^{\hat{w}}$。

在离散情形下不失一般性,将大小为 $m\times n$ 的数字图像表示长度为 $N = m \times n$ 的向量形式。同时,假设图像满足周期性边界条件,并使用向前有限差分离散逼近图像二阶偏导数。定义离散算子 $\boldsymbol{V}_2: \mathbb{R}^N \to \mathbb{R}^{3\times N}$ 表示二阶向量微分算子 $\partial_2 = (\partial_{xx}, \partial_{xy}, \partial_{yy})^{\mathrm{T}}$ 的离散形式。对于任意 $\boldsymbol{p} = (\boldsymbol{p}_1, \boldsymbol{p}_2, \cdots, \boldsymbol{p}_N) \in \mathbb{R}^{3\times N}$ 和 $\boldsymbol{q} = (\boldsymbol{q}_1, \boldsymbol{q}_2, \cdots, \boldsymbol{q}_N) \in \mathbb{R}^{3\times N}$,同时定义 $\mathbb{R}^{3\times N}$ 上的内积和范数如下:

$$< \boldsymbol{p},\boldsymbol{q} >_{\mathbb{R}^{3\times N}} = \sum_{i=1}^{N} \boldsymbol{p}_i^{\mathrm{T}}\boldsymbol{q}_i, \|\boldsymbol{q}\|_{\mathbb{R}^{3\times N}} = \sqrt{< \boldsymbol{q},\boldsymbol{q} >_{\mathbb{R}^{3\times N}}} \tag{7.2.4}$$

若记 $\boldsymbol{V}_2^{\mathrm{T}}: \mathbb{R}^{3\times N} \to \mathbb{R}^N$ 为 $\boldsymbol{V}_2$ 的伴随算子,对于任意 $\boldsymbol{p} \in \mathbb{R}^{3\times N}$ 和 $\boldsymbol{f} \in \mathbb{R}^N$,有

$$< \boldsymbol{p},\boldsymbol{V}_2\boldsymbol{f} >_{\mathbb{R}^{3\times N}} = < \boldsymbol{V}_2^{\mathrm{T}}\boldsymbol{p},\boldsymbol{f} >_{\mathbb{R}^N} \tag{7.2.5}$$

式中:$<\cdot,\cdot>_{\mathbb{R}^N}$ 表示欧几里得空间 $\mathbb{R}^N$ 上的内积。

另外,定义离散算子 $\boldsymbol{\Lambda}_2: \mathbb{R}^{3\times N} \to \mathbb{R}^{3\times N}$ 及其伴随算子 $\boldsymbol{\Lambda}_2^{\mathrm{T}}: \mathbb{R}^{3\times N} \to \mathbb{R}^{3\times N}$ 如下:

$$(\boldsymbol{\Lambda}_2\boldsymbol{v})_i = \boldsymbol{W}_2\boldsymbol{v}_i, (\boldsymbol{\Lambda}_2^{\mathrm{T}}\boldsymbol{v})_i = \boldsymbol{W}_2^{\mathrm{T}}\boldsymbol{v}_i, \forall\ \boldsymbol{v} = (\boldsymbol{v}_1, \boldsymbol{v}_2, \cdots, \boldsymbol{v}_N) \in \mathbb{R}^{3\times N} \tag{7.2.6}$$

式中:$\boldsymbol{W}_2$ 是由式(3.5.8)定义的加权矩阵;$(\cdot)_i$ 表示相应矩阵的第 i 列元素。

对于 $\boldsymbol{v} = (\boldsymbol{v}_1, \boldsymbol{v}_2, \cdots, \boldsymbol{v}_N) \in \mathbb{R}^{3\times N}$,其 $l_1 - l_2$ 混合范数定义为

$$\|\boldsymbol{v}\|_{1,2} = \sum_{i=1}^{N} \|\boldsymbol{v}_i\|_2 \tag{7.2.7}$$

则式(3.5.5)中二阶全变差的离散形式表示为

$$\mathrm{HDTV}_2(\boldsymbol{w}) = \sum_{i=1}^{N} \|\boldsymbol{W}_2(\boldsymbol{V}_2\boldsymbol{w})_i\|_2 = \|\boldsymbol{\Lambda}_2\boldsymbol{V}_2\boldsymbol{w}\|_{1,2} \tag{7.2.8}$$

因此,模型式(7.2.3)的离散形式可以表示为

$$(\hat{\boldsymbol{z}},\hat{\boldsymbol{w}}) = \underset{\boldsymbol{z},\boldsymbol{w}}{\operatorname{argmin}}\{J(\boldsymbol{z},\boldsymbol{w}) = \sum_{i=1}^{N}(z_i + \boldsymbol{f}_i\mathrm{e}^{-z_i}) + \lambda_1\|\boldsymbol{z} - \boldsymbol{w}\|_2^2 + \lambda_2\|\boldsymbol{\Lambda}_2\boldsymbol{V}_2\boldsymbol{w}\|_{1,2}\} \tag{7.2.9}$$

7.2.2 算法描述与分析

对于该模型式(7.2.9)的求解,可以采用交替迭代法进行求解:给定任意初始值$\boldsymbol{w}^{(0)}$,对 $k=1$、2、3…按照以下迭代格式进行求解:

(1)“z 子问题”。固定 $\boldsymbol{w}^{(k-1)}$,求解下面的子问题来更新 $\boldsymbol{z}^{(k)}$:

$$\boldsymbol{z}^{(k)} = \underset{z}{\operatorname{argmin}}\sum_{i=1}^{N}(z_i + \boldsymbol{f}_i\mathrm{e}^{-z_i} + \lambda_1\|\boldsymbol{z} - \boldsymbol{w}^{(k-1)}\|_2^2 \tag{7.2.10}$$

(2)“$\boldsymbol{w}$ 子问题”。固定 $\boldsymbol{z}^{(k)}$,求解下面的优化问题来更新 $\boldsymbol{w}^{(k)}$:

$$\boldsymbol{w}^{(k)} = \underset{\boldsymbol{w}}{\operatorname{argmin}}\,\lambda_1\|\boldsymbol{z}^{(k)} - \boldsymbol{w}\|_2^2 + \lambda_2\|\boldsymbol{\Lambda}_2\boldsymbol{V}_2\boldsymbol{w}\|_{1,2} \tag{7.2.11}$$

对于“z 子问题”,可以通过逐分量形式进行求解,等价于求解以下 N 个非线性方程:

$$1 - \boldsymbol{f}_i\mathrm{e}^{-z_i} + 2\alpha_1(z_i - \boldsymbol{w}_i^{(k-1)}) = 0(i = 1,2,\cdots,N) \tag{7.2.12}$$

因为“z 子问题”式(7.2.10)中的目标函数对于逐个分量是严格凸的,所以式(7.2.12)中的各个非线性方程都有唯一解,可以采用牛顿法来求解。

“$\boldsymbol{w}$ 子问题”实际上是以 $\boldsymbol{z}^{(k)}$ 为含噪声图像的基于二阶全变差正则化图像去噪问题。考虑到$\boldsymbol{w}$ 是数字图像,其亮度值是有限且有界的,因此可以将无约束去噪问题式(7.2.11)转换成下面等价的有约束优化问题:

$$\boldsymbol{w}^{(k)} = \underset{\boldsymbol{w}\in S}{\operatorname{argmin}}\,\frac{1}{2}\|\boldsymbol{z}^{(k)} - \boldsymbol{w}\|_2^2 + \tau\|\boldsymbol{H}_2\boldsymbol{w}\|_{1,2} \tag{7.2.13}$$

式中:$\boldsymbol{H}_2 = \boldsymbol{\Lambda}_2\boldsymbol{V}_2$,$\tau = \lambda_2/2\lambda_1$;$S = \{\boldsymbol{u} \in \mathbb{R}^N \mid \boldsymbol{u}_i \in [a,b], \forall i = 1,\cdots,N\}$ 图像解的约束集。该问题可采用快速投影梯度算法[14]求解。

具体地,本节提出的求解基于二阶全变差正则化的乘性噪声抑制算法如下:

算法 7.1: 基于二阶全变差正则化的乘性噪声抑制算法:

输入: 观测图像 f,参数 $\tau>0$,$\gamma>\|\boldsymbol{H}_2^{\mathrm{T}}\boldsymbol{H}_2\|$,$\varepsilon>0$ 和最大迭代步数 Maxiter。

初始化: $\boldsymbol{u}^{(0)} = \boldsymbol{f}$,$\boldsymbol{w}^{(1)} = \log\boldsymbol{f}$,$\boldsymbol{v}^{(1)} = \boldsymbol{P}^{(0)} = 0$,$t_1 = 1$。

主迭代: 对 $k=0$、1、2…按下列步骤计算:

(1) 采用 Newton 迭代法求解式(7.2.12),得到更新的 $\boldsymbol{z}^{(k)}$;

(2) 采用下面的快速投影梯度算法[28]来计算 $\boldsymbol{w}^{(k)}$;

(3) 更新图像 $\boldsymbol{u}^{(k+1)} = \mathrm{e}^{\boldsymbol{w}^{(k)}}$;

(4) 若 $\|\boldsymbol{u}^{(k+1)} - \boldsymbol{u}^{(k)}\|_2/\|\boldsymbol{u}^{(k)}\|_2 < \varepsilon$,则迭代结束;否则,令 $k:=k+1$,转第(2)步。

输出: 去噪声图像 $\hat{\boldsymbol{u}} = \boldsymbol{u}^{(k+1)}$。

7.2.3 实验结果比较与分析

本小节通过数值实验来验证所提出的二阶全变差乘性噪声抑制方法的有效性, 特别地

将二阶全变差乘性噪声抑制方法(HDTV2 方法)与主流的 TV 乘性噪声抑制方法,如 AA 方法[15]和 HNW 方法[16]进行比较。采用峰值信噪比 PSNR 和相对误差 ReErr 作为衡量图像乘性噪声抑制效果的评价指标,量化说明各方法的性能。

实验图像如图 7.1 所示,包含用于仿真实验的自然图像和真实的 SAR 图像。在仿真实验中,原始图像被不同水平的乘性伽马噪声(均值为 1,方差为 $1/L$)污染,其中:噪声水平由视数 L 控制,L 越小,噪声水平越强。

(a)　　　　　　　　　　　　(b)

图 7-1　测试原始图像

(a) Cameraman 图像;(b) Lena 图像。

表 7.1 列出了各方法对测试图像收到乘性伽马噪声污染后的图像去噪得到的客观评价指标 PSNR 值和 ReErr 值。可以看到,本节方法总是得到最好的 PSNR 值和 ReErr 值,表现最好的去噪效果。HNW 方法在大多数情况下得到的 PSNR 值和 ReErr 值优于 AA 方法,而 AA 方法得到的 PSNR 值和 EeErr 值在绝大数情况下是最差的,表现最差的去噪效果,从而验证了本节方法对于乘性噪声去除的有效性。

表 7.1　各方法在不同噪声水平下的去噪图像的峰值信噪比和相对误差比较

图像	视数	噪声图像	AA 方法	HNM 方法	本节方法
		PSNR/ReErr	PSNR/ReErr	PSNR/ReErr	PSNR/ReErr
Cameraman	$L=3$	10.27/0.5782	21.49/0.1590	22.28/0.1451	22.55/0.1406
	$L=13$	16.66/0.2773	25.09/0.1050	25.50/0.0992	25.73/0.0976
Lena	$L=5$	11.91/0.4458	22.60/0.1303	23.03/0.1204	23.85/0.1128
	$L=33$	20.06/0.1746	27.07/0.0779	28.00/0.0700	28.38/0.0670

为了从视觉上更直观地比较各算法得到的最终恢复图像的质量,图 7.2 给出了采用不同方法在 Lena 图像上获得的去噪结果。实验结果表明,本节方法获得的去噪图像,其视觉效果都要优于 AA 方法和 HNW 方法。AA 方法得到的去噪图像中出现了严重的块效应现象以及一些白点状效应,丢失了大量的纹理和细节,同时不能较好地保持图像中的边缘。HNW 方法虽然可以较好地消除白点状效应,但是出现严重的块效应现象,不能较好地保持图像中重要的纹理和细节(图 7.2(d)的头发区域)。相比之下,本节方法可以较好地去除块效应和白点状效应,同时较好地保持图像中的锐利边缘和重要细节(图 7.2(e)的头发区域),从而表现最好的视觉效果和去噪质量。

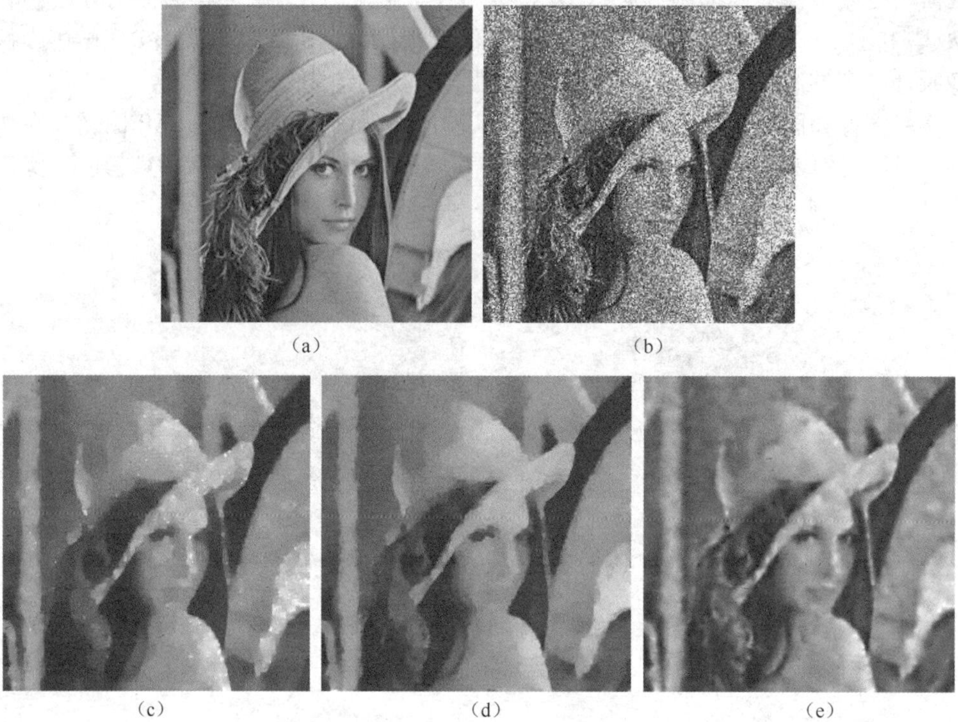

图 7.2　各方法对 Lena 图像的去噪结果比较(伽马噪声水平 $L=5$)
(a)原始图像;(b)含噪图像;(c)AA 方法;(d)HNW 方法;(e)本节方法。

7.3　高阶全变差正则化图像复原快速算法

7.3.1　模型描述

文献[13]所述,使用二阶全变差的原始定义式(3.5.3)和式(3.5.5),高阶全变差正则化图像复原模型表示为

$$\hat{\boldsymbol{f}}=\underset{u}{\operatorname{argmin}}\left\{R_2(u)=\frac{1}{2}\int_{\Omega}|f-\boldsymbol{A}u|^2\mathrm{d}x\mathrm{d}y+\mu\underbrace{\int_{\Omega}\sqrt{\boldsymbol{G}_2^{\mathrm{T}}(x,y)\boldsymbol{C}_2\boldsymbol{G}_2(x,y)}\,\mathrm{d}x\mathrm{d}y}_{\mathrm{HDTV}_2(u)}\right\} \tag{7.3.1}$$

由于二阶全变差的不可微性,文献[13]设计了一种迭代重加权的 MM(Majorization Minimization)算法来求解模型式(7.3.1). 其迭代格式如下:

$$\begin{cases}u^{(k+1)}=\underset{u}{\operatorname{argmin}}\left\{\dfrac{1}{2}\displaystyle\int_{\Omega}|f-\boldsymbol{A}u|^2\mathrm{d}x\mathrm{d}y+u\int_{\Omega}\boldsymbol{G}_2^{\mathrm{T}}(x,y)\boldsymbol{E}^{(k)}(x,y)\boldsymbol{G}_2(x,y)\,\mathrm{d}x\mathrm{d}y\right\}\\ \boldsymbol{E}^{(k)}(x,y)=\dfrac{1}{2\sqrt{\boldsymbol{G}_2^{(k)\mathrm{T}}\boldsymbol{C}_2\boldsymbol{G}_2^{(k)}}}\boldsymbol{C}_2\end{cases} \tag{7.3.2}$$

数值实验表明,该 MM 算法可以取得较好的图像复原效果,但是由于权重矩阵 $\boldsymbol{E}^{(k)}$ 的空间变化权重数值通常很大,从而导致求解 $u^{(k+1)}$ 子问题的法方程具有较大的条件数,因此,该 MM 算法计算复杂度高,且收敛速度较慢。为了降低算法的计算复杂度和提高算法的收敛速度,本节将设计更高效的图像复原模型和算法。

7.3.2 算法描述与分析

使用式(3.5.5)中二阶全变差的等价表示形式,本小节将给出变分模型式(7.3.1)的一个有效解耦变分模型及其求解算法。

采用变量分裂及二次惩罚技巧,首选引入辅助变量 v 作为原始变量 u 的近似,并增加一个二次项对 v 和 u 之间的差异进行惩罚,从而产生以下解耦变分模型作为模型式(7.3.1)的一个逼近,即

$$(\hat{\boldsymbol{u}},\hat{\boldsymbol{v}}) = \underset{\boldsymbol{u},\boldsymbol{v}}{\operatorname{argmin}}\left\{\begin{aligned} R_2(u,v) = \frac{1}{2}\int_\Omega |f - \boldsymbol{A}u|^2\mathrm{d}x\mathrm{d}y + \frac{\lambda}{2}\int_\Omega |v-u|^2\mathrm{d}x\mathrm{d}y \\ + u\underbrace{\int_\Omega \|\boldsymbol{W}_2\partial_2 v(x,y)\|_2\mathrm{d}x\mathrm{d}y}_{\mathrm{HDTV}_2(v)}\end{aligned}\right\} \tag{7.3.3}$$

式中:$\lambda \gg 0$ 表示一个充分大的惩罚参数。

采用离散记号式(7.2.4)~式(7.2.6),模型式(7.3.3)的离散形式可表示为

$$(\hat{\boldsymbol{u}},\hat{\boldsymbol{v}}) = \underset{\boldsymbol{u},\boldsymbol{v}}{\operatorname{argmin}}\left\{R_2(\boldsymbol{u},\boldsymbol{v}) = \frac{1}{2}\|\boldsymbol{f}-\boldsymbol{A}\boldsymbol{u}\|_2^2 + \frac{\lambda}{2}\|\boldsymbol{u}-\boldsymbol{v}\|_2^2 + \mu\|\boldsymbol{\Lambda}_2\boldsymbol{V}_2\boldsymbol{v}\|_{1,2}\right\} \tag{7.3.4}$$

针对模型式(7.3.4),将结合交替方向迭代法进行求解:

(1) 去模糊子问题(“$\boldsymbol{u}^{(k)}$ 子问题”):固定 $\boldsymbol{v}^{(k-1)}$,求解 $\boldsymbol{u}^{(k)}$ 为

$$\boldsymbol{u}^{(k)} = \underset{\boldsymbol{u}}{\operatorname{argmin}}\left\{\frac{1}{2}\|\boldsymbol{f}-\boldsymbol{A}\boldsymbol{u}\|_2^2 + \frac{\lambda}{2}\|\boldsymbol{u}-\boldsymbol{v}^{(k-1)}\|_2^2\right\} \tag{7.3.5}$$

(2) 去噪子问题(“$\boldsymbol{v}^{(k)}$子问题”):固定 $\boldsymbol{u}^{(k)}$,求解 $\boldsymbol{v}^{(k)}$ 为

$$\boldsymbol{v}^{(k)} = \underset{\boldsymbol{u}}{\operatorname{argmin}}\left\{\frac{\lambda}{2}\|\boldsymbol{u}^{(k)}-\boldsymbol{v}\|_2^2 + \mu\|\boldsymbol{\Lambda}_2\boldsymbol{V}_2\boldsymbol{v}\|_{1,2}\right\} \tag{7.3.6}$$

对于“$\boldsymbol{u}^{(k)}$ 子问题”的求解,我们需要求解如下线性方程组:

$$(\boldsymbol{A}^{\mathrm{T}}\boldsymbol{A} + \lambda\boldsymbol{I})\boldsymbol{u}^{(k)} = \boldsymbol{A}^{\mathrm{T}}\boldsymbol{f} + \lambda\boldsymbol{v}^{(k-1)}$$

假设图像满足周期性边界条件的情况下,模糊矩阵 $\boldsymbol{A}$ 是带循环块的块循环(Block Circulant Circlulant Block,BCCB)矩阵,可以被二维离散傅里叶变换矩阵对角化,可以使用快速傅里叶变换(Fast Fourier Transform,FFT)求解 $\boldsymbol{u}^{(k)}$,表示为

$$\boldsymbol{u}^{(k)} = \mathcal{F}^{-1}\left(\frac{\mathcal{F}(\boldsymbol{A})^* \circ \mathcal{F}(\boldsymbol{f}) + \lambda\mathcal{F}(\boldsymbol{v}^{(k-1)})}{\mathcal{F}(\boldsymbol{A})^* \circ \mathcal{F}(\boldsymbol{A}) + \lambda\cdot\mathbf{1}}\right) \tag{7.3.7}$$

式中:* 表示复共轭;∘ 表示点乘运算符,除法是逐点除法运算;$\mathcal{F}$ 和 $\mathcal{F}^{-1}$ 分别表示傅里叶变换和逆傅里叶变换算子。

对于”$\boldsymbol{v}^{(k)}$子问题”,考虑到$\boldsymbol{v}^{(k)}$是数字图像,其亮度值是有限且有界的,因此可将无

约束去噪问题式(7.3.6)转换成下式等价约束优化问题:

$$\boldsymbol{v}^{(k)} = \underset{v \in S}{\operatorname{argmin}} \left\{ \frac{1}{2} \| \boldsymbol{u}^{(k)} - \boldsymbol{v} \|_2^2 + \tau \| \boldsymbol{H}_2 \boldsymbol{v} \|_{1,2} \right\} \tag{7.3.8}$$

式中:$\boldsymbol{H}_2 = \boldsymbol{\Lambda}_2 \boldsymbol{V}_2, \tau = \mu/2\lambda$;$S = \{\boldsymbol{u} \in \mathbb{R}^N | u_i \in [a,b], \forall i = 1,\cdots,N\}$ 是凸集,主要约束图像解的范围,a 和 b 为两个常数,该问题可采用快速投影梯度算法[28]来求解。

从而,针对二阶全变差正则化图像复原问题式(7.3.1)的求解,归纳为下面的算法:

算法 7.2: 图像复原的 HDTV2 算法:

输入: 观测图像 $\boldsymbol{f}$,模糊矩阵 $\boldsymbol{A}$,参数 $\mu, \lambda > 0, \tau > \mu/2\lambda, \lambda > \| \boldsymbol{H}_2^{\mathrm{T}} \boldsymbol{H}_2 \|, \varepsilon > 0$ 和最大迭代步数 Maxiter。

初始化: $\boldsymbol{u}^{(0)} = \boldsymbol{f}, \boldsymbol{v}^{(1)} = 0, t_1 = 1$。

主迭代: 对 $k=0$、1、2…按下列步骤计算:

(1) 计算 $\boldsymbol{u}^{(k+1)} = \mathcal{F}^{-1}\left(\dfrac{\mathcal{F}(\boldsymbol{A})^* \circ \mathcal{F}(\boldsymbol{f}) + \lambda \mathcal{F}(\boldsymbol{v}^{(k)})}{\mathcal{F}(\boldsymbol{A})^* \circ \mathcal{F}(\boldsymbol{A}) + \lambda_1} \right)$;

(2) 采用下面的快速投影梯度算法[28]来计算 $\boldsymbol{v}^{(k+1)}$;

(3) 若 $\| \boldsymbol{u}^{(k+1)} - \boldsymbol{u}^{(k)} \|_2 / \| \boldsymbol{u}^{(k)} \|_2 < \varepsilon$,则迭代结束;否则,令 $k := k+1$,转第(1)步。

输出: 去噪图像 $\boldsymbol{u} = \boldsymbol{u}^{(k)}$。

7.3.3 实验结果比较与分析

采用仿真实验测试本节复原方法的性能。本节提出的基于二阶全变差正则化的快速图像复原方法(HDTV2 方法)与经典的 Wiener 滤波去卷积方法,以及当前主流的快速 TV 正则化方法[14](Fast TV 方法)和基于 MM 框架的二阶全变差正则化方法[13](ISDTV 方法)进行比较。本节的复原方法与 Wiener 方法相比较旨在从复原图像的质量方面来说明 HDTV2 方法的优越性,而与 Fast TV 和 ISDTV 方法相比较,主要从复原图像的质量和算法的高效性两方面来验证 HDTV2 方法的优越性。

为了保证各方法比较的公平性,在实验中,均将图像的灰度值范围限制在归一化到[0,1]。此外,除了 Wiener 方法、Fast TV 方法、ISDTV 方法和本节的 HDTV2 方法的终止条件均设置为

$$\| \boldsymbol{u}^{(k+1)} - \boldsymbol{u}^{(k)} \|_2 / \| \boldsymbol{u}^{(k)} \|_2 < 10^{-4}$$

对于正则化参数的选取,常用的方法包括经验法、L 形曲线法和交叉验证法。本节使用经验法,即选择正则化参数使该正则化方法取得最好的图像峰值信噪比。实验采用的计算机硬件环境为 Intel Xeon CPU 2.67GHz、内存 4GB,软件环境为 Microsoft Windows 7、MATLAB 7.10。

本小节的实验图像(自然图像和生物医学图像),如图 7.3 所示。在实验中,使用三种模糊核来产生模糊图像,分别是大小为和标准差为 6 的高斯模糊核,大小为的均值模糊核,大小为的运动模糊核。加入标准差为 0.001 的零均值高斯白噪声来产生最终退化图像。

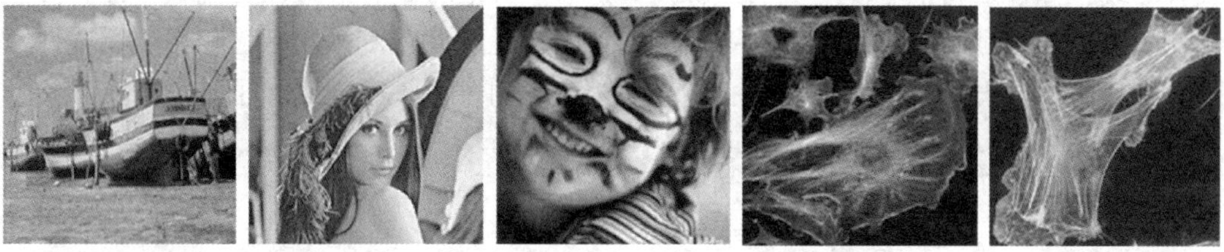

(a)　(b)　(c)　(d)　(e)

图 7.3　实验图像

(a) Boat; (b) Lena; (c) Face; (d) Fluorescent cell; (e) CIL 10016。

表 7.2 列出了各方法对测试图像进行复原得到的客观评价指标 PSNR 值和 SSIM 值的比较。可以看到 Wiener 方法得到复原图像的 PSNR 值和 SSIM 值总是最差的,从而表现最差的复原质量。HDTV2 方法得到复原图像的 PSNR 值和 SSIM 值总是最大的,优于 Fast TV 和 ISDTV 方法的复原效果,充分表明了 HDTV2 复原方法的有效性。事实上,实验表明 HDTV2 方法的计算复杂度要优于传统的 ISDTV 方法,比 Fast TV 方法的计算复杂度要小一些,但其峰值信噪比 PSNR 和结构相似度 SSIM 是好的,从而说明了 HDTV2 方法的高效性。

为了进一步说明各方法之间的差异,图 7.4 和图 7.5 分别显示了各方法针对高斯模糊下的 Lena 图像的复原图像的局部放大图。Wiener 方法得到的复原图像残留了许多噪声,不能较好地保持图像的重要特征和细节,Fast TV 方法能较好地保持 Lena 和 Boat 图像中锐利的边缘,但是在 Lena 图像的脸部等灰度渐变区域产生了严重的阶梯效应,图像中

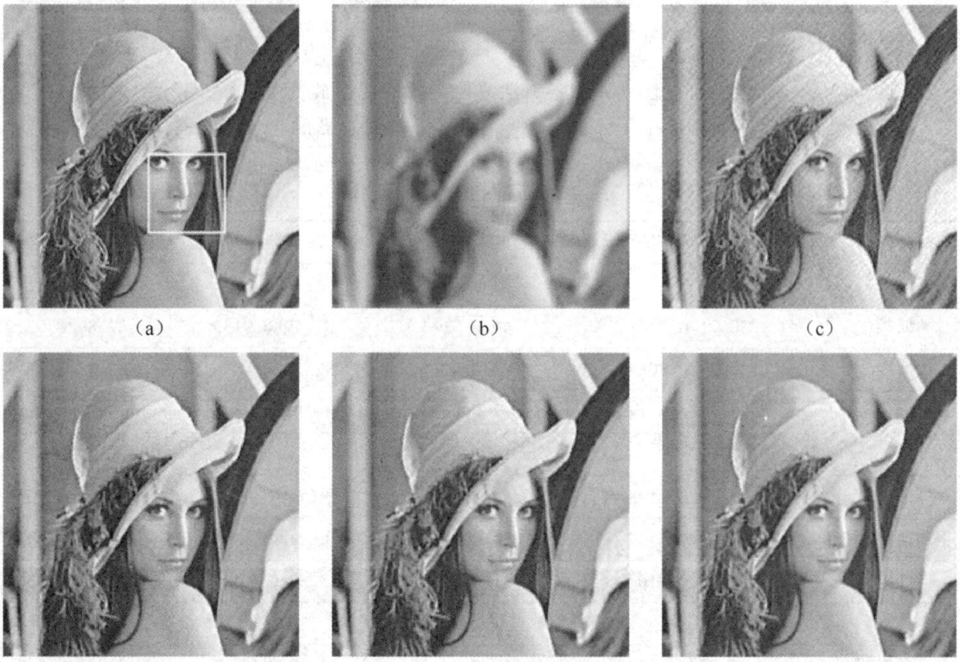

(a)　(b)　(c)　(d)　(e)　(f)

图 7.4　各方法对 Lena 图像在高斯模糊和高斯噪声情况下的复原结果比较

(a)原始图像;(b)退化图像;(c)Wiener 方法;(d)Fast TV 方法;(e)ISDTV 方法;(f)HDTV2 方法。

细长的线状和杆状特征不能得到有效保持。ISDTV 方法可以有效地保持锐利边缘和抑制阶梯效应,同时可以较好地保持线状和杆状特征,但是在背景和平坦区域仍然残留些许噪声。本节提出的 HDTV2 方法可以有效地消除噪声,抑制阶梯效应,较好地保持线状和杆状特征,同时更好地保持边缘锐利和纹理细节清晰,充分展示本节方法的视觉复原效果,从而证明本节方法对图像复原问题的有效性。

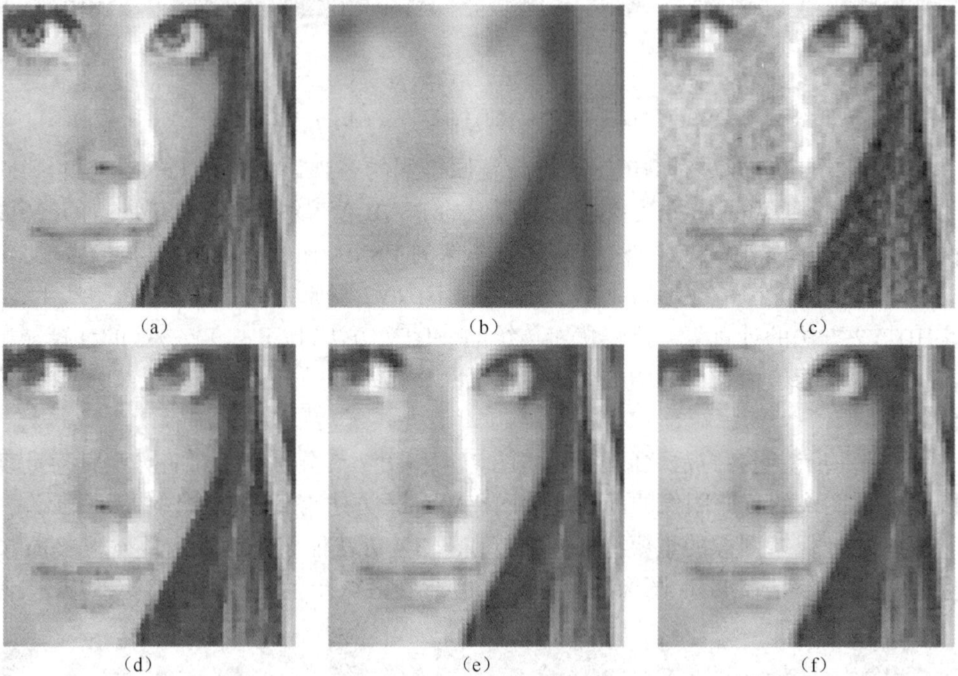

图 7.5 图 7.4 中各方法复原结果的局部放大图比较

(a)原始图像;(b)退化图像;(c)Wiener 方法;(d)Fast TV 方法;(e)ISDTV 方法;(f)HDTV2 方法。

表 7.2 各方法去模糊图像的 PSNR 和 SSIM 比较

模糊模式	Wiener 方法	Fast TV 方法	ISDTV 方法	HTVD2 方法
Boat				
高斯模糊	30. 71/0. 8247	32. 46/0. 9144	32. 59/0. 9139	32. 89/0. 9229
均值模糊	30. 25/0. 8089	31. 82/0. 9017	32. 28/0. 9096	32. 33/0. 9118
运动模糊	31. 79/0. 8518	33. 73/0. 9263	34. 05/0. 9346	34. 33/0. 9368
Lena				
高斯模糊	28. 07/0. 7198	30. 80/0. 8921	30. 60/0. 8929	30. 94/0. 9041
均值模糊	27. 83/0. 7149	30. 54/0. 8857	30. 50/0. 8894	30. 75/0. 8978
运动模糊	30. 55/0. 8107	33. 31/0. 9276	33. 32/0. 91986	33. 72/0. 9360
Face				
高斯模糊	32. 03/0. 8859	33. 18/0. 9411	34. 19/0. 95539	34. 46/0. 9567
均值模糊	31. 67/0. 8702	32. 24/0. 9258	33. 58/0. 9394	33. 98/0. 9474
运动模糊	34. 02/0. 9133	34. 46/0. 9500	36. 51/0. 9660	36. 62/0. 9680

（续）

模糊模式	Wiener 方法	Fast TV 方法	ISDTV 方法	HTVD2 方法
Fluorescent Cell				
高斯模糊	30.44/0.8102	31.90/0.89161	32.24/0.8965	32.25/0.8972
均值模糊	29.69/0.7804	31.42/0.8775	31.65/0.88124	31.66/0.8822
运动模糊	32.04/0.85573	33.60/0.9208	33.94/0.9212	34.02/0.9273
CIL 10016				
高斯模糊	29.14/0.7300	31.16/0.9098	31.59/0.9095	31.73/0.9211
均值模糊	28.60/0.70684	30.60/0.8967	30.91/0.8915	31.05/0.9051
运动模糊	30.94/0.7897	33.27/0.9352	33.56/0.9265	33.80/0.9432

7.4 混合高阶全变差正则化图像复原

在图像复原问题中,TV 正则化方法虽然能够有效地去除噪声,保持尖锐边缘,但容易产生阶梯效应。二阶全变差正则化方法可以较好地抑制阶梯效应,但对于图像细节保持并不理想。综合从细节保持和阶梯效应抑制角度,许多联合 TV 和二阶全变差进行线性组合的正则化复原方法陆续被提出[17-18],在阶梯效应抑制以及细节保持方面取得了较好的效果。基于上述思想,将 TV 和二阶全变差一阶导数和二阶导数融合在一起,定义新的混合高阶全变差正则项,进而提出一个新的混合高阶全变差正则化图像复原模型,并设计相应的数值算法。

7.4.1 模型描述

定义

$$\boldsymbol{S}(\theta)=(\cos\theta,\sin\theta,\cos^2\theta,2\sin\theta\cos\theta,\sin^2\theta)^{\mathrm{T}} \tag{7.4.1}$$

$$\boldsymbol{G}(x,y)=\left(\frac{\partial u(x,y)}{\partial x},\frac{\partial u(x,y)}{\partial y},\frac{\partial^2 u(x,y)}{\partial x^2},\frac{\partial^2 u(x,y)}{\partial x\partial y},\frac{\partial^2 u(x,y)}{\partial y^2}\right)^{\mathrm{T}} \tag{7.4.2}$$

定义新的正则项为

$$J_{1,2}(u)=\int_{\Omega}\|\boldsymbol{S}^{\mathrm{T}}(\theta)\boldsymbol{G}(x,y)\|_{L_2[0,2\pi]}\mathrm{d}x\mathrm{d}y=\int_{\Omega}\sqrt{\frac{1}{2\pi}\int_0^{2\pi}|\boldsymbol{S}^{\mathrm{T}}(\theta)\boldsymbol{G}(x,y)|^2\mathrm{d}\theta}\,\mathrm{d}x\mathrm{d}y \tag{7.4.3}$$

正则项 $J_{1,2}$ 具有凸性、齐次性、旋转不变性和平移不变性等性质。同时 $J_{1,2}$ 包含了图像的一阶和二阶方向导数信息,与 TV 和二阶全变差非常相关,充分利用了其阶梯效应抑制和边缘保持特性。因此,提出的正则项可以看成 TV 和二阶全变差的推广形式。为方便起见,将定义式(7.4.3)中提出的正则项命名为混合高阶全变差(Mixed Higher Order Total Variation,MHOTV),具有下面的等阶表示形式:

命题 7.1:由式(7.4.3)中的 MHOTV 可以等价表示为

$$J_{1,2}(u)=\int_{\Omega}\|\boldsymbol{RV}u(x,y)\|_2\mathrm{d}x\mathrm{d}y \tag{7.4.4}$$

式中：$\boldsymbol{V}=(\partial_x,\partial_y,\partial_{xx},\partial_{xy},\partial_{yy})^{\mathrm{T}}$，矩阵 $\boldsymbol{R}$ 可表示为

$$\boldsymbol{R}=\frac{1}{2\sqrt{2}}\begin{bmatrix}0&0&1&0&-1\\2&0&0&0&0\\0&2&0&0&0\\0&0&\sqrt{2}&0&\sqrt{2}\\0&0&0&2&0\end{bmatrix}$$

证明：由式(7.4.1)和式(7.4.2)可知，式(7.4.3)的被积函数可以简化为

$$\begin{aligned}&\sqrt{\frac{1}{2\pi}\int_0^{2\pi}|\boldsymbol{S}^{\mathrm{T}}(\theta)\boldsymbol{G}(x,y)|^2\mathrm{d}\theta}\\&=\sqrt{\boldsymbol{G}^{\mathrm{T}}(x,y)\underbrace{\left(\frac{1}{2\pi}\int_0^{2\pi}\boldsymbol{S}(\theta)\boldsymbol{S}^{\mathrm{T}}(\theta)\mathrm{d}\theta\right)}_{C}\boldsymbol{G}(x,y)}\\&=\sqrt{\boldsymbol{G}^{\mathrm{T}}(x,y)\boldsymbol{C}\boldsymbol{G}(x,y)}\end{aligned}\tag{7.4.5}$$

式中：矩阵 $\boldsymbol{C}$ 中元素 $\boldsymbol{C}(i,j)=\frac{1}{2\pi}\int_0^{2\pi}\boldsymbol{S}_i(\theta)\boldsymbol{S}_j\mathrm{d}\theta$；$\boldsymbol{S}_i(\theta)$ 表示 $\boldsymbol{S}(\theta)$ 的第 i 个元素，从而可得

$$\boldsymbol{C}=\frac{1}{8}\begin{bmatrix}4&0&0&0&0\\0&4&0&0&0\\0&0&3&0&1\\0&0&0&4&0\\0&0&1&0&3\end{bmatrix}$$

因此，$\boldsymbol{C}$ 是对称正定矩阵，可以对 $\boldsymbol{C}$ 进行特征值分解为

$$\boldsymbol{C}=\boldsymbol{B}\boldsymbol{D}\boldsymbol{B}^{\mathrm{T}}\tag{7.4.6}$$

其中

$$\boldsymbol{D}=\frac{1}{4}\begin{bmatrix}1&0&0&0&0\\0&2&0&0&0\\0&0&2&0&0\\0&0&0&2&0\\0&0&0&0&2\end{bmatrix},\boldsymbol{B}=\frac{1}{\sqrt{2}}\begin{bmatrix}0&\sqrt{2}&0&0&0\\0&0&\sqrt{2}&0&0\\1&0&0&1&0\\0&0&0&0&\sqrt{2}\\-1&0&0&1&0\end{bmatrix}$$

式中：矩阵 $\boldsymbol{D}$ 和矩阵 $\boldsymbol{B}$ 分别为和矩阵 $\boldsymbol{C}$ 的所有特征值构成的对角矩阵，以及对应特征向量构成的正交矩阵。

特别地，记 $\boldsymbol{R}=\boldsymbol{D}^{1/2}\boldsymbol{B}^{\mathrm{T}}$，将式(7.4.6)代入式(7.4.5)，得

$$\begin{aligned}&\sqrt{\frac{1}{2\pi}\int_0^{2\pi}|\boldsymbol{S}^{\mathrm{T}}(\theta)\boldsymbol{G}(x,y)|^2\mathrm{d}\theta}=\sqrt{\boldsymbol{G}^{\mathrm{T}}(x,y)\boldsymbol{C}\boldsymbol{G}(x,y)}\\&=\sqrt{\boldsymbol{G}^{\mathrm{T}}(x,y)\boldsymbol{B}\boldsymbol{D}\boldsymbol{B}^{\mathrm{T}}\boldsymbol{G}(x,y)}=\sqrt{\boldsymbol{G}^{\mathrm{T}}(x,y)\boldsymbol{B}\boldsymbol{D}^{1/2}\underbrace{\boldsymbol{D}^{1/2}\boldsymbol{B}^{\mathrm{T}}}_{R}\boldsymbol{G}(x,y)}=\|\boldsymbol{R}\underbrace{\boldsymbol{G}(x,y)}_{\boldsymbol{V}u(x,y)}\|_2\end{aligned}\tag{7.4.7}$$

综上所述，式(7.4.3)中的 MHOTV 可以表示为

$$J_{1,2}(u)=\int_{\Omega}\|\boldsymbol{R}\boldsymbol{V}u(x,y)\|_2\mathrm{d}x\mathrm{d}y$$

利用 MHOTV 正则项,提出下面的基于 MHOTV 正则化的图像复原模型为

$$\hat{\boldsymbol{u}} = \underset{u}{\operatorname{argmin}}\left\{\boldsymbol{C}(u) = \frac{1}{2}\int_{\Omega}|f - \boldsymbol{A}u|^2 \mathrm{d}x\mathrm{d}y + \lambda J_{1,2}(u)\right\} \tag{7.4.8}$$

式中:$\lambda>0$ 为正则化参数。

将大小为 $r\times c$ 的图像看成向量形式,大小为 $N=r\times c$。模型式(7.4.8)的目标泛函可以离散表示为

$$\boldsymbol{C}(u) = \frac{1}{2}\|\boldsymbol{f} - \boldsymbol{A}\boldsymbol{u}\|_2^2 + \lambda J_{1,2}(\boldsymbol{u}) \tag{7.4.9}$$

式中:$\boldsymbol{A} \in \mathbb{R}^{N\times N}$ 为模糊矩阵;$\boldsymbol{f}$ 和 $\boldsymbol{u} \in \mathbb{R}^N$ 分别为观测图像和待复原图像。

同时,假设图像满足反射边界条件,并使用向前有限差分来近似图像的偏导数[19]。

向量微分算子 $\boldsymbol{V} = (\partial_x,\partial_y,\partial_{xx},\partial_{xy},\partial_{yy})^{\mathrm{T}}$ 的离散形式为 $\boldsymbol{V}: \mathbb{R}^N \to \mathbb{R}^{5\times N}$,记 $\boldsymbol{X}_5 = \mathbb{R}^{5\times N} = \{\boldsymbol{u} = (\boldsymbol{u}_1,\boldsymbol{u}_2,\cdots,\boldsymbol{u}_N) \mid \boldsymbol{u}_i \in \mathbb{R}^5, \forall_i = 1,2,\cdots,N\}$。

对于任意 $\boldsymbol{u} = (\boldsymbol{u}_1,\boldsymbol{u}_2,\cdots,\boldsymbol{u}_N) \in X_5$ 和$\boldsymbol{v} = (\boldsymbol{v}_1,\boldsymbol{v}_2,\cdots,\boldsymbol{v}_N) \in X_5\}$,定义 X_5 上的内积 $\langle .,. \rangle_{X_5}$和范数 $\|.\|_{X_5}$分别为

$$\langle \boldsymbol{u},\boldsymbol{v} \rangle_{X_5} = \sum_{i=1}^{N} \boldsymbol{u}_i^{\mathrm{T}} \boldsymbol{v}_i,\ \|\boldsymbol{u}\|_{X_5} = \sqrt{\langle \boldsymbol{u},\boldsymbol{u}\rangle_{X_5}} \tag{7.4.10}$$

同时,将 $\boldsymbol{V}$ 的伴随算子定义为 $\boldsymbol{V}^{\mathrm{T}}:X_5\to \mathbb{R}^N$,对于 $\boldsymbol{q} \in X_5$ 和 $f \in \mathbb{R}^N$,有

$$\langle \boldsymbol{q},\boldsymbol{V}\boldsymbol{u}\rangle_{X_5} = \langle \boldsymbol{V}^{\mathrm{T}},\boldsymbol{q},\boldsymbol{u}\rangle_2 \tag{7.4.11}$$

式中:$\langle .,. \rangle_2$ 表示欧几里得空间$\mathbb{R}^N$上的内积。

定义算子 $\boldsymbol{\Lambda}:X_5\to X_5$ 及其伴随算子 $\boldsymbol{\Lambda}^{\mathrm{T}}:X_5\to X_5$,其作用于$\boldsymbol{v} = (\boldsymbol{v}_1,\boldsymbol{v}_2,\cdots,\boldsymbol{v}_N) \in X_5$ 分别表示:$(\boldsymbol{\Lambda})_i = \boldsymbol{R}\boldsymbol{v}_i$和$(A_v^{\mathrm{T}})_i = \boldsymbol{R}^{\mathrm{T}}\boldsymbol{v}_i$,其中:$(\cdot)_i$ 表示矩阵的第 i 列元素。

基于 $\boldsymbol{u} = (\boldsymbol{u}_1,\boldsymbol{u}_2,\cdots,\boldsymbol{u}_N) \in X_5$ 的 $l_1 - l_2$ 混合范数定义为

$$\|\boldsymbol{u}\|_{1,2} = \sum_{i=1}^{N} \|\boldsymbol{u}_i\|_2 \tag{7.4.12}$$

因此,MHOTV 的离散形式表示为

$$J_{1,2}(\boldsymbol{u}) = \sum_{i=1}^{N} \|\boldsymbol{R}(\boldsymbol{V}\boldsymbol{u})_i\|_2 = \|\boldsymbol{\Lambda}\boldsymbol{V}\boldsymbol{u}\|_{1,2} \tag{7.4.13}$$

综上所述,记 $\boldsymbol{H} = \boldsymbol{\Lambda}\boldsymbol{V}$,因此模型式(5.11)的离散形式可以表示为

$$\hat{\boldsymbol{u}} = \underset{\boldsymbol{u}}{\operatorname{argmin}}\left\{\boldsymbol{C}(\boldsymbol{u}) = \frac{1}{2}\|\boldsymbol{f} - \boldsymbol{A}\boldsymbol{u}\|_{\mathrm{F}}^2 + \lambda\|\boldsymbol{H}\boldsymbol{u}\|_{1,2}\right\} \tag{7.4.14}$$

7.4.2 算法描述与分析

由于 MHOTV 正则项是不可微的,因此为了设计更加有效的算法,将在 MM 算法[14,20-21]框架下设计 MHOTV 复原模型式(7.4.14)的快速求解算法。

构造 $C(u)$的代理函数为

$$L(\boldsymbol{u};\boldsymbol{u}^{(k)}) = \frac{\alpha}{2}\|\boldsymbol{u} - \boldsymbol{z}^{(k)}\|_{\mathrm{F}}^2 + \lambda\|\boldsymbol{H}\boldsymbol{u}\|_{1,2} + c \tag{7.4.15}$$

式中:$\boldsymbol{z}^{(k)} = \boldsymbol{u}^{(k)} + \frac{1}{\alpha}\boldsymbol{A}^{\mathrm{T}}(\boldsymbol{f} - \boldsymbol{A}\boldsymbol{u}^{(k)})\ (\alpha > \|\boldsymbol{A}^{\mathrm{T}}\boldsymbol{A}\|)$;$c$ 是与 $\boldsymbol{u}$ 无关的常数。可以验证,该

代理函数满足 MM 条件。

在 MM 算法框架下,MHOTV 模型式(7.4.14)转化为迭代求解以下优化问题:

$$\boldsymbol{u}^{(k+1)} = \underset{u}{\operatorname{argmin}}\{L(\boldsymbol{f};\boldsymbol{f}^{(k)}) = \frac{\alpha}{2}\|\boldsymbol{u}-\boldsymbol{z}^{(k)}\|_{\mathrm{F}}^2 + \lambda\|\boldsymbol{H}\boldsymbol{u}\|_{1,2} + c\} \quad (7.4.16)$$

该模型可以看作是基于 MHOTV 正则化去噪问题。

由于图像的灰度值取值范围是有界的,在这个约束下,因此式(7.4.16)可进一步写为

$$\boldsymbol{u}^{(k+1)} = \underset{\boldsymbol{u}\in S}{\operatorname{argmin}} \frac{\alpha}{2}\|\boldsymbol{u}-\boldsymbol{z}^{(k)}\|_{\mathrm{F}}^2 + \lambda\|\boldsymbol{H}\boldsymbol{u}\|_{1,2} \quad (7.4.17)$$

式中:凸集 $S = \{\boldsymbol{u}\in\mathbb{R}^N | \boldsymbol{u}^i \in [\boldsymbol{u}_{\min},\boldsymbol{u}_{\max}], \forall_i = 1,\cdots,N\}$ 用来约束图像灰度值取值范围的有界性。

文献[60]所述,$\|.\|_{\infty,2}$是$\|.\|_{1,2}$的对偶范数,对于 $\boldsymbol{u} = (\boldsymbol{u}_1,\boldsymbol{u}_2,\cdots,\boldsymbol{u}_N) \in X_5$,有

$$\|\boldsymbol{u}\|_{1,2} = \max_{\omega\in X}\langle\boldsymbol{u},\omega\rangle_{X_5} \quad (7.4.18)$$

式中:$X = \{\omega = (\omega_1,\omega_2,\cdots,\omega_N)\in X_5 \mid \|\omega_i\|_2 \leqslant 1, \forall_i = 1,\cdots,N\}$ 表示 $l_\infty - l_2$ 单位范数球。

令 $\mu=\lambda/\alpha$,使用式(7.4.18),则模型式(7.4.17)可以进一步表示为

$$\boldsymbol{u}^{(k+1)} = \underset{\boldsymbol{u}\in S}{\operatorname{argmin}} \frac{1}{2}\|\boldsymbol{u}-\boldsymbol{z}^{(k)}\|_F^2 + \mu\max_{\omega\in X}\langle\boldsymbol{u},\boldsymbol{H}^{\mathrm{T}}\omega\rangle_2 \quad (7.4.19)$$

模型式(7.4.17)等价于求解以下极小极大化问题:

$$\min_{\boldsymbol{u}\in S}\max_{\omega\in X}\left\{E(\boldsymbol{u},\omega) = \frac{1}{2}\|\boldsymbol{u}-\boldsymbol{z}^{(k)}\|_{\mathrm{F}}^2 + \mu\langle\boldsymbol{u},\boldsymbol{H}^{\mathrm{T}}\omega\rangle_2\right\} \quad (7.4.20)$$

由于代价函数 $E(\boldsymbol{u},\omega)$ 关于 $\boldsymbol{u}$ 严格凸,关于 ω 严格凹,因此模型式(7.4.20)的一对鞍点$(\boldsymbol{u}^{(k+1)},\omega^{(k)})$[22]存在且满足

$$\min_{\boldsymbol{u}\in S}\max_{\omega\in X}E(\boldsymbol{u},\omega) = E(\boldsymbol{u}^{(k+1)},\omega^{(k)}) \max_{\omega\in X}\min_{\boldsymbol{u}\in S}E(\boldsymbol{u},\omega) \quad (7.4.21)$$

同理,$E(\boldsymbol{u},\omega)$ 可以等价表示为

$$E(\boldsymbol{f},\omega) = \frac{1}{2}\|\boldsymbol{u}-(\mathbf{z}^{(k)}-\mu\boldsymbol{H}^{\mathrm{T}}\omega)\|_F^2 + \frac{1}{2}\|\boldsymbol{z}^{(k)}\|_F^2 - \frac{1}{2}\|\boldsymbol{z}^{(k)}-\mu\boldsymbol{H}^{\mathrm{T}}\omega\|_F^2 \quad (7.4.22)$$

根据式(7.4.21)和式(7.4.22),因此模型式(7.4.20)的鞍点$(\boldsymbol{u}^{(k+1)},\omega^{(k)})$可以表示为

$$\begin{aligned}\boldsymbol{u}^{(k+1)} &= \underset{\boldsymbol{u}\in S}{\operatorname{argmin}}\left\{\max_{\omega\in X}\frac{1}{2}\|\boldsymbol{u}-(\boldsymbol{z}^{(k)}-\mu\boldsymbol{H}^{\mathrm{T}}\omega)\|_F^2 + \frac{1}{2}\|\boldsymbol{z}^{(k)}\|_F^2 - \frac{1}{2}\|\boldsymbol{z}^{(k)}-\mu\boldsymbol{H}^{\mathrm{T}}\omega\|_F^2\right\} \\ &= P_S(\boldsymbol{z}^{(k)}-\mu\boldsymbol{H}^{\mathrm{T}}\omega^{(k)})\end{aligned} \quad (7.4.23)$$

式中:P_S 表示凸集 S 上的正交投影算子,$\omega^{(k)}$可以表示为

$$\omega^{(k)} = \underset{\omega\in X}{\operatorname{argmax}}\left\{\begin{aligned}&h(\omega) = \frac{1}{2}\|P_S(\boldsymbol{z}^{(k)}-\mu\boldsymbol{H}^{\mathrm{T}}\omega)-(\boldsymbol{z}^{(\boldsymbol{k})}-\boldsymbol{\mu}\boldsymbol{H}^{\mathrm{T}}\omega)\|_{\mathrm{F}}^2 \\ &+\frac{1}{2}\|\boldsymbol{z}^{(k)}\|_2^2 - \frac{1}{2}\|\boldsymbol{z}^{(k)}-\mu\boldsymbol{H}^{\mathrm{T}}\omega\|_F^2\end{aligned}\right\} \quad (7.4.24)$$

由于 $h(\omega)$是可微的且具有连续的 Lipschitz 梯度,因此根据文献[23],有

$$\nabla h(\omega) = \mu\boldsymbol{H}P_S(\boldsymbol{z}^{(k)}-\mu\boldsymbol{H}^{\mathrm{T}}\omega) \quad (7.4.25)$$

为了加快算法的收敛性，使用 Nesterov 迭代算法[24] 求解方程式(7.4.25)，与传统的梯度上升算法相比较，Nesterov 迭代算法具有更高阶的收敛率。

综上所述，针对二阶全变差正则化图像复原问题式(7.4.8)的求解，归纳以下的算法：

算法 7.3：MHOTV 复原模型的 MFISTA 求解算法：

输入： 输入 $\boldsymbol{f}$、$\boldsymbol{A}$、$\lambda > 0, \alpha > \|\boldsymbol{A}^{\mathrm{T}}\boldsymbol{A}\|, \varepsilon < 0, M_{\mathrm{inner}}$ 和最大迭代步数 Maxiter。

初始化： $\boldsymbol{v}^{(1)} = \boldsymbol{u}^{(0)} = \boldsymbol{f}, t_1 = 1, c_1 = C(\boldsymbol{u}^{(0)})$。

主迭代： 对 $k=0、1、2\cdots$ 按下列步骤计算：

(1) 对于 $m=0,1,2,\cdots,M_{\mathrm{inner}}$，进行内迭代为

$$
\begin{cases}
\boldsymbol{s}^{(m)} \leftarrow \mathrm{FPG}\left(\boldsymbol{v}^{(m)} + \dfrac{1}{\alpha}\boldsymbol{A}^{\mathrm{T}}(\boldsymbol{f} - \boldsymbol{A}\boldsymbol{v}^{(m)}), \dfrac{\lambda}{\alpha}\right) \\
t_{m+1} \leftarrow \dfrac{1 + \sqrt{1 + 4t_m^2}}{2}; c_{m+1} = C(\boldsymbol{s}^{(m)}) \\
\text{设 } c_{m+1} > c_m, \text{得} \\
c_{m+1} = c_m; \boldsymbol{u}^{m+1} \leftarrow \boldsymbol{u}^{(m)} \\
\text{其他} \\
\boldsymbol{u}^{(m+1)} \leftarrow \boldsymbol{s}^{(m)} \\
\text{和} \\
\boldsymbol{v}^{(m+1)} \leftarrow \boldsymbol{u}^{(m+1)} + \dfrac{t_m}{t_{m+1}}(\boldsymbol{s}^{(m)} - \boldsymbol{u}^{(m+1)}) + \dfrac{t_m - 1}{t_m + 1}(\boldsymbol{u}^{(m+1)} - \boldsymbol{u}^{(m)})
\end{cases}
$$

(2) 若 $\boldsymbol{u}^{(m+1)}$ 满足给定的终止条件，令 $k^* = k+1$，迭代结束；否则，令 $k := k+1$，转至第(1)步继续进行迭代。

输出： 复原图像 $\hat{\boldsymbol{u}} = \boldsymbol{u}^{(k)}$。

在该算法中，$\mathrm{FPG}(z,\mu)$ 是利用 Nesterov 迭代算法来求解方程式(7.4.25)的程序如下：

算法 7.4：$\boldsymbol{s} = \mathrm{FPG}(z,\boldsymbol{\mu})$ 算法：

输入： 输入输入 z、$\boldsymbol{H}$、$\mu > 0, \gamma > \|\boldsymbol{H}^{\mathrm{T}}\boldsymbol{H}\|, \varepsilon_0$, Inneriter。

初始化： $\boldsymbol{u}^{(1)} = \omega^{(0)} = \boldsymbol{0}.\ t_1 = 1$。

主迭代： 对 $k=0、1、2\cdots$ 按下列步骤计算：

(1) 对于 $m=0,1,2,\cdots,M_{\mathrm{inner}}$，进行内迭代为

$$
\begin{cases}
\omega^{(m)} \leftarrow P_X\left(\boldsymbol{u}^{(m)} + \dfrac{1}{\mu\gamma}\boldsymbol{H}P_S(z - \mu\boldsymbol{H}^{\mathrm{T}}\boldsymbol{u}^{(m)})\right) \\
t_{m+1} \leftarrow \dfrac{1 + \sqrt{1 + 4t_m^2}}{2} \\
\boldsymbol{u}^{(m+1)} \leftarrow \omega^{(m)} + \dfrac{t_m - 1}{t_m + 1}(\omega^{(m)} - \omega^{(m-1)})
\end{cases}
$$

(2) 若 $\dfrac{\|\omega^{(k+1)} - \omega^{(k)}\|_2}{\|\omega^{(k)}\|_2} < \varepsilon_0$ 或 $k >$ Inneriter，迭代结速，否则，令 $k := k+1$，转至第(1)步继续进行迭代。

输出： $s = P_S(z - \mu\boldsymbol{H}^{\mathrm{T}}\omega^{(k-1)})$。

7.4.3　实验结果比较与分析

本小节将通过一系列仿真实验来验证提出的 MHOTV 正则化复原模型及算法的有效性,测试图像如图 7.6 所示。在实验中,主流方法包括 TV 正则化方法[23]、非局部 TV(Nonlocal TV 方法)正则化方法(NLTV 方法)[25]、Hessian-Frobenius 范数正则化方法(H-F 方法)[26]、Hessian-Spectral 范数正则化方法(H-S 方法)[26]、Hessian-Nuclear 范数正则化方法(H-N 方法)[9]以及各项同性二阶 TV(ISDTV 方法)正则化方法[13]。

在实验中,使用三种模糊核来产生模糊图像,分别是大小为 9×9 和标准差为 6 的高斯模糊核,大小为 9×9 的均值模糊核,大小为 19×19 的运动模糊核。添加两种不同模糊信噪比水平(分别为 20dB 和 30dB)的高斯噪声来产生最终的退化图像,其中:模糊信噪比(Blurred SNR,BSNR)定义为

$$\mathrm{BSNR} = \mathrm{var}(\boldsymbol{Af})/\sigma^2$$

式中:var($\boldsymbol{Af}$)为模糊图像的方差;σ 为高斯噪声的标准差。

(a)　　　　(b)　　　　(c)

图 7.6　测试原始图像

(a) Bridge;(b) Face;(c) Peppers。

为了保证各算法之间比较的公平性,在实验中将所有测试图像的灰度值范围限制在[0,1]。对于正则化参数的选取,常用的方法有经验法、L 形曲线法和交叉验证法,本小节使用经验法,即选择正则化参数 λ 使该正则化方法取得最好的图像峰值信噪比。在本节提出的算法中,设置算法终止条件为

$$\frac{\| \boldsymbol{u}^{(k+1)} - \boldsymbol{u}^{(k)} \|_2}{\| \boldsymbol{u}^{(k)} \|_2} \leqslant 10^{-4}$$

最大迭代次数设置为 100。

表 7.3 详细列出了各方法对自然图像在不同退化条件下进行复原得到的客观评价指标 PSNR 值。PSNR 值越大,表示图像复原效果越好。表 7.3 所列的 MHOTV 方法在绝大多数情况下表现最好的 PSNR 值,即最好的复原效果。

为了从视觉上更直观地感受各算法的复原效果,图 7.7 所示为 Face 图像经过均值模糊后的图像经过复原后的图像比较;图 7.8 所示为 Peppers 图像经过运动模糊后经过复

原的图像比较。可以看出,TV 方法可以保持图像中的锐利边缘,但是在图像的平滑区域产生了严重的阶梯效应,从而丢失了大部分细节;Nonlocal TV 方法可以抑制阶段效应,也可以保持锐利边缘和部分细节;Hessian-Frobenius 方法、Hessian-Spectral 方法、Hessian-Nuclear方法和 ISDTV 方法都很有优势,能保持一些锐利的图像边缘,同时可以较好地消除阶梯效应。MHOTV 方法不仅可以较好地保持图像中的锐利边缘和部分细节,而且可以较好地消除阶梯效应,表现最好的视觉质量和复原效果。

表 7.3 各方法去模糊图像的 PSNR 和 SSIM 比较

模糊模式	TV 方法	NLTV 方法	H-S 方法	H-F 方法	H-N 方法	ISDTV 方法	MHOTV 方法
Boat							
高斯模糊(20)	26.83	26.94	26.91	27.01	27.07	26.98	27.15
高斯模糊(30)	29.12	29.25	29.11	29.27	29.34	29.23	29.46
均值模糊(20)	26.97	27.07	27.00	27.12	27.19	27.09	27.27
均值模糊(30)	29.35	29.46	29.30	29.47	29.57	29.43	29.67
运动模糊(20)	26.23	25.87	26.05	26.15	26.19	26.13	26.48
运动模糊(30)	28.79	28.67	28.47	28.60	28.65	28.58	28.96
Face							
高斯模糊(20)	26.13	29.90	26.84	26.98	27.03	26.95	27.12
高斯模糊(30)	28.83	29.28	29.61	29.77	29.79	29.82	30.01
均值模糊(20)	26.11	26.73	26.74	26.89	26.96	26.87	27.00
均值模糊(30)	28.73	29.32	29.49	29.69	29.69	29.67	29.84
运动模糊(20)	24.97	24.44	25.70	25.79	25.83	25.78	25.86
运动模糊(30)	28.43	27.77	29.23	29.39	29.46	29.44	29.58
Peppers							
高斯模糊(20)	26.21	26.53	26.19	26.35	26.48	26.29	26.69
高斯模糊(30)	29.35	28.64	28.98	29.14	29.23	29.09	29.65
均值模糊(20)	26.54	26.82	26.46	26.64	26.77	26.59	27.01
均值模糊(30)	29.49	28.98	29.08	29.25	29.37	29.21	29.75
运动模糊(20)	24.77	24.24	25.15	25.23	25.31	25.19	25.56
运动模糊(30)	27.19	27.64	27.97	28.15	28.16	28.11	28.66

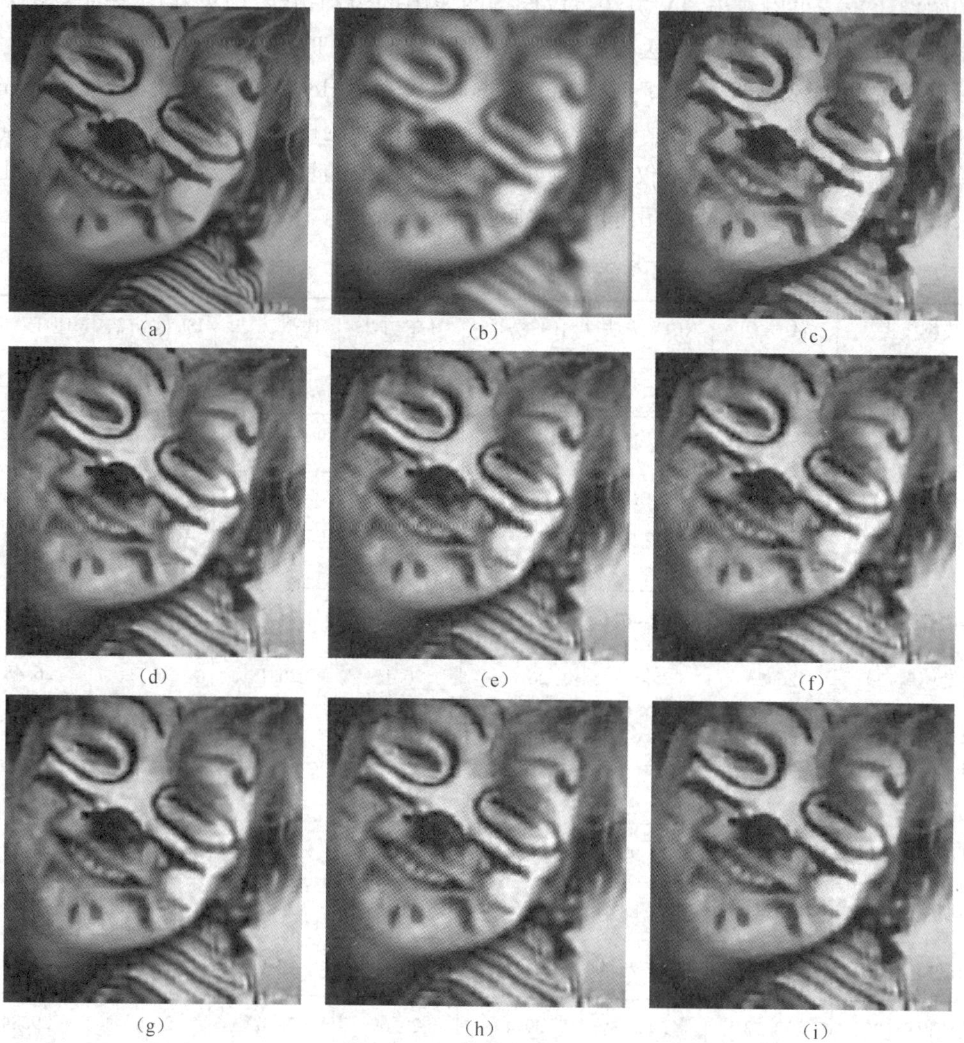

图 7.7　各方法对 Face 图像在均值模糊和噪声水平在 BSNR=20dB 情况下的复原结果比较
(a)原始图像;(b)退化图像;(c)TV 方法;(d)Nonlocal TV 方法;(e)Hessian-Frobenius 方法;(f)Hessian-Spectral 方法;(g)Hessian-Nuclear 方法;(h)ISDTV 方法;(i)MHOTV 方法。

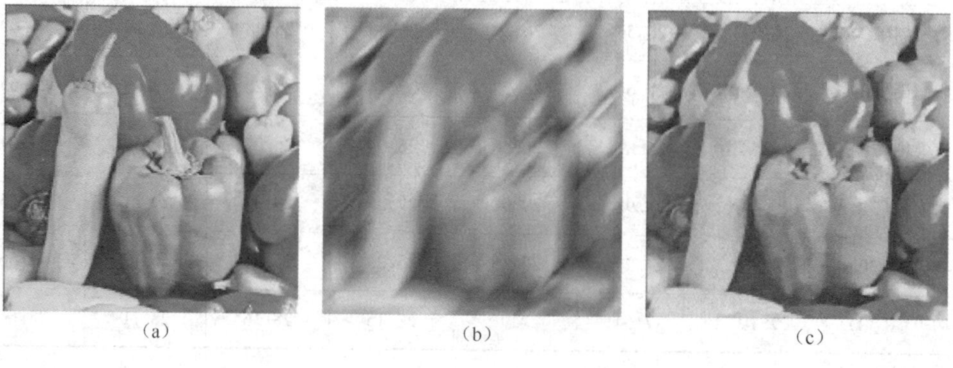

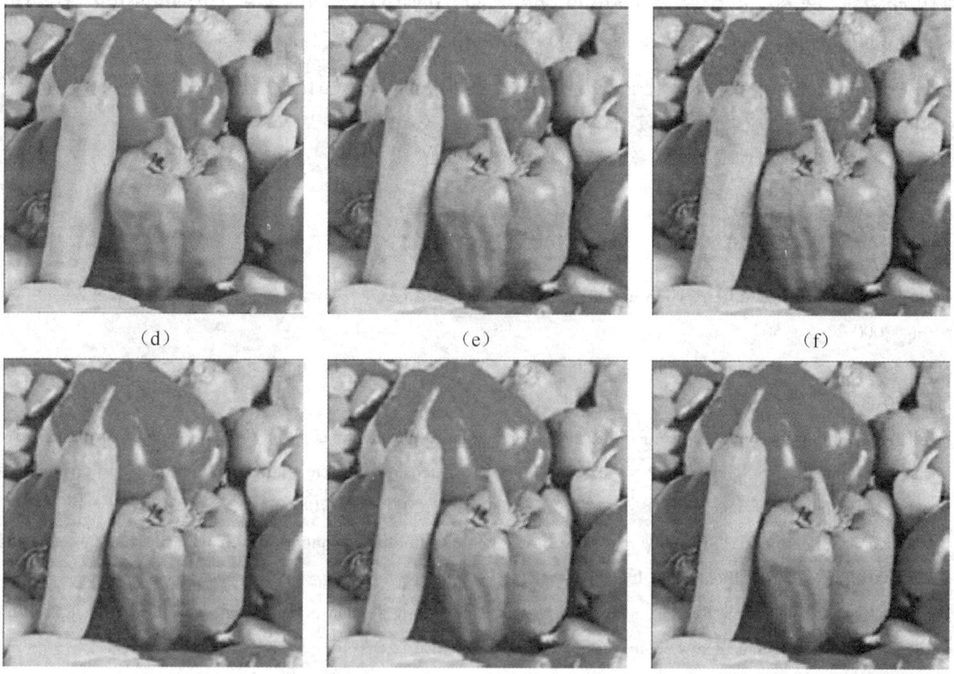

(d) (e) (f)

(g) (h) (i)

图 7.8　各方法对 Peppers 图像在运动模糊和噪声水平在 BSNR=30dB 情况下的复原结果比较
(a)原始图像;(b)退化图像;(c)TV 方法;(d)Nonlocal TV 方法;(e)Hessian-Frobenius 方法;(f)Hessian-Spectral 方法;(g)Hessian-Nuclear 方法;(h)ISDTV 方法;(i)MHOTV 方法。

7.5　本章小结

本章的主要内容是来源于刘鹏飞博士在攻读博士学位期间研究的成果,重点介绍了高阶全变差正则化图像复原方法。

首先,针对图像乘性噪声抑制和图像复原问题,为了抑制传统全变差正则化方法所引起的阶梯效应,重点研究和分析图像的高阶全变差正则化建模方法,提出了基于高阶全变差正则化的乘性噪声抑制和图像复原模型。利用变量分裂法设计了模型的交替迭代最小化的快速求解算法。实验结果表明,与传统的 TV 正则化图像恢复方法,以及当前主流的高阶正则化图像恢复方法相比较,本章提出的方法无论在视觉效果,还是客观评价指标、算法收敛速度都能取得较好的恢复效果,在有效抑制阶梯效应的同时仍能锐化图像边缘。

其次,针对图像恢复问题,分析了传统 TV 正则化方法和当前高阶 TV 正则化方法各自的优缺点。以抑制阶梯效应和同时保持图像的锐利边缘为目标,提出了一种基于混合高阶全变差正则化的图像恢复方法。一是研究 TV 和高阶 TV 的原始定义机理,进而对 TV 和高阶 TV 进行推广,提出了一个新的混合高阶全变差正则项,并建立了基于混合高阶全变差正则化的图像恢复模型;二是在谱分解框架下分析了混合高阶全变差正则项的等价表示性质;三是利用混合高阶全变差正则项的等价表示形式,并借鉴主优化最小(Majorization Minimization,MM)算法的思想,结合快速投影梯度算法,设计了一种有效的单调快速迭代收缩阈值算法(Monotone Fast Iterative Shrinkage Thresholding Algorithm, MFISTA);四是通过实验与多种基于TV正则化和高阶正则化的图像恢复方法进行比较,验证了本章方法的有效性。最后,实验结果表明,本章提出的方法不仅能够有效地消除阶梯效应,而且能够较好保持图像中的锐利边缘以及结构细节。

参 考 文 献

[1] Chan T F, Marquina A, Mulet P. High-order total variation-based image restoration[J]. SIMA Journal on Scientific Computing, 2000 22(2): 503-516.

[2] Steidl G, Didas S, Neumann J. Splines in higher order TV regularization[J]. International Journal of Computer Vision, 2006, 70(3): 241-255.

[3] Steidl G. A note on the dual treatment of higher-order regularization functionals[J]. Computing, 2006, 76(1): 135-148.

[4] Dogan Z, Lefkimmiatis S, Bourquard A, et al. A second-order extension of TV regularization for image deblurring. IEEE International Confrernce on Image Processing[C]. Brussels: IEEE, 2011: 705-708.

[5] Lefkimmiatis S, Bourquard A, Unser M. Hessian-based regularization for 3D microscopy image restoration[J]. In IEEE International Symposium on Biomedical Imaging, 2012: 1731-1734.

[6] Lefkimmiatis S, Unser M. 3D Poisson microscopy deconvolution with Hessian Schatten-norm regularization. IEEE International Symposium on Biomedical Imaging[C]. San Franciso: IEEE, 2013: 161-164.

[7] You Yu Li, Kaveh M. Fourth-order partial differential equations for noise removal[J]. IEEE Transactions on Image Processing, 2000, 9(10): 1723-1730.

[8] Lysaker M, Lundervold A, Tai Xue Cheng. Noise removal using fourth-order partial differential equation with applications to medical magnetic resonance images in space and time[J]. IEEE Transactions on Image Processing, 2003, 12(12): 1579-1590.

[9] Lefkimmiatis S, Bourquard A, Unser M. Hessian-based norm regularization for image restoration with biomedical applications[J]. IEEE Trans Image Process, 2012, 21(3): 983-995.

[10] Lefkimmiatis S, Unser M. A projected gradient algorithm for image restoration under Hessian matrix-norm regularization. International Conference on Image Processing[C]. Orlando: IEEE, 2012: 3029-3032.

[11] Lefkimmiatis S, Ward J P, Unser M. Hessian Schatten-norm regularization for linear inverse problems[J]. IEE Transactions on Image Processing, 2013, 22(5): 1873-1888.

[12] Lefkimmiatis S, Unser M. Poisson image reconstruction with Hessian Schatten-norm regularization[J]. IEEE Transactions on Image Processing, 2013, 22(11): 4314-4327.

[13] Hu Yue, Jacob M. Higher degree total variation(hdtv) regularization for image recovery[J]. IEEE Transactions on Image Processing, 2012, 21(5): 2559-2571.

[14] Beck A, Teboulle M. A fast iterative shrinkage-thresholding algorithm for linear inverse problems[J]. SIAM Journal Imaging Sciences, 2009, 2(1): 183-202.

[15] Aubert G, Aujol J F. A variational approach to removing multiplicative noise[J]. SIAM Journal on Applied Mathematics, 2008, 68(4): 925-946.

[16] Huang Yu Mei, Ng M K, Wen You Wei. A new total variation method for multiplicative noise removal[J]. SIAM Journal on Imaging Sciences, 2009, 2(1): 20-40.

[17] Lysaker M, Tai Xue Cheng. Iterative image restoration combining total variation minimization and a second-order functional[J]. International Journal of Computer Vision, 2006, 66(1): 5-18.

[18] Knoll F, Bredies K, Pock T, et al. Second order total generalized variation(TGV) for MRI[J]. Magnetic Resonance in Medicine, 2011, 65(2): 480-491.

[19] Dennis J, E John, Schnabel R B. Numerical methods for unconstrained optimization and nonlinear equations [M]. Englewood Cliffs: Prentice-Hall Inc, 1983.

[20] Hunter D R, Lange K. A tutorial on MM algorithms[J]. The American Statistician, 2004, 58(1): 30-37.
[21] Figueiredo M A T, Bioucasdias J M, Nowak R D. Majorization - minimization algorithms for wavelet - based image restoration[J]. IEEE Transactions on Image Processing, 2007, 16(12): 2980-2991.
[22] Rockafellar R. T. Convex Analysis[M]. Princeton: Princeton University Press, 1970.
[23] Beck A, Teboulle M. Fast gradient - based algorithms for constrained total variation image denoising and deblurring problems[J]. IEEE Transactions on Image Processing, 2009, 18(11): 2419.
[24] Nesterov Y E. A method for solving the convex propramming problem with convergence rateo(1/ksp2)[J]. Doklakad Nauk Sssr, 1983, (3): 543-547.
[25] Zhang Xiaoqun, Burger M, Bresson X, et al. Bregmanized nonlocal regularization for deconvolution and sparse reconstruction[J]. SIAM Journal on Imaging Sciences, 2010, 3(3): 253-276.
[26] Lefkimmiatis S, Unser M. A projected gradient algorithm for image restoration under Hessian matrix - norm regularization. IEEE International Conference on Image Processing[C]. Olando: IEEE, 2012: 3029-3032.

第 8 章　分数阶全变差正则化图像复原

8.1 引　　言

近年来,分数阶微积分已经在材料科学、力学、自动控制等领域得到广泛应用,而在图像处理领域的研究是近几年兴起的[1-3]。第 3 章利用分数阶微分,对传统基于一阶微分的全变差进行了拓展,介绍了分数阶全变差的定义及其基本性质。第 4 章介绍了分数阶全变差正则化图像去噪模型及其优化算法。本章主要介绍基于分数阶全变差正则化的模型改进及其应用。

8.2 节重点分析分数阶迭代正则化方法。该方法针对传统 Bregman 迭代正则化图像复原中由于单幅残差反馈引起的图像重新噪声化的问题,采用多幅残差的组合进行反馈,因此提出了时间维度分数阶迭代正则化图像复原模型及算法,并从理论上证明了算法的收敛性。通过实验分析了分数阶导数的阶数对图像细节保持性能的影响机理,并据此提出了参数自适应的分数阶迭代正则化算法,在保持图像边缘及纹理细节的同时能够较好地抑制噪声,避免图像的重新噪声化。

8.3 节介绍针对分数阶全变差正则化模型的重加权残差反馈迭代算法。该算法是求解具有不同保真项的分数阶全变差正则化模型的一种通用算法框架。为了提高算法的性能,建立了图像形态成分模糊隶属度指标来度量图像每个像素属于边缘、纹理以及平滑成分的可能性,并在此基础上提出模型参数和重加权利的权利重矩阵的自适应计算和更新方法。将该算法用于求解针对乘性噪声抑制的两种具有不同保真项的分数阶全变差模型。实验表明,该算法具有较高的计算效率和收敛速度,所提出的自适应算法在有效地抑制噪声的同时,较好地保持了图像的边缘、纹理等细节信息,从而使去噪后的图像具有良好的视觉效果。

8.4 节针对 Poisson 噪声条件下的图像去模糊问题,提出一种卡通-纹理耦合正则化方法。该方法将图像看作是由卡通成分和纹理成分组成,并对这两种图像成分分别采用分数阶全变差正则化和非局部正则化进行建模,发挥各自的优点并避免各自的缺点,从而达到扬长避短的效果。对于图像卡通成分,分数阶全变差正则化能够有效抑制阶梯效应,并且可以避免图像边缘的过度模糊;对于图像纹理成分,非局部全变差正则化能够地保持图像的纹理细节,同时还能避免在图像非纹理区域出现额外的人工效应。实验表明,该方法能够有效抑制阶梯效应并较好地保持图像的细节成分,复原图像具有良好的视觉效果。

8.2 自适应分数阶迭代正则化模型及算法

8.2.1 分数阶迭代正则化模型

2005 年,Osher 等针对图像全变差去噪模型对于纹理细节保持不好的问题,基于梯度场匹配的思想[4],提出了下面的迭代正则化方法[5],即

$$u_{k+1}=\underset{u\in \mathrm{BV}(\Omega)}{\operatorname{argmin}}\left\{\int_{\Omega}|\nabla u|\mathrm{d}x\mathrm{d}y\int_{\Omega}\frac{\nabla u_k}{|\nabla u_k|}\cdot\nabla u\mathrm{d}x\mathrm{d}y+\frac{\lambda}{2}\|f-u\|_2^2\right\}\tag{8.2.1}$$

式中:能量泛函的第二项是要求当前一次计算的去噪图像的梯度场向量方向与前一次迭代结果的梯度场向量方向一致。

该方法可等价地表示为下面的迭代格式,即

$$\begin{cases}g_k=f+v_k,\\ u_{k+1}=\underset{u}{\operatorname{argmin}}\left\{\int_{\Omega}|\nabla u|\mathrm{d}x\mathrm{d}y+\dfrac{\lambda}{2}\|g_k-u\|_2^2\right\}\\ v_{k+1}=g_k-u_{k+1}\end{cases}\tag{8.2.2}$$

从最优化理论角度,这种方法实际上是对全变差正则化模型采用了 Bregman 迭代算法。Bregman 迭代算法是 20 世纪 60 年代提出的求解无约束优化问题的一种算法。迭代正则化方法式(8.2.1)在图像处理中取得成功,使 Bregman 迭代在当今图像处理领域中焕发了新的活力,引起了巨大关注和广泛应用[6-8]。

在 Bregman 迭代格式式(8.2.2)中,每次迭代时首先将前一次迭代所得到的残差图像 u_k 反馈到原含噪声图像 f 中,得到新的"含噪声图像"g_k;然后利用传统的全变差正则化方法对 g_k 进行去噪。事实上,在模型式(8.2.2)每一次残差图像的反馈补偿,都是对原图像中的细节不断增强的过程。该方法收敛速度快,可以很好地保持图像的边缘、纹理等细节结构。因此,自从该方法提出之后,在图像处理领域产生了巨大的影响,目前许多算法都采用了该方法的"残差反馈补偿"的思想。

但是,理论上已经证明 Bregman 迭代正则化方法式(8.2.1)或式(8.2.2)所生成的迭代序列$\{x_k\}$收敛于原含噪声图像 f[5]。正是这个性质使该方法具有很好的细节保持能力(因为所有的细节全被加回去了),同时导致该方法会使已去噪图像被重新噪声化(因为所有的噪声也被加回去了)。针对这个问题,所以对该方法进行了改进,采用多幅图像进行反馈,提出分数阶迭代正则化方法。

首先,引入一个时间变量 t,将图像 $u(x,y)$ 记为 $u(x,y;t)$,并将迭代序列$\{u_k(x,y)\}$看作是一个时间维度上的离散序列,即 $u_k=u(x,y;t_k)$;然后,在时间维度上引入分数阶差分(离散分数阶导数),建立下面的分数阶迭代正则化模型:

$$u_k=\underset{u\in \mathrm{BV}(\Omega)}{\operatorname{argmin}}\left\{\int_{\Omega}\nabla u\cdot\left[\frac{\nabla u}{|\nabla u|}-\sum_{j=1}^{L}(-1)^{j-1}C_{\alpha}^{j}\frac{\nabla u_{k-j}}{|\nabla u_{k-j}|}\right]\mathrm{d}x\mathrm{d}y+\frac{\lambda}{2}\|f-u\|_2^2\right\}\tag{8.2.3}$$

式中:$\nabla u/|\nabla u|-\sum_{j=1}^{L}(-1)^{j-1}C_{\alpha}^{j}\nabla u_{k-j}/|\nabla u_{k-j}|$ 为梯度场在时间维度上的分数阶差

分；α 为分数阶差分的阶数；$C_\alpha^k=\Gamma(\alpha+1)/[\Gamma(\alpha+1)\Gamma(\alpha-k+1)]$ 为由伽马函数定义的广义二项式系数。

特别地，当 $\alpha=1$ 时，模型式(8.2.3)退化为 Bregman 迭代正则化模型式(8.2.1)；当 $\alpha=0$ 时，模型式(8.2.3)退化为全变差正则化模型。因此，对于 $\alpha\in(0,1)$，分数阶迭代正则化模型可以看作是全变差正则化模型和 Bregman 迭代正则化模型之间的一种"插值"模型。

类似式(8.2.2)，分数阶迭代正则化模型式(8.2.3)可以等价地改写为

$$\begin{cases} g_k=f+\sum_{j=1}^{L}(-1)^{j-1}C_\alpha^j\cdot v_{k+1-j} \\ u_{k+1}=\underset{u}{\operatorname{argmin}}\left\{\int_\Omega|\nabla u|\,\mathrm{d}x\mathrm{d}y+\dfrac{\lambda}{2}\|g_k-u\|_2^2\right\} \\ v_{k+1}=g_k-u_{k+1} \end{cases} \tag{8.2.4}$$

比较式(8.2.2)和式(8.2.4)可以看出，在式(8.2.2)中计算当前去噪图像前，仅对前一次的残差进行反馈补偿，而分数阶迭代正则化格式式(8.2.4)是对前 L 次的残差进行线性组合之后，再反馈补偿到原图像中后重新去噪。从计算复杂程度来看，分数阶迭代正则化方法并不比传统的 Bregman 迭代正则化方法复杂。

8.2.2 算法收敛性分析

对于分数阶迭代正则化格式式(8.2.4)，有以下的收敛性定理。

定理 8.1：对于任意 $\alpha>0$，由分数阶迭代正则化格式式(8.2.4)产生的迭代序列收敛。

证明：按照迭代格式式(8.2.4)，可得

$$\begin{aligned} v_{k+1}&=g_k-u_{k+1}=(f+(-1)\sum_{j=1}^{L}(-1)^jG_\alpha^jv_{k+1-j})-u_{k+1} \\ &=f+C_\alpha^1(g_{k-1}-v_k)-\left[u_{k+1}+\sum_{j=2}^{L}(-1)^jC_\alpha^jv_{k+1-j}\right] \\ &=-C_\alpha^1v_k+(1+C_\alpha^1)f-\left[\sum_{j=2}^{L}(-1)^jC_\alpha^jv_{k+1-j}+C_\alpha^1\sum_{j=1}^{L}(-1)^jC_\alpha^jv_{k-1}+v_{k+1}\right] \end{aligned}$$

若记

$$r_k=\sum_{j=2}^{L}(-1)^jC_\alpha^jv_{k+1-j}+C_\alpha^1\sum_{j=1}^{L}(-1)^jC_\alpha^jv_{k-j}+v_{k+1} \tag{8.2.5}$$

则

$$\begin{aligned} v_{k+1}&=-C_\alpha^1v_k+(1+C_\alpha^1)f-r_k=\cdots \\ &=(-C_\alpha^1)^kv_1+[1+(-C_\alpha^1)^{k-1}]f-\sum_{m=0}^{k-1}(-C_\alpha^1)r_{r-m} \end{aligned}$$

由于任意 $\alpha\in(0,1)$，都有 $|C_\alpha^1|<1$ 成立，则

$$\lim_{k\to+\infty}v_{k+1}=f-\lim_{k\to+\infty}\sum_{m=0}^{k-1}(-C_\alpha^1)^mr_{k-m} \tag{8.2.6}$$

分析当 $k\to+\infty$ 时，序列 $\sum_{m=0}^{k-1}(-C_\alpha^1)^mr_{k-m}$ 的收敛性，则考虑

$$S_k=\sum_{m=0}^{k-1}\left|(-C_\alpha^1)^mr_{k-m}\right|$$

在上面的算法中，式(8.2.3)的第二个公式实际上是经典的全变差正则化去噪模型。Chambolle 对该模型及其算法进行了分析，已经证明了全变差去噪模型的残差图像满足

$$v_k = g_{k-1} - u_k \in \left\{ v \middle| \exists \boldsymbol{p} = (p_1(x,y), p_2(x,y)), |\boldsymbol{p}| = \sqrt{p_1^2 + p_2^2} \leqslant 1, s.t.\, v = \mathrm{div}\boldsymbol{p}/\lambda \right\}$$

因此,残差图像序列$\{u_k\}$是一致有界的,从而按照式(8.2.5)所生成的序列$\{r_k\}$也是一致有界的,即存在常数$M>0$使对任意$k\geqslant 1$,都有$|r_k|\leqslant M$,可得

$$\begin{aligned} 0 \leqslant S_k &= \sum\nolimits_{m=0}^{k-1} \left| (-C_\alpha^1)^m r_{k-m} \right| \\ &= \sum\nolimits_{m=0}^{k-1} |C_\alpha^1|^m |r_{k-m}| \leqslant M \sum\nolimits_{m=0}^{k-1} |C_\alpha^1|^m \leqslant \frac{M}{1-|C_\alpha^1|} \end{aligned} \tag{8.2.7}$$

式(8.2.7)表明序列$\{S_k\}$是单调上升且有上界的,所以其极限$\lim\limits_{k\to+\infty} S_k$是存在的,从而无穷级数$\lim\limits_{k\to+\infty} \sum_{m=0}^{k-1}(-C_\alpha^1)^m r_{k-m}$是绝对收敛的,因此$\lim\limits_{k\to+\infty} u_{k+1}$存在。换句话说,迭代列$\{u_k\}$是收敛的。

注意:①由于当$\alpha=0$时,迭代格式式(8.2.4)中$g_k\equiv f$,因此迭代序列实际上是一个常函数序列;而当$\alpha=1$时,迭代格式式(8.2.4)实际上就是传统的 Bregman 迭代正则化格式式(8.2.2),该算法的收敛性已经得到了证明。因此,对于任意$\alpha\in[0,1]$,由迭代格式式(8.2.4)生成的迭代序列都是收敛的。②由于迭代序列$\{u_k\}$是逐点收敛的,因此无论$\alpha\in[0,1]$是一个常数,还是空间变化的(每一个点处取值不一样),迭代序列$\{u_k\}$都是收敛的,这也为对α进行自适应选择奠定了理论基础。

从式(8.2.6)可以看到,与传统的 Bregman 迭代正则化的迭代序列收敛于原含噪声图像不同,本节提出的分数阶迭代正则化方法并不是收敛于原含噪声图像。但式(8.2.6)形式比较复杂,并不利于从理论上分析究竟收敛于什么样的图像。因此,将通过数值试验来对此进行分析,在分析分数阶参数α对于去噪结果的影响的基础上,对于参数α进行自适应计算,以提高图像去噪及结构保持能力。

8.2.3 实验比较与分析

本章的数值实验主要包括两个实验:第一个实验主要通过对纯卡通图像和纯纹理图像去噪的比较,分析分数阶全变差正则化模型的去噪机理,以及分数阶参数α对于不同图像的去噪以及结构保持性能的影响;第二个实验提出对分数阶参数进行自适应选择,从而得到一种自适应分数阶迭代正则化方法,以在有效抑制噪声同时,更好地保持图像的纹理细节信息。

实验1:分数阶全变差正则化模型的去噪具体如下:

在这个实验中,考虑两幅测试图像:一幅是纯卡通图像,另一幅是纯纹理图像。在本实验中,对测试图像加上方差为20的高斯白噪声形成含噪声图像。测试图像及其对应的含噪声图像,如图8.1所示。

在本实验中,采用峰值信噪比 PSNR 作为噪声抑制能力的客观度量,采用结构相似性度量 SSIM 衡量模型和算法的结构保持性能。另外,在本实验中,主要分析分数阶全变差正则化模型的去噪机理,以及分数阶阶数参数α对于不同图像的去噪以及结构保持性能的影响,因此在所有比较的方法中,正则化参数都固定取值为$\lambda=0.01$。

图8.2所示为全变差正则化方法、Bregman 迭代正则化方法以及本节的分数阶迭代正则化方法,对于图8.1中的纯卡通图像和纯纹理图像去噪时的 PSNR 和 SSIM 的变化曲

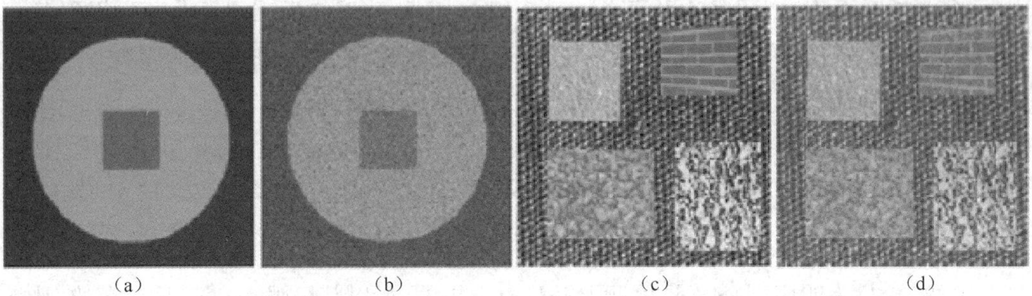

图 8.1　测试图像及其含噪声图像

线。其中：对于分数阶迭代正则化方法，分别取不同的参数 α 进行比较。从图 8.2 的结果可以看出，纯卡通图像运用 Bregman 迭代正则化方法去噪图像的 PSNR 和 SSIM 在迭代最开始的几步都能够得到快速改善，但是其在达到峰值之后就迅速降低，最终收敛时的 PSNR 和 SSIM 都很低。本节所提出的方法在选取合适的参数时，峰值信噪比不但可以得到迅速的改善，而且其在达到峰值之后，仅仅稍微降低就达到稳定状态。对于图 8.1 所示的纯卡通图像而言，α 的值接近于 1 或者接近于 0 都不好，当 $\alpha=0.6$ 时是最好的。对于纯纹理图像而言，可以看到当 α 的值略小于 1 的时候对峰值信噪比的改善表现比较好，PSNR 能很快地稳定在比较高的水平。

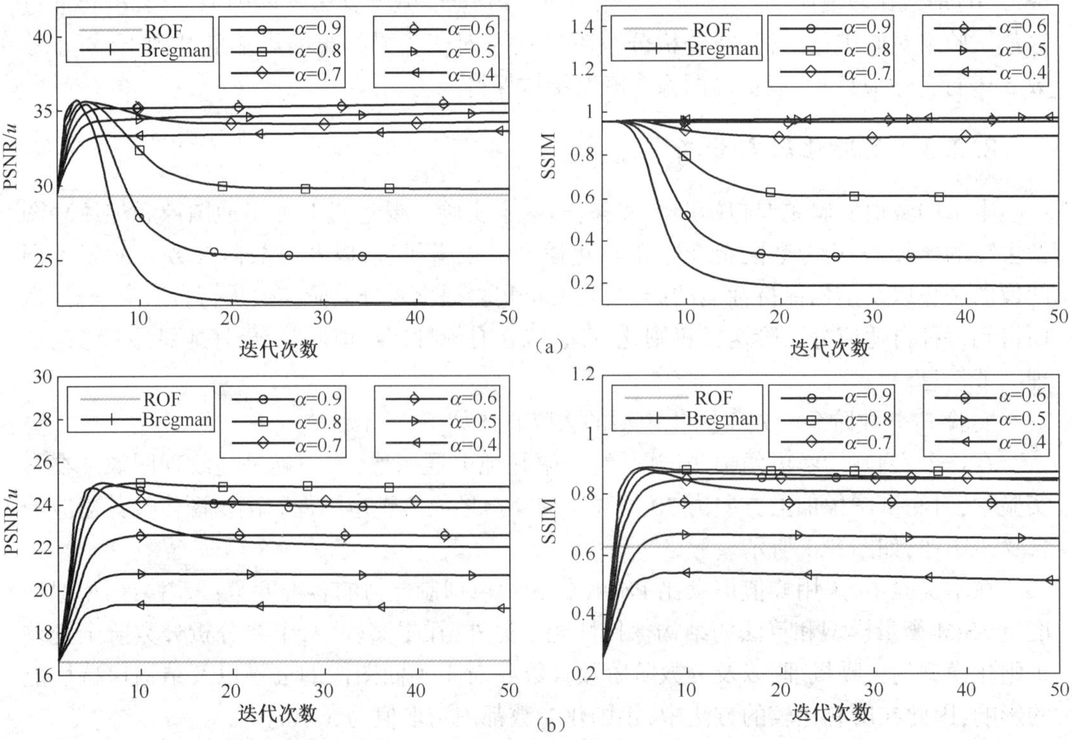

图 8.2　去噪图像的 PSNR 和 SSIM 变化曲线

(a)纯卡通图像的结果；(b)纯纹理图像的结果。

从图 8.2 还可以看出，分数阶迭代正则化方法的收敛速度非常快，通常只需 10 步左右就可以达到平衡状态。为了考察分数阶迭代正则化方法的去噪机理，在图 8.3 和图 8.4中分别给出了迭代 50 次时，纯卡通图像以及纯纹理图像所得到的去噪图像及其相应的残差图像的比较。

从图 8.3 可以看出，综合考虑去噪效果和边缘保持，取 $\alpha=0.6$ 是较好的，α 太大会保留太多的噪声，而 α 太小不利于边缘的保持。

本节的方法其实就是全变差正则化。全变差正则化方法对于边缘保持是比较好的，但是从图 8.3 结果可以看到，当 α 的值在 0.5 附近时，对于边缘的保持效果比全变差正则化方法还要好一些，而且去噪效果也比较好，所以在图 8.2 所示的 PSNR 和 SSIM 的变化中，当 α 的值在 0.5 附近时峰值信噪比和结构相似度都是比较高的。

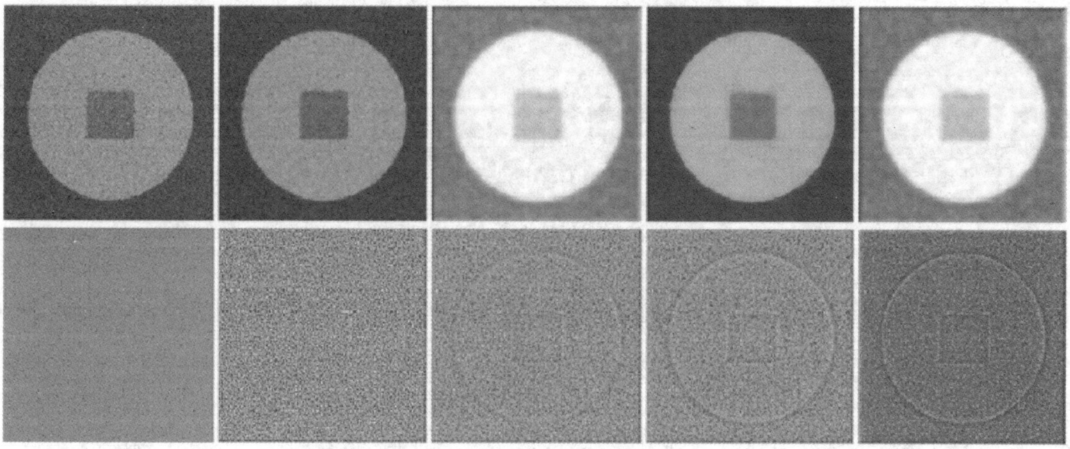

图 8.3　纯卡通图像迭代 50 次的去噪结果以及相对应的残差图像

(a) Bregman 迭代正则化方法（本节方法取 $\alpha=1.0$）的结果；(b)、(c)、(d) 分别是分数阶迭代正则化方法取 $\alpha=0.8$、$\alpha=0.6$、$\alpha=0.4$ 时的结果；(e) 全变差正则化方法（本节方法取 $\alpha=0$）的结果。

从图 8.4 可以看到，α 越小纹理保持能力就越弱，虽然当 $\alpha=1$ 时纹理保持效果最好，但此时实际上在纹理中还保留了大量的噪声，使图像的 PSNR 比较低。为了在保持纹理的同时提高去噪性能，可以取 α 的值比 1 略小一点，如 α 的值在 0.9 附近图像去噪性能是比较好的，这一点也在图 8.2 中予以验证。需要指出的是，对于纹理图像而言，纹理的保持往往比噪声的去除更加重要。事实上，由于纹理对于噪声具有视觉掩盖效应，因此纹理区域中存在的噪声对于视觉的影响并不很大。虽然当 α 的值在 0.9 附近时，保留了较多的噪声，但是去噪图像还是可以具有良好的视觉效果，同时峰值信噪比也比较高。当 α 取值较小时，虽然可以更好地抑制噪声，但是同时也去除了图像的纹理信息，因此峰值信噪比反而会比较低。

实验 2：自适应分数阶迭代正则化去噪，具体如下：

通过实验 1 的比较和分析，可以看到卡通图像，当 α 的值在 0.5 附近时，可以在取得良好去噪效果的同时，更好地保持边缘细节；纹理图像，取 α 的值比 1 略小（在 0.9 附近），可以在有效保持纹理细节的同时，提高去噪效果。一般的自然图像，通常具有卡通部分，也具有纹理部分，因此可以考虑对图像的卡通和纹理区域进行区分，在卡通

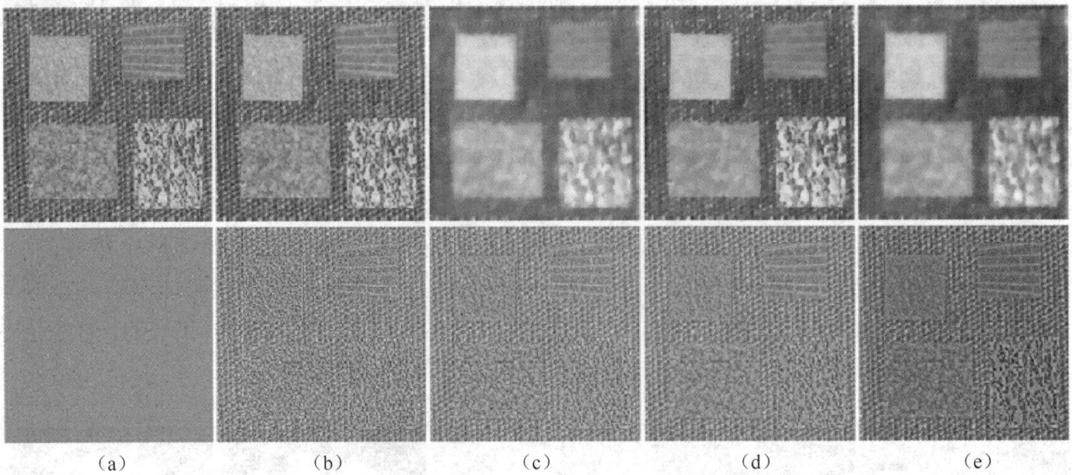

图 8.4　纯纹理图像迭代 50 次的去噪结果以及相对应的残差图像

(a)Bregman 迭代正则化方法(本节方法取 $\alpha=1.0$)的结果;(b)、(c)、(d)分别是分数阶迭代正则化方法取 $\alpha=0.8$、$\alpha=0.6$、$\alpha=0.4$ 时的结果;(e)全变差正则化方法(本方法取 $\alpha=0$ 时)的结果。

区域取 α 值在 0.5 附近,而在纹理区域取 α 值在 0.9 附近,从而达到更好的去噪效果和图像细节保持能力。

为了对图像的纹理及卡通区域进行区分,采用全变差正则化方法对图像进行预处理去噪。事实上,在分数阶迭代正则化方法中,第一次迭代就是全变差正则化去噪,所得到的第一次去噪图像是分片光滑的卡通图像,而其对应的残差包含噪声以及大量的纹理。受到纹理的影响,残差图像的局部方差在纹理区域中的值要远远大于在非纹理区域中的值。因此,依据残差图像的局部方差,可以对图像的纹理及非纹理区域进行区分。在第一次迭代完成之后,可以计算其残差图像 $v=f-u$ 的局部方差为

$$\boldsymbol{LV}(i,j)=\frac{1}{K^2}\sum_{(p,q)\in W_{i,j}}v_1^2(p,q)-\frac{1}{K^4}\Big(\sum_{(p,q)\in W_{i,j}}v_1(p,q)\Big)^2(i,j=1,2,\cdots,N) \tag{8.2.8}$$

式中:$\boldsymbol{W}_{i,j}=[i-(K-1)/2;i+(K-1)/2]\times[j-(K-1)/2;j+(K-1)/2]$ 是以(i,j)处像素为中心的大小为 $K\times K$ 的窗口(K 为奇数,本实验 $K=11$)。

利用式(8.2.8)所计算的局部方差,利用 Sigmoid 函数定义(i,j)处所对应的分数阶差分的阶数为

$$\alpha_{(i,j)}=c_1+\frac{c_2-c_1}{1+\mathrm{e}^{-5\times(\boldsymbol{LV}(i,j)-\overline{\boldsymbol{LV}})/\sigma(\boldsymbol{LV})}} \tag{8.2.9}$$

式中:$(c_1,c_2)\subset[0,1]$,$\overline{\boldsymbol{LV}}$ 和 $\boldsymbol{\sigma}(\boldsymbol{LV})$ 分别为局部方差矩阵元素的均值和标准差。

式(8.2.9)是将式(8.2.8)映射到(c_1,c_2)作为 α 的值,根据实验 1 的比较和分析,取 $c_1=0.4$、$c_2=0.8$。这里采用 Sigmoid 函数,主要是为了让不同区域中的 α 值有一个比较平滑的过渡,而不至于产生太大的突变引起去噪图像中不同区域之间的灰度的明显跳跃。

表 8.1 给出了几种算法的迭代 10 次去噪图像的结构相似度和 CPU 运算时间的比较,其中:噪声图像的噪声为方差等于 30 的高斯白噪声。图 8.5 给出了去噪图像及其局

部区域的图像比较。这几种算法包括经典的 Bregman 迭代正则化方法[5]、非局部全变差正则化方法[9]、本节提出的分数阶迭代正则化方法以及目前去噪和纹理保持效果表现较好的 BM3D 方法[10]。

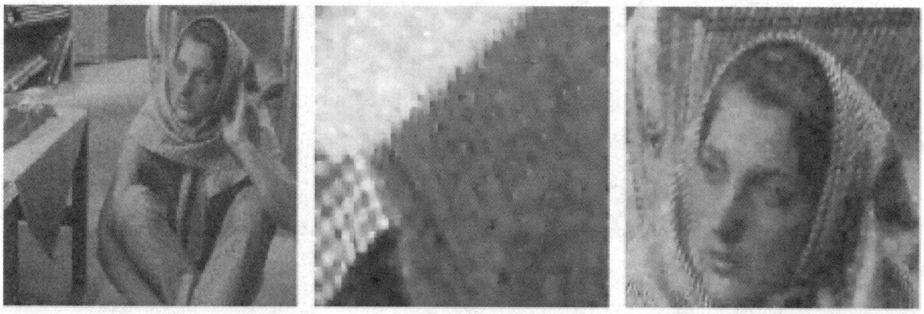

(a)

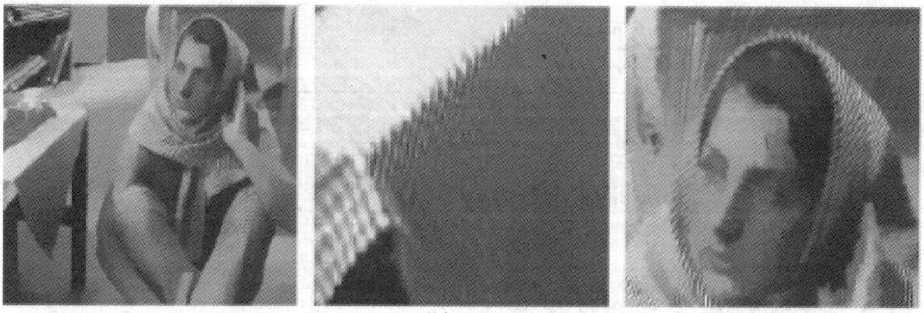

(b)

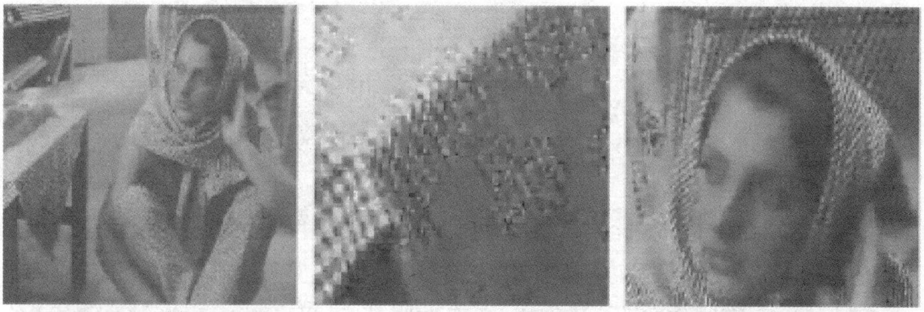

(c)

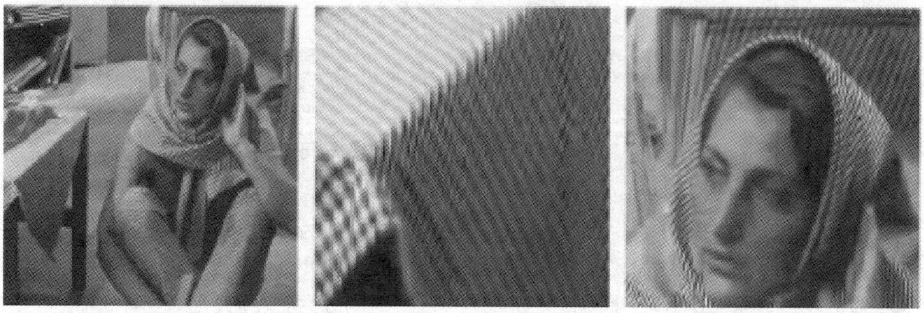

(d)

图 8.5　Barbara 图像去噪声结果比较

(a)经典的 Bregman 迭代正则化方法去噪结果;(b)非局部全变差正则化方法去噪结果;(c)本节方法去噪结果;(d)BM3D 方法的去噪结果。

从实验结果可以看到,传统的 Bregman 迭代正则化方法计算速度快,虽然可以较好的保持图像的纹理细节,但是去噪图像包含大量的噪声;非局部全变差正则化方法和 BM3D 方法都能够较好地保持图像的纹理信息并有效抑制噪声,特别是 BM3D 方法在纹理保持和噪声抑制方面表现非常好。另外,这类非局部方法在图像的非纹理区域中往往会出现一些块状或伪边缘结构,这主要是这类非局部方法通常需要对不同的图像块的像素进行加权融合产生的。本节的分数阶迭代正则化方法在纹理保持方面比非局部全变差正则化方法还要好一些,而且在平滑区域也没有出现明显的块状或伪边缘。从视觉效果上,BM3D 方法要优于本节的方法,但从表 8.1 所列的运算时间的比较看,BM3D 方法的计算量是很大的,而本节方法收敛速度快、计算量小,因此综合考虑图像去噪、图像结构保持和计算量,本节的方法是一种高效的结构保持图像去噪方法。

表 8.1　图 8.5 中去噪图像的 SSIM 以及所需 CPU 时间的比较

指标	Bregman 迭代方法	NLTV 方法	BM3D 方法	本节方法
SSIM	0.6382	0.7349	0.7873	0.7188
CPU 时间(Sec.)	2.6799	18.9346	31.2253	2.9987

8.3　分数阶正则化重加权残差反馈迭代算法及应用

8.3.1　重加权残差反馈迭代算法

一般形式的分数阶全变差正则化模型:

$$\min_{u \in \mathrm{BV}\alpha(\Omega)} \{J_\alpha(u) + \lambda H(f,u), 1 \leqslant \alpha \leqslant 2\} \tag{8.3.1}$$

式中:$J_\alpha(u)$为分数阶全变差;$\mathrm{BV}_\alpha(\Omega)$为分数阶全变差函数空间(见 3.6 节);$H(f,u)$为数据保真项;$\lambda$ 为正则化参数。

在模型式(8.3.1)中,数据保真项是可以依据不同的问题来进行相应的设置。特别地,当 $H(f,u)=\|f-u\|_2^2/2$ 时,模型式(8.3.1)就是通常高斯噪声下的分数阶全变差正则化模型。然而,在很多实际问题中,如乘性噪声抑制、Poisson 噪声抑制等,$H(f,u)$的形式远比上述 L2 范数要复杂,给模型的数值求解带来很大的困难。在本节中,首先研究式(8.3.1)求解的一般算法;然后用该算法来求解具有复杂保真项的乘性噪声抑制问题。

针对模型式(8.3.1)的求解,提出下面的重加权残差反馈迭代计算格式,即

$$\begin{cases} g^{(n)} = f + \boldsymbol{w}^{(n)} \cdot (f - \boldsymbol{u}^{(n)}) \\ \boldsymbol{u}^{(n+1)} = \arg \min\limits_{u \in \mathrm{BV}_\alpha(\Omega)} \left\{J_\alpha(u) + \dfrac{\gamma}{2}\| g^{(n)} - u\|_2^2, 1 \leqslant \alpha \leqslant 2\right\} \end{cases} \tag{8.3.2}$$

式中:$\gamma>0$ 为一个正则化参数;$\boldsymbol{\omega}^{(n)}$ 是一个加权矩阵,其具体形式依赖于模型式(8.3.1)中的数据保真项 $H(f,u)$,在迭代中 $\boldsymbol{w}^{(n)}$ 随着 $\boldsymbol{g}^{(n)}$ 的更新而更新,称为重加权矩阵。

可以看到,在重加权残差反馈迭代的思想类似前面章节所提到的 Bregman 迭代,也是将前一次迭代残差加回到原含噪声图像中后再次去噪。然而,与 Bregman 迭代不同的是,重加权的残差图像不是与前一次的待去噪图像的差,而是原始观测图像之间的差,另外残

差的反馈也不是直接加回去，而是经过加权之后再进行的，权矩阵的存在为研究残差反馈的自适应奠定的基础。在重加权残差反馈迭代计算格式式(8.3.2)中，第一个等式是直接计算的，其中乘法是矩阵的点乘运算(矩阵对应元素相乘)；而第二个等式所表示的子优化问题实际上就是具有 L^2 范数保真项的分数阶全变差正则化模型，可以方便地利用第4章给出的推广的分数阶 Chambolle 投影算法(算法4.9)进行近似求解，因此实现上述重加权残差反馈迭代计算格式的整个算法非常简单。

具体地，结合推广的分数阶 Chambolle 投影算法(算法4.9)，可将计算重加权残差反馈迭代格式的算法描述如下：

算法8.1：RRFI 算法(Reweighted Residual-Feedback Iteration)：

输入：输入观测图像 f，参数 $1\leqslant\alpha\leqslant 2$，$\gamma>0$ 和迭代步长 $\tau>0$。

初始化：$u^{(0)}=f$，$p^{(0)}=0$ 及 $\omega^{(0)}=1$(全1矩阵)。

主迭代：对 $n=0、1、2\cdots$ 按下列步骤计算：

(1) 计算 $g^{(n)}=f+w^{(n)}\cdot(f-u^{(n)})$；

(2) 计算 $d^n=\nabla^\alpha(\overline{(-1)^\alpha}\mathrm{div}^\alpha p^{(n)}-\gamma g^{(n)})$；

(3) 计算 $p_{i,j}^{(n+1)}=(p_{i,j}^{(n)}-\tau d_{i,j}^{(n)})/(1+\tau|d_{i,j}^{(n)}|)(i,j=1,2,3,\cdots,N)$；

(4)计算 $u^{(n+1)}=g^{(n)}-\gamma^{-1}\cdot\overline{(-1)^\alpha}\mathrm{div}^\alpha p^{(n+1)}$；

(5) 当 $u(n+1)$ 满足给定的迭代终止条件时，记 $n^*=n+1$ 迭代终止；否则，令 $n:=n+1$，转第(1)步继续迭代。

输出：去噪图像 $u^{(n^*)}$。

RRFI 算法有以下收敛性结论。

定理8.2：RRFI 算法收敛的充分条件为

$$\tau\leqslant\left[2K\cdot\sum\nolimits_{k=0}^{K}(C_\alpha^k)^2\right]^{-1}|w_{i,j}^{(n)}|\leqslant C(i,j=1,2,\cdots,N)(n=0、1、2\cdots)\tag{8.3.3}$$

式中：$0<C<1$ 是一个常数。

证明：在 RRFI 算法中，算法8.1的第3步本身是一个迭代格式，虽然在实际计算中对于这种内迭代格式通常仅计算少数几步，甚至仅使用一次迭代，但在理论上仍然要保证这个内迭代是收敛的。在定理4.11中，已经证明了该迭代格式收敛的充分条件是 $\tau\leqslant[2K\cdot\sum_{k=0}^{K}(C_\alpha^k)^2]^{-1}$。因此在本定理中，只需证明当 $|w_{i,j}^{(n)}|\leqslant C<1$ 时 RRFI 算法构造的迭代序列 $\{u^{(n)}\}$ 收敛。

按照算法8.1的第1步和第4步，可得

$$\begin{aligned}\boldsymbol{u}^{(n+1)}&=g^{(n)}-\gamma^{-1}\overline{(-1)^\alpha}\mathrm{div}^\alpha p^{(n+1)}\\&=-\boldsymbol{w}^{(n)}\cdot\boldsymbol{u}^{(n)}+[(\boldsymbol{w}^{(n)}+1)\cdot f-\gamma^{-1}\overline{(-1)^\alpha}\mathrm{div}^\alpha p^{(n+1)}]\end{aligned}$$

为了方便，记

$$h^{(n)}=[(\boldsymbol{w}^{(n)}+1)\cdot f-\gamma^{-1}\overline{(1)^\alpha}\mathrm{div}^\alpha p^{(n+1)}]\in\mathbb{R}^{N\times N}$$

可得

$$
\begin{aligned}
\boldsymbol{u}_{i,j}^{(n+1)} &= -\boldsymbol{w}_{i,j}^{(n)}\boldsymbol{u}_{i,j}^{(n)} + h_{i,j}^{(n)} \\
&= (-1)^{n+1}\boldsymbol{w}_{i,j}^{(n)}\boldsymbol{w}_{i,j}^{(n-1)}\cdots\boldsymbol{w}_{i,j}^{(0)}f_{i,j} + \sum_{k=0}^{n}(-1)^{n-k}\boldsymbol{w}_{i,j}^{(k+1)}\cdots\boldsymbol{w}_{i,j}^{(n)}h_{i,j}^{(k)}
\end{aligned}
$$

如果$|w_{i,j}^{(n)}|\leqslant C\leqslant 1$,可得

$$
0\leqslant\left|\boldsymbol{w}_{i,j}^{(n)}\boldsymbol{w}_{i,j}^{(n-1)}\cdots\boldsymbol{w}_{i,j}^{(0)}f_{i,j}\right|\leqslant C^n|f_{i,j}|
$$

则

$$
\lim_{n\to+\infty}u_{i,j}^{(n+1)}=\lim_{n\to+\infty}\sum_{k=0}^{n}(-1)^{n-k}\boldsymbol{w}_{i,j}^{(k+1)}\cdots\boldsymbol{w}_{i,j}^{(n)}h_{i,j}^{(k)}
$$

很容易验证,对于任意$k\geqslant 0$和$i,j=1,2,\cdots,N$,算法 8.1 中第 3 步所得到的序列$\{p_{i,j}^{(n)}\}$满足$|p_{i,j}^{(k)}|\leqslant 1$。因此,序列$\{h_{i,j}^{(n)}\}$是一致有界的,即存在常数$B>0$时对于任意$n\geqslant 0$和$i,j=1,2,\cdots,N$,有$0\leqslant\{h_{i,j}^{(n)}\}\leqslant B$。从而,正项级数$\lim\limits_{n\to+\infty}\sum_{k=0}^{n}\left|\boldsymbol{w}_{i,j}^{(k+1)}\cdots\boldsymbol{w}_{i,j}^{(n)}h_{i,j}^{(k)}\right|$满足

$$
\lim_{n\to+\infty}\sum_{k=0}^{n}\left|\boldsymbol{w}_{i,j}^{(k+1)}\cdots\boldsymbol{w}_{i,j}^{(n)}h_{i,j}^{(k)}\right|\leqslant\sum_{k=0}^{+\infty}B\cdot C^k=\frac{B}{1-C}
$$

根据正项级数收敛的比较原则,正向级数$\lim\limits_{n\to+\infty}\sum_{k=0}^{n}\left|\boldsymbol{w}_{i,j}^{(k+1)}\cdots\boldsymbol{w}_{i,j}^{(n)}h_{i,j}^{(k)}\right|$是收敛的,从而级数$\lim\limits_{n\to+\infty}\sum_{k=0}^{n}(-1)^{n-k}\boldsymbol{w}_{i,j}^{(k+1)}\cdots\boldsymbol{w}_{i,j}^{(n)}h_{i,j}^{(k)}$是绝对收敛的。因此,由 RFFI 算法构造的迭代序列$\{u^{(n)}\}$是收敛的。

需要指出的是,从定理的证明可以看到,RFFI 算法生成的迭代序列$\{u^{(n)}\}$是逐点收敛的。这意味着,无论算法中的参数是常数还是空间变化的,只要满足式(8.3.3)的条件,RFFI 算法都是(逐点)收敛的,这为在实际问题中对算法的重要参数进行自适应选择奠定了良好的基础。

RRFI 算法的最大特点是将模型的保真项$H(f,u)$转化为了简单的保真项$\|g^{(n)}-u\|_2^2$,为数值求解带来了极大的便利。该算法实际上可以看成求解分数阶全变差正则化模型的一般算法框架,因此适合求解具有不同保真项的模型。特别地,由于当$\alpha=1$时,模型式(8.3.1)就是全变差正则化模型,因此 RRFI 算法也可以用于求解具有一般保真项的全变差正则化模型,具有一定的通用性。

很显然,在采用 RRFI 算法时,权矩阵$\boldsymbol{w}^{(n)}$的计算才是最核心的。一方面,该权矩阵的具体形式依赖于模型式(8.3.1)中的数据保真项,在实际计算中需要根据具体问题来计算相应的权矩阵;另一方面,该权矩阵必须满足收敛性定理的要求,以保证算法的收敛性,但在实际问题中依据保真项计算的权矩阵不一定满足这样的条件。因此,还需要对权矩阵进行调整以满足收敛性条件,而权矩阵的这种调整过程实际上等价于乘上一个空间自适应的调节因子。

从迭代格式式(8.3.2)可以看到,采用 RRFI 算法实际上是一种残差加权反馈补偿的方法,即在进行第$k+1$次迭代之前,首先将第k次的迭代所生成的残差$v^{(k)}=f-u^{(k)}$通过加权回加的方式反馈补偿到原图像,然后进行去噪处理。这个反馈过程实际上是对图像信息的一种增强或补偿,从而在下一次去噪中更好地保持图像的细节结构。由于残差图

像中不仅包含噪声,而且还包含较多的纹理细节。

为了在抑制噪声的同时,更好地保持图像纹理等细节信息,会将残差的图像信息如纹理等更多地补偿,而要抑制噪声的补偿。因此考虑对在满足收敛性条件前提下,对权矩阵 $\boldsymbol{w}^{(k)}$ 按照图像区域进行自适应选择,即在残差的纹理区域中取较大的权,而在图像平滑区域中取较小的(甚至是负的)权。此外,分数阶导数的阶数也是模型的重要参数,大量的数值数值实验表明,分数阶导数的阶数与图像的形态成分之间具有一定的联系,因此也应该依据图像成分进行自适应选择。

8.3.2 图像模糊隶属度及参数自适应

为实现参数的自适应选择,首先需要对图像的边缘、纹理以及平滑区域进行检测。而在有噪声的情况下,边缘及纹理的检测通常带有误差。为了更好地对图像的边缘、纹理以及平滑等不同形态成分进行检测,提出图像形态成分模糊隶属度指标度量图像的每个象素隶属于图像边缘、纹理以及平滑区域的可能性。

图像形态模糊隶属度计算过程如下。

(1) 利用全变差正则化模型对观测带噪声图像去噪预处理,得到卡通形态成分 u_{pre},残差图像的标准差 $\tilde{\sigma}_{\text{pre}}^2$ 以及残差图像的局部方差矩阵 $\boldsymbol{P}^{\text{pre}}$。

(2) 使用 Canny 边缘检测算子进行边缘检测,得到边缘区域的示性函数为

$$\chi_E = \text{Canny}(\boldsymbol{G}_1 * u_{\text{pre}}) \tag{8.3.4}$$

式中:$\boldsymbol{G}_1$ 是一个大小为 3×3 的标准化高斯模板,其主要作用是去除 u_{pre} 中由于阶梯效应带来的伪边缘。

(3) 计算(i,j)处的边缘形态模糊隶属度 $\text{FMD}_E=[\text{FMD}_E(i,j)]_{i,j=1}^N$,即

$$\text{FMD}_E(i,j) = \frac{E_{\text{blur}}(i,j)}{\max\limits_{i,j=1,2\cdots,N}\{E_{\text{blur}}(i,j)\}} \tag{8.3.5}$$

式中:$E_{\text{blur}} = \boldsymbol{G}_2 * \chi_E$,$\boldsymbol{G}_2$ 是一个大小为 5×5 的标准化高斯模板。

(4) 利用残差图像的局部方差矩阵 $\boldsymbol{P}^{\text{pre}}$,通过下面的迭代方式,估计纹理区域的初步示性函数。对 $k=0$、1、2…计算:

$$\chi_T^{(k)}(i,j) = \begin{cases} 1, \boldsymbol{P}_{i,j}^{\text{pre}} \geqslant \boldsymbol{P}_{\text{mean}}^{\text{pre}} + 0.01 \cdot (k-1)(\boldsymbol{P}_{\max}^{\text{pre}} - \boldsymbol{P}_{\text{mean}}^{\text{pre}}) \\ 0, \text{其他} \end{cases} \tag{8.3.6}$$

$$\tilde{\sigma}_k^2 = \text{mean}\left\{\boldsymbol{p}_{i,j}^{\text{pre}} \,\middle|\, x_T^{(k)}(i,j) = 0, \text{FMD}_E(i,j) = 0 (i,j = 1,2,\cdots,N)\right\} \tag{8.3.7}$$

当 $\tilde{\sigma}_k^2 \geqslant \tilde{\sigma}_{\text{per}}^2$ 或 $k=\text{MaxIter}$ 时,迭代终止并得到纹理区域的初步示性函数$\chi_T^{\text{pre}} = \chi_T^{(k*)}$。由于估计纹理区域是通过对局部方差进行硬阈值法确定,因此这种迭代的方式可以自适应地确定合适的硬阈值。

(5) 采用阈值法对纹理区域的初步示性函数进行后处理,得到修正后的纹理区域的初步示性函数:

$$\chi_T(i,j) = \begin{cases} 1, (\boldsymbol{G}_1 * \chi_T^{pre})_{i,j} \geqslant 0.5 \\ 0, \text{其他} \end{cases} \tag{8.3.8}$$

(6) 计算(i,j)处的纹理形态模糊隶属度 $\text{FMD}_T=[\text{FMD}_T(i,j)]_{i,j=1}^N$,即

$$\mathrm{FMD}_T(i,j)=\frac{T_{\mathrm{blur}}(i,j)}{\max\limits_{i,j=1,2,\cdots,N}\{T_{\mathrm{blur}}(i,j)\}} \tag{8.3.9}$$

式中：$T_{\mathrm{blur}}=(1-\mathrm{FMD}_E)\cdot(\boldsymbol{G}_2 * \chi_T)$。

(7) 计算(i,j)处的平滑形态模糊隶属度 $\mathrm{FND}_F=[\mathrm{FMD}_F(i,j)]_{i,j=1}^{N}$，即

$$\mathrm{FMD}_F(i,j)=1-\mathrm{FMD}_E(i,j)-\mathrm{FMD}_T(i,j) \tag{8.3.10}$$

在步骤(1)中，采用全变差正则化对图像进行预处理。由于全变差正则化对于图像的纹理等细节保持不理想，所得到的预处理去噪图像通常是包含图像强边缘的卡通图像，而在其对应的残差图像包含噪声以及图像的纹理等细节信息。由于纹理细节的影响，残差图像的纹理区域的局部方差要大于非纹理区域的局部方差，因此以局部方差为基础可以区分图像的形态成分。但局部方差计算以及不同区域的局部方差的区分度是依赖于预处理去噪图像及其残差图像，为了得到合适的预处理去噪图像，采用自适应迭代的方式来确定预处理去噪图像。

首先对图像进行小波域的软域值滤波；然后按照以下经验公式对图像所含噪声的标准差进行初步估计[11]：

$$\tilde{\sigma}^2=\left(\frac{\mathrm{Mid}_{\mathrm{HH}}}{0.6745}\right)^2$$

式中：MidHH 为软阈值滤波后的残差图像 $\boldsymbol{v}_{\mathrm{wavsoft}}=\boldsymbol{R}(f,W_{\mathrm{soft}}(f))$ 经过小波分解后得到的最高频 HH 子带小波系数的幅度中值，这里 $W_{\mathrm{soft}}(f)$ 表示小波软阈值去噪算法得到的去噪图像（对于加性噪声以及乘性噪声，都有经典的小波阈值去噪算法），R 表示计算残差图像的运算。

需要注意的是，这里的残差图像是依据图像噪声污染模型来计算，如加性噪声的残差图像 $\boldsymbol{v}=\boldsymbol{R}(f,u)=f-u$，乘性噪声的残差图像 $\boldsymbol{v}=\boldsymbol{R}(f,u)=f/u$。

在步骤(1)利用全变差正则化去噪的过程中，当得到第 n 步迭代的去噪图像 $u^{(n)}$ 时，计算相应的残差图像 $\boldsymbol{v}^{(n)}=\boldsymbol{R}(f,u^{(n)})$ 的局部方差矩阵 $\boldsymbol{P}_{\mathrm{loc}}^{(n)}=[\boldsymbol{P}_{\mathrm{loc}}^{(n)}(i,j)]_{N\times N}$，即

$$\boldsymbol{P}_{\mathrm{loc}}^{(n)}(i,j)\ \frac{1}{K^2}\sum_{(p,q)\in W_{i,j}}\left[v^{(n)}(p,q)-\frac{1}{K^2}\sum_{(p,q)\in W_{i,j}}v^{(n)}(p,q)\right]^2 \tag{8.3.11}$$

式中：$W_{i,j}=[i-(K-1)/2;i+(K-1)/2]\times[j-(K-1)/2;j+(K-1)/2]$ 是一个以(i,j)为中心的大小为 $K\times K$ 的窗口，K 为奇数。

在得到局部方差矩阵 $\boldsymbol{P}_{\mathrm{loc}}^{(n)}$ 后，首先计算该矩阵所有元素平均值，并记为 $\boldsymbol{M}_{\mathrm{lv}}^{(n)}$；然后计算该矩阵中满足 $\boldsymbol{P}_{\mathrm{loc}}^{(n)}(i,j)<\boldsymbol{M}_{\mathrm{lv}}^{(n)}$ 的所有元素的平均值，并记为 $\boldsymbol{M}_{\mathrm{lv-low}}^{(n)}$；当满足 $|\boldsymbol{M}_{\mathrm{lv-low}}^{(n)}-\boldsymbol{M}_{\mathrm{lv-low}}^{(n-1)}|<\varepsilon$ 和 $\boldsymbol{M}_{\mathrm{lv-low}}^{(n)}\geqslant\tilde{\sigma}^2$ 两个条件之一时，迭代终止，并得到最终估计噪声的标准差 σ、预处理去噪图像 $\boldsymbol{u}_{\mathrm{pre}}$ 以及相应的乘性残差图像 $\boldsymbol{v}_{\mathrm{pre}}=\boldsymbol{R}(f,\boldsymbol{u}_{\mathrm{pre}})$ 的局部方差矩阵 $\boldsymbol{P}^{\mathrm{pre}}$：

$$\begin{cases}\boldsymbol{u}_{\mathrm{pre}}=\boldsymbol{u}^{(n)}\\ \sigma=\min\{\tilde{\sigma},\dfrac{1}{2}(\boldsymbol{M}_{\mathrm{lv-low}}^{(n)}+\boldsymbol{M}_{\mathrm{lv-low}}^{(n-1)})\};\\ \boldsymbol{P}^{\mathrm{pre}}=\boldsymbol{P}_{\mathrm{loc}}^{(n)}\end{cases} \tag{8.3.12}$$

利用这样的迭代方法，可以避免在预处理去噪过程中由于过度去噪或者去噪程序不

够,而导致后面基于预处理去噪图像的边缘检测和基于残差图像的纹理区域估计产生太大的误差,并且该过程的迭代终止是自适应的,因此能够较好地适应于不同的图像的处理。

在步骤(2)中,采用Canny边缘检测算子来对图像的边缘进行检测。由于预处理去噪得到的去噪图像$\boldsymbol{v}_{\text{pre}}$是由全变差模型得到的,因此图像中往往会出现"阶梯效应"引起的伪边缘等弱细节结构。为了抑制由全变差正则化带来的"阶梯效应"引起的伪边缘的影响,先对$\boldsymbol{u}_{\text{pre}}$进行Gauss滤波之后,再进行边缘检测,从而得到初始的边缘示性函数式(8.3.4)。但是这种检测方法实际上只是检测出边缘的大致位置。为了降低错误检测带来的误差,对初始的边缘示性函数式(8.3.4)进行模糊标准化操作,首先对示性函数进行Gauss模糊,然后对模糊后的最大值标准化为1,得到步骤(3)中式(8.3.5)所给出的边缘形态模糊隶属度。

初始去噪得到的残差图像包含纹理及噪声,而纹理区域的局部方差(局部领域中的方差)比非纹理区的局部方差大。因此,考虑用硬阈值方法对图像纹理区域和非纹理区域进行初始区分。显然,硬阈值的选择对于区分结果有很大的影响。为了更好地对图像纹理区域进行估计,采用式(8.3.6)和式(8.3.7)所示的迭代方法进行自适应确定合适的阈值,并对纹理区域的示性函数来进行初始估计。

由于噪声的影响,利用式(8.3.6)和式(8.3.7)的示性函数来估计的纹理区域往往具有一些"碎片"或者孤立点,事实上纹理区域应该具有一定的连通性,因此可以利用Gauss平滑以及硬阈值结合的方法,消除这些"碎片",从而得到修正后的纹理区域的初步示性函数式(8.3.8)。为了使得纹理区域到非纹理区域有一个相对平缓的过渡(这样可以使得参数的选择在不同区域间有一个平缓的过渡,防止不同区域间参数的陡然变化),对所得到的初始纹理区域示性函数,利用Gauss平滑进行模糊处理,得到最后估计的纹理区域模糊隶属度指标式(8.3.8)。

本节所提出的图像形态成分模糊隶属度是对图像像素属于某一个图像形态成分的可能性的度量。在本节方法中,只考虑三种形态成分:边缘、纹理以及平滑区域。因此,利用所定义的边缘和纹理模糊隶属度基础上,很容易地可以定义平滑区域的模糊隶属度式(8.6.10)。

按照上述方法计算的图像形态成分模糊隶属度指标,反映了图像某一个像素属于某个图像成分(边缘、纹理或平滑成分)的可能性。利用这种模糊隶属度指标,可以考虑在不同的区域中对模型其他参数进行自适应计算。

在文献[12]中,通过实验研究α的值对于纹理、边缘以及卡通成分的作用。实验表明,在边缘处应该取α接近于1才能较好保持边缘;在平滑部分取α比1稍大一点的值,可以较好地抑制阶梯效应,但α的值也不能太大,若太大会影响平滑区域的噪声抑制性能,一般建议在平滑区域取$\alpha=1\sim\alpha=1.5$;而在纹理区域取值稍大,α的值可以接近于2.0,能够取得较好的纹理保持效果,但考虑到去噪性能,建议在纹理区域取α稍大于1.5(小于2.0)比较好。基于这样的实验分析,得到进行自适应计算的经验公式,即

$$\alpha(i,j)=\text{FMD}_F(i,j)\left[\frac{1.0(\boldsymbol{P}_{i,j}^{\text{pre}}-\boldsymbol{P}_{F\max}^{\text{pre}})}{\boldsymbol{P}_{F\min}^{\text{pre}}-\boldsymbol{P}_{F\max}^{\text{pre}}}+\frac{1.5(\boldsymbol{P}_{i,j}^{\text{pre}}-\boldsymbol{P}_{\min}^{\text{pre}})}{\boldsymbol{P}_{F\max}^{\text{pre}}-\boldsymbol{P}_{F\min}^{\text{pre}}}\right]+\text{FMD}_E(i,j)+\text{FMD}_T(i,j)\times 1.5 \tag{8.3.13}$$

其中

$$P_{F\min}^{\text{pre}} = \min_{1\leqslant i,j\leqslant j}\{P_{i,j}^{\text{pre}} \mid FMD_F(i,j) \neq 0\},P_{F\max}^{\text{pre}} = \max_{1\leqslant i,j\leqslant j}\{P_{i,j}^{\text{pre}} \mid \text{FMD}_F(i,j) \neq 0\}$$

上面的计算局部方差的方法将分数阶的阶数与图像的局部性质联系起来,同时通过模糊隶属度的控制,减少了由于噪声引起区域估计的错误导致分数阶导数的阶数的误差,也保证分数阶的阶数在不同区域之间能够平滑地进行过渡而不会出现大的跳跃,防止处理后的图像出现明显的分块效应(在图像不同区域之间出现明显的跳跃性间断)。但是这里需要指出的是式(8.3.13)所给出的分数阶阶数的自适应计算公式,仍然是一个经验性公式,如何真正建立分数阶阶数与图像结构的联系,还需要进一步深入的研究。

权矩阵 $\boldsymbol{w}^{(n)}$ 的自适应计算:先按照保真项所计算得到初步的权矩阵 $\tilde{\boldsymbol{w}}^{(n)}$,再将 $\tilde{\boldsymbol{w}}^{(n)}$ 中的所有元素的值映射到(-1,1)以保证算法的收敛性条件。为了更好的保持边缘及纹理等细节,并有效抑制平滑区域中的阶梯效应,对于权系数调整的基本原则:在纹理区域边缘处趋近于1(将尽量多的细节信息反馈补偿到图像中去),而在平滑区域接近于-1(抑制噪声的补偿,甚至是从含噪图像中将部分噪声去掉)。基于图像形态成分模糊隶属度的估计,可采用下面的方式调整$\boldsymbol{w}^{(n)}$:

$$\begin{aligned}\boldsymbol{w}^{(n)}(i,j) = \text{FMD}_F(i,j)\cdot&\left[\frac{\tilde{\boldsymbol{w}}^{(n)}(i,j)-\tilde{\boldsymbol{w}}_{F\max}^{(n)}}{\tilde{\boldsymbol{w}}_{F\min}^{(n)}-\tilde{\boldsymbol{w}}_{F\max}^{(n)}}\cdot C_1+\frac{\tilde{\boldsymbol{w}}^{(n)}(i,j)-\tilde{\boldsymbol{w}}_{F\min}^{(n)}}{\tilde{\boldsymbol{w}}_{F\max}^{(n)}-\tilde{\boldsymbol{w}}_{F\min}^{(n)}}\cdot C_2\right]\\&+\text{FMD}_E(i,j)\cdot\left[\frac{\tilde{\boldsymbol{w}}^{(n)}(i,j)-\tilde{\boldsymbol{w}}_{E\max}^{(n)}}{\tilde{\boldsymbol{w}}_{E\min}^{(n)}-\tilde{\boldsymbol{w}}_{E\max}^{(n)}}\cdot C_2+\frac{\tilde{\boldsymbol{w}}^{(n)}(i,j)-\tilde{\boldsymbol{w}}_{E\min}^{(n)}}{\tilde{\boldsymbol{w}}_{E\max}^{(n)}-\tilde{\boldsymbol{w}}_{E\min}^{(n)}}\cdot C_3\right]\\&+\text{FMD}_T(i,j)\cdot\left[\frac{\tilde{\boldsymbol{w}}^{(n)}(i,j)-\tilde{\boldsymbol{\chi}}_{T\max}^{(n)}}{\tilde{\boldsymbol{w}}_{T\min}^{(n)}-\tilde{\boldsymbol{w}}_{T\max}^{(n)}}\cdot C_3+\frac{\tilde{\boldsymbol{w}}^{(n)}(i,j)-\tilde{\boldsymbol{w}}_{T\min}^{(n)}}{\tilde{\boldsymbol{w}}_{T\max}^{(n)}-\tilde{\boldsymbol{w}}_{T\min}^{(n)}}\cdot C_4\right]-1\end{aligned} \tag{8.3.14}$$

其中

$$\begin{cases}\tilde{\boldsymbol{w}}_{F\min}^{(n)} = \min\limits_{1\leqslant i,j\leqslant j}\{\tilde{\boldsymbol{w}}^{(n)}(i,j) \mid \text{FMD}_F(i,j\neq 0)\},\tilde{\boldsymbol{w}}_{F\max}^{(n)} = \max\limits_{1\leqslant i,j\leqslant j}\{\tilde{\boldsymbol{w}}^{(n)}(i,j) \mid \text{FMD}_F(i,j)\neq 0\}\\\tilde{\boldsymbol{w}}_{E\min}^{(n)} = \min\limits_{1\leqslant i,j\leqslant j}\{\tilde{\boldsymbol{w}}^{(n)}(i,j) \mid \text{FMD}_E(i,j\neq 0)\},\tilde{\boldsymbol{w}}_{E\max}^{(n)} = \max\limits_{1\leqslant i,j\leqslant j}\{\tilde{\boldsymbol{w}}^{(n)}(i,j) \mid \text{FMD}_E(i,j)\neq 0\}\\\tilde{\boldsymbol{w}}_{T\min}^{(n)} = \min\limits_{1\leqslant i,j\leqslant j}\{\tilde{\boldsymbol{w}}^{(n)}(i,j) \mid \text{FMD}_T(i,j\neq 0)\},\tilde{\boldsymbol{w}}_{T\max}^{(n)} = \max\limits_{1\leqslant i,j\leqslant j}\{\tilde{\boldsymbol{w}}^{(n)}(i,j) \mid \text{FMD}_T(i,j)\neq 0\}\end{cases}$$

式中:参数 $0< C_1 < C_2 < C_3 < C_4 < 2$ 控制了调整后各个图像形态成分对应的权利系数 $\boldsymbol{w}^{(n)}(i,j)$ 的范围,该参数的选择需要依据具体问题来进行选择。

RFFI 算法实际上给出了一种求解分数阶全变差正则化模型的一般算法框架,而模糊隶属度的定义为参数的选择提供了一种解决方案。在本节中,利用该算法来处理基于分数阶全变差正则化的乘性噪声抑制问题。

8.3.3 RRFI 方法应用:乘性噪声抑制

1. Gamma 噪声抑制模型及参数自适应计算

在图像去噪问题中,目前大多数模型及算法都是针对加性噪声的。而在实际中,乘性噪声是普遍存在的问题,如在医学图像处理、合成孔径雷达(SAR)图像处理等,乘性噪声去噪问题也是研究热点之一。在乘性噪声抑制方面,主要方法可以分成两大类:一类是成像前的多视平滑预处理,另一类是成像后的去噪滤波技术。对于多视平滑预处理方法,由于原理上的限制,通常会导致像元空间的分辨率降低并使处理成本提高,因此近年来都致力于成像的去噪滤波技术的研究。

近年来,基于变分 PDE 的方法在乘性噪声抑制中研究中成为热点之一,其中:比较常用的方法有以下几种。

(1) 对于 AA 模型[13],有

$$\min_{u \in \mathrm{BV}(\Omega), u>0}\left\{\int_{\Omega}|\nabla u| \mathrm{d}x \mathrm{d}y+\lambda \int_{\Omega} \log u+f \cdot u^{-1} \mathrm{d}x \mathrm{d}y\right\} \tag{8.3.15}$$

(2) 对于 I-divergence 模型[14],有

$$\min_{u \in \mathrm{BV}(\Omega), u>0}\left\{\int_{\Omega}|\nabla u| \mathrm{d}x \mathrm{d}y+\lambda \int_{\Omega} u-f \log u \mathrm{d}x \mathrm{d}y\right\} \tag{8.3.16}$$

式中:AA 模型的数据保真项是针对服从伽马分布的乘性噪声提出来的。

从贝叶斯理论角度,I-divergence 模型的数据保真项实际上处理的并不是乘性噪声,而是 Poisson 噪声,但是文献[14]表明该模型也同样适合处理伽马乘性噪声。然而,完全基于最大后验概率的方法是不适定的,为解决这个问题,这两种模型都采用了全变差正则化。但是全变差正则化容易导致处理后的图像在图像出现阶梯效应,对于纹理的保持也不理想。针对这个问题,利用分数阶全变差函数空间建模,建立了分数阶全变差模型如下[15]:

(1) 对于分数阶 AA 模型,有

$$\min_{u \in \mathrm{BV}_{\alpha}(\Omega), u>0}\left\{J_{\alpha}(u)+\lambda \int_{\Omega} \log u+f \cdot u^{-1} \mathrm{d}x \mathrm{d}y, 1 \leqslant \alpha \leqslant 2\right\} \tag{8.3.17}$$

(2) 对于分数阶 I-divergence 模型,有

$$\min_{u \in \mathrm{BV}_{\alpha}(\Omega), u>0}\left\{J_{\alpha}(u)+\lambda \int_{\Omega} u-f \log u \mathrm{d}x \mathrm{d}y, 1 \leqslant \alpha \leqslant 2\right\} \tag{8.3.18}$$

当正则项为全变差时,文献[13]和[14]利用算子分裂技巧,分别给出了求解模型式(8.3.15)和模型式(8.3.16)的算法。但在这两种算法中每个迭代循环都须要计算两个非线性方程,计算量较大。另外,一旦模型的正则项变为分数阶全变差,则这两种算法都无法使用。针对这种具有复杂保真项的模型,可以采用 RRFI 算法进行求解。

事实上,依据分数阶全变差正则化模型式(8.3.17)和式(8.3.18)的保真项,在 RRFI 方法中所计算的权矩阵可统一写为

$$\tilde{\boldsymbol{w}}^{(n)}=\lambda \gamma^{-1}\left(u^{(n)}\right)^{-q}-1 \tag{8.3.19}$$

式中:$q=1$ 对应于分数阶 I-divergence 模型;$q=2$ 对应于分数阶 AA 模型。

在许多文献中,为了保持纹理还考虑了正则化参数 λ 的自适应选择。在计算权矩阵式(8.3.19)时,可采用文献[16]的方法对 α 进行自适应计算,从而将式(8.3.19)进一步改进为

$$\tilde{\boldsymbol{w}}_{i,j}^{(n)}=\frac{1}{MN\sigma^{2}}\left[u_{i,j}^{(n)}\right]^{-2} \sum_{k=1}^{M} \sum_{l=1}^{N}\left|\left[g_{k,l}^{(n)}-u_{k,l}^{(n)}\right]\left[f_{k,l}-u_{k,l}^{(n)}\right]\right| \tag{8.3.20}$$

式中:σ 为估计的噪声方差。

在得到估计权重式(8.3.20)之后,在按照式(8.3.14)将权矩阵的值映射到(-1,1),并在 RRFI 方法的迭代中进行更新,其中:参数 C_1、C_2、C_3 和 C_3 按照下式计算,即

$$\begin{cases} C_2 = \max\{0.05, 1 - e^{-\frac{0.01}{\sigma^2}}\} \\ C_1 = \max\{0.7, \boldsymbol{P}_{\min}^{\text{pre}} / \boldsymbol{P}_{F\text{mean}}^{\text{pre}}\} \cdot C_2 \\ C_3 = \min\{1.9, (\boldsymbol{P}_{T\text{mean}}^{\text{pre}} / \boldsymbol{P}_{F\text{mean}}^{\text{pre}})^{3/2} \cdot C_2\} \\ C_4 = \min\{1.9, (\boldsymbol{P}_{\max}^{\text{pre}} / \boldsymbol{P}_{F\text{mean}}^{\text{pre}})^{2} \cdot C_2\} \end{cases} \tag{8.3.21}$$

其中

$$\begin{cases} \boldsymbol{P}_{\min}^{\text{pre}} = \min\limits_{1 \leqslant i,j \leqslant N} \{\boldsymbol{P}^{\text{pre}}(i,j)\} \\ \boldsymbol{P}_{F\text{mean}}^{\text{pre}} = \underset{1 \leqslant i,j \leqslant j}{\text{mean}} \{\boldsymbol{P}^{\text{pre}}(i,j) \mid \text{FMD}_F(i,j) \neq 0\} \\ \boldsymbol{P}_{\max}^{\text{pre}} = \max\limits_{1 \leqslant i,j \leqslant N} \{\boldsymbol{P}^{\text{pre}}(i,j)\} \\ \boldsymbol{P}_{T\text{mean}}^{\text{pre}} = \underset{1 \leqslant i,j \leqslant j}{\text{mean}} \{\boldsymbol{P}_{i,j}^{\text{pre}} \mid \text{FMD}_T(i,j) \neq 0\} \end{cases}$$

需要指出的是,上面关于参数 C_1、C_2、C_3 和 C_4 是经过多次实验之后得到的经验性公式。

2. 实验比较与分析

为了验证本节方法的有效性,通过实验对 RRFI 方法、HMN 方法[13] 以及 DRS 方法[14] 进行比较。测试的图像包括大小为 512×512 的 Barbara 和 Lena 图像,以及大小为 256×256 的 SAR 图像(图 8.6)。实验中所考虑的噪声是服从伽马分布的乘性噪声。对于所有上面的方法,采用相对误差来作为迭代终止条件,当相临两次迭代满足下面条件时迭代终止,即

$$\frac{\| u^{(n)} - u^{(n-1)} \|_2}{\| u^{(n-1)} \|_2} \leqslant 10^{-4}$$

在实验中,采用峰值信噪比(Peak Signal to Noise Ratio, PSNR)作为衡量去噪效果的客观标准;用结构相似性度量(Structural Similarity Index, SSIM)来度量图像结构保持效果;为了比较不同方法的计算效率,对这些方法所需要的 CPU 时间进行了比较。

(a)　　(b)　　(c)

图 8.6　乘性噪声抑制测试图像

(a) Barbara(512×512);(b) Lena(512×512);(c) SAR Image(256×256)。

实验 1:针对 AA 模型式(8.3.15)和分数阶 AA 模型式(8.3.17),分别利用 HNM 方法和 RRFI 方法进行去噪,其中 RRFI 方法采用两种方式:一种是固定 $\alpha = 1$,此时 RFFI 方法和 HNW 方法一样,求解的是全变差正则化 AA 模型;另一种是对 α 采用自适应计算,得

到自适应 RRFI 方法。

表 8.2 列出了 HMW 方法和 RRFI 方法求解 AA 模型及分数阶模型的去噪结果的比较,该表测试图像加上了不同的噪声水平。从实验结果可以看到,当 RRFI 方法在求解 AA 模型时,CPU 时间要明显少于 HNW 方法。特别是在噪声水平比较高的情况下,不仅 CPU 时间较少,而且 RFFI 方法在改善 PSNR 和 SSIM 的方面,也明显优于 HNW 方法。当采用自适应计算时,自适应 RRFI 方法的运算时间要有所增加,但是低于 HNW 方法的计算量,而且在改善 PSNR 和 SSIM 的方面能得到进一步的提高。从这个比较可以看到,RRFI 方法求解 AA 模型时,其效率要比 HNW 方法高。

表 8.2　HNW 方法和 RRFI 方法去噪指标比较

图像(噪声方差)	方法	SSIM	PSNR	CPU 时间/s
Barbara(0.01)	HNW	0.8661	29.6621	48.9531
	RRFI($\alpha=1$)	0.8686	29.8533	22.2769
	自适应 RRFI	0.8665	29.796	33.1658
Barbara(0.03)	HNW	0.7734	26.6273	95.2542
	RRFI($\alpha=1$)	0.8247	27.2042	16.3021
	自适应 RRFI	0.8269	27.2145	30.0926
Barbara(0.1)	HNW	0.6719	24.2543	194.1916
	RRFI($\alpha=1$)	0.7055	24.4241	28.3610
	自适应 RRFI	0.7072	24.5652	39.3123
Lena(0.01)	HNW	0.8805	33.6021	50.6223
	RRFI($\alpha=1$)	0.8912	33.7029	17.9713
	自适应 RRFI	0.8949	33.9005	34.1798
Lena(0.03)	HNW	0.8464	31.0830	99.2166
	RRFI($\alpha=1$)	0.8444	31.1224	17.5033
	自适应 RRFI	0.8512	31.3746	33.0254
Lena(0.1)	HNW	0.7916	28.0234	182.6148
	RRFI($\alpha=1$)	0.7813	27.9883	27.5810
	自适应 RRFI	0.7957	28.1702	39.2967

图 8.7 给出了当 $\sigma^2=0.03$ 时,利用 HNM 方法和 RRFI 方法对 Lena 图像进行去噪的结果以及局部放大图像。从去噪图像的比较可以看到,HNW 方法求解 AA 模型时,在图像平滑区域会出现比较明显的"阶梯效应",而且图像纹理细节保持不理想。RRFI 方法求解 AA 模型时,纹理保持方面得到明显的改善。但是,由于仍然采用全变差正则化,因此"阶梯效应"仍然存在。而自适应 RRFI 方法在"阶梯效应"抑制以及纹理保持方面都能够取得明显的改善。实验结果表明,对于 AA 模型及分数阶 AA 模型,提出的 RRFI 方法可以在有效抑制"阶梯效应"的同时,较好地保持图像的纹理细节,并且具有较快的收敛速度,计算效率优于 HNW 方法。

实验 2:针对 I-divergence 模型式(8.3.16)和分数阶 I-divergence 模型式(8.3.18),分别采用 DRS 方法和 RRFI 方法进行去噪,其中 RRFI 方法同样采用两种方式:一种方式

(a)

(b)

(c)

图 8.7　HNM 方法和 RRFI 方法去噪图像比较

(a) HNW 方法求解 AA 模型去噪结果比较;(b) RRFI 方($\alpha=1$)求解 AA 模型去噪结果比较;

(c)自适应 RRFI 方法求解分数阶全变差正则化 AA 模型去噪结果比较。

是固定 $\alpha=1$,RFFI 方法和 DRS 方法都是求解全变差正则化 I-divergence 模型;另一种方式是对 α 采用自适应计算,得到自适应 RRFI 方法。

表 8.3 列出了不同噪声水平下,采用 DRS 方法和 RRFI 方法的去噪结果。从实验结果可以看到,RFFI 方法的 CPU 时间要少于 DRS 方法,在改善 SSIM 和 PSNR 的方面比 DRS 方法表现更好一些。

表 8.3　DRS 方法和 RRFI 方法去噪指标比较

图像(噪声方差)	方法	SSIM	PSNR	CPU 时间/s
Barbara(0.01)	DRS	0.8683	29.6353	32.3546
	RRFI($\alpha=1$)	0.8701	29.9143	21.6373
	自适应 RRFI	0.8690	29.7582	34.8194

（续）

图像(噪声方差)	方法	SSIM	PSNR	CPU 时间/s
Barbara(0.03)	DRS	0.7745	26.6889	33.6650
	RRFI(α =1)	0.8259	27.1588	16.3177
	自适应 RRFI	0.8293	27.3735	29.8274
Barbara(0.1)	DRS	0.6724	24.2675	42.1047
	RRFI(α=1)	0.7106	24.1577	27.7838
	自适应 RRFI	0.7204	24.3635	41.9487
Lena(0.01)	DRS	0.8821	33.1097	40.3887
	RRFI(α=1)	0.8908	33.6615	18.8605
	自适应 RRFI	0.8947	33.8864	34.3514
Lena(0.03)	DRS	0.8493	31.2138	42.4011
	RRFI(α=1)	0.8517	31.1725	16.33333
	自适应 RRFI	0.8586	31.4626	31.10666
Lena(0.1)	DRS	0.8005	28.2046	47.8143
	RRFI(α=1)	0.7900	28.1058	28.4858
	自适应 RRFI	0.7967	28.2855	42.5571

图 8.8 所示为当 $\sigma^2=0.03$ 时，采用 DRS 方法和 RRFI 方法对 Barbara 图像的去噪结果。从该图可以看到，DRS 方法在平滑区域产生明显的"阶梯效应"，而 RRFI 方法在求解 I-divergence 模型时，由于正则化参数采用了自适应计算，因此在"阶梯效应"抑制方面要优于 DRS 方法，而且在纹理保持方面要优于 DRS 方法。自适应 RRFI 方法在"阶梯效应"抑制以及纹理保持方面比 DRS 方法有明显的改善。

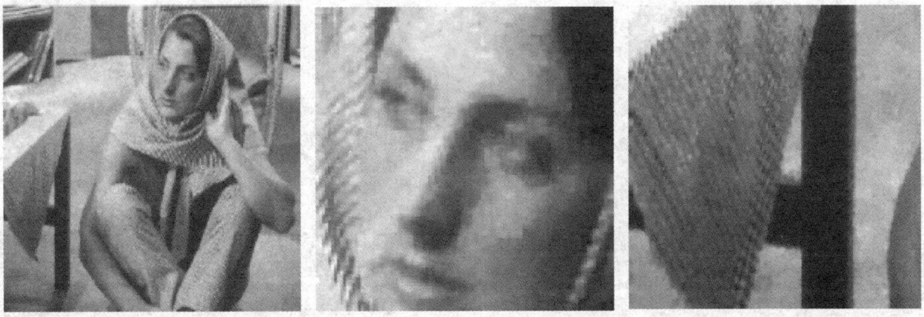

(a)

(b)

(c)

图 8-8　DRS 方法和 RRFI 方法去噪图像比较

(a) DRS 方法求解 I-divergence 模型的去噪结果;(b) RRFI 方法($\alpha=1$)求解 I-divergence 模型的去噪结果;(c)自适应 RRFI 方法求解分数阶全变差正则化 I-divergence 模型的去噪结果。

在实际应用中,合成孔径雷达成像一般受到 Gamma 噪声的污染。针对实际的 SAR 图像,对几种方法进行比较。图 8.9 所示为 SAR 图像去噪的结果。从实验结构比较可以看到,HNW 方法和 DRS 方法对于细节的保持并不理想,RRFI 方法在细节保持方面比 HNW 方法和 DRS 方法都要好。表 8.4 列出了各种方法的性能指标的比较,其中:ENL 表示等效视图,这个值越大表示平滑区域去噪效果越好;EPI 为边缘保持指标,这个值越大表示图像边缘保持越好。从数值结果上看,自适应 RRFI 方法可以在有效抑制平滑区域噪声的同时,有效保护图像边缘。CPU 时间的比较也表明,RRFI 方法的速度比较快。实验表明,RRFI 方法能较好地保持图像的细节信息,有效改善图像视觉效果。

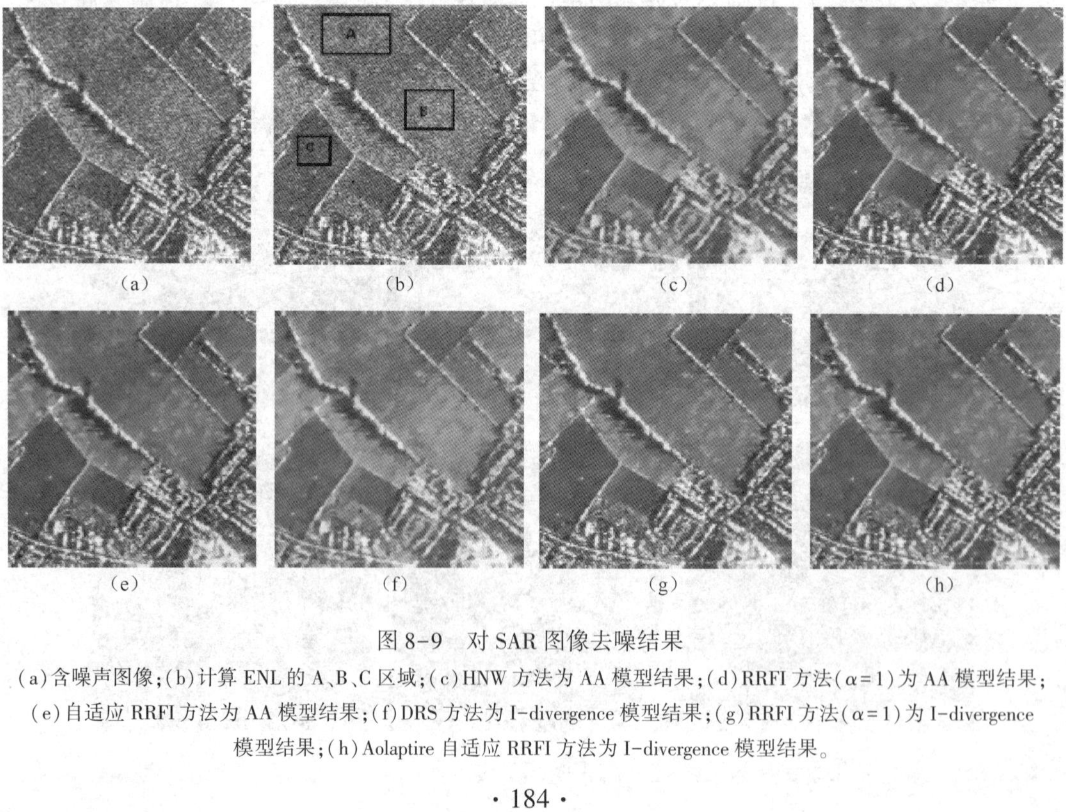

(a)　(b)　(c)　(d)

(e)　(f)　(g)　(h)

图 8-9　对 SAR 图像去噪结果

(a)含噪声图像;(b)计算 ENL 的 A、B、C 区域;(c) HNW 方法为 AA 模型结果;(d) RRFI 方法($\alpha=1$)为 AA 模型结果;(e)自适应 RRFI 方法为 AA 模型结果;(f) DRS 方法为 I-divergence 模型结果;(g) RRFI 方法($\alpha=1$)为 I-divergence 模型结果;(h) Aolaptire 自适应 RRFI 方法为 I-divergence 模型结果。

表 8.4 SAR 去噪图像性能指标 ENL、EPI 以及 CPU 时间比较

方 法	ENL(A)	ENL(B)	ENL(C)	EPI	CPU 时间/s
HNW	102.6070	205.4367	154.0833	0.7448	13.7281
DRS	102.0949	183.6730	150.6751	0.7651	4.4148
RRFI(α,AA)	116.7995	145.2224	326.8407	0.8903	3.1668
RRFI(α,I-divergence)	107.7375	133.1310	289.4285	0.8963	3.1356
自适应 RRF(AA)	108.5516	138.3621	283.0077	0.8852	4.4772
自适应 RRFI(I-divergence)	101.0690	127.9850	252.9348	0.8908	5.8344

8.4 泊松噪声条件下的复合正则化模型与算法

光子计数成像技术广泛应用于夜视成像、天文成像以及 X 射线和荧光共焦显微镜等系统。虽然通过延长数据采集时间或加大射线及荧光染料的剂量,可以得到具有大量光子数的高质量图像,但是长时间的数据采集通常受到硬件成本的限制和目标运动的影响,大剂量射线和有毒荧光染料会对细胞和人体组织造成严重伤害甚至导致死亡。因此,在实际应用中只能使用低剂量射线和荧光染料,在短时间内采集成像数据,这就导致成像设备可接收到的光子的数量非常低。在这些光子数极低的情况下,光子计数成像过程中固有的服从泊松分布的散粒噪声会严重降低成像质量,生成低质量的低光子数泊松图像。近年来,随着安全监控、军事、天文、医学等领域对高质量成像的迫切需求,低光子数泊松图像的高质量重建已经成为图像重建理论和应用领域的研究热点[17,20]。

本节介绍泊松噪声条件下的复合正则化模型与算法[21],这种方法将图像分成卡通成分和细节成分。对于卡通成分利用分数阶段全变差正则化进行建模,在抑制噪声的同时抑制阶梯效应;对于图像的细节成分,采用非局部全变差正则化,达到在噪声抑制过程中较好地保持图像细节成分。

8.4.1 模型的提出

不失一般性,假设 $\boldsymbol{f} \in \mathbb{R}^{N\times N}$ 为大小为 $N\times N$ 的受到泊松噪声污染的模糊图像,$\boldsymbol{u} \in \mathbb{R}^{N\times N}$ 为待求的真实干净图像,则有

$$\boldsymbol{f} = P(\boldsymbol{Hu}) \tag{8.4.1}$$

式中:$\boldsymbol{H}:\mathbb{R}^{N\times N}\rightarrow \mathbb{R}^{N\times N}$ 为卷积体的点扩散函数的矩阵表示形式;P 表示泊松污染过程。另外,假设 $(\boldsymbol{Hu})_{i,j} > 0(i,j=1,2,\cdots,N)$,并假设 $\boldsymbol{H}$ 是已知的(仅非盲去模糊问题)。目标是从模糊噪声图像 $\boldsymbol{f}$ 中去估计真实图像 $\boldsymbol{u}$。

从贝叶斯角度,在泊松噪声条件下估计真实图像 $\boldsymbol{u}$ 就要对下面的似然求最大值,即

$$p(\boldsymbol{u} \mid \boldsymbol{f}) = \prod_{i,j=1}^{N} \frac{(\boldsymbol{Hu})_{i,j}^{f_{i,j}} \exp[-(\boldsymbol{Hu})_{i,j}]}{f_{i,j}!} \tag{8.4.2}$$

对式(8.4.2)关于 $\boldsymbol{u}$ 求最大,等价于对 $-\log p(\boldsymbol{u} \mid \boldsymbol{f})$ 进行及消化,即

$$F(\boldsymbol{f},\boldsymbol{H};\boldsymbol{u})=\sum_{i,j=1}^{N}[(\boldsymbol{Hu})_{i,j}-\boldsymbol{f}_{i,j}\log(\boldsymbol{Hu})_{i,j}] \tag{8.4.3}$$

式(8.4.3)是一个典型的不适定反问题。对于这类问题的求解,正则化是最常用的方法,可以表示为

$$\begin{cases}\min\limits_{\mathbf{u}}\lambda J(\boldsymbol{u})+\sum\limits_{i,j=1}^{N}[(\boldsymbol{Hu})_{i,j}-\boldsymbol{f}_{i,j}\log(\boldsymbol{Hu})_{i,j}]\\ \text{s.t. }(\boldsymbol{Hu})_{i,j}>0(i,j=1,2,\cdots,N)\end{cases} \tag{8.4.4}$$

式中:$J(\boldsymbol{u})$ 为正则项;$\lambda>0$ 为正则化参数。

在本节中,假设 $\boldsymbol{u}$ 包含两种成分,即 $\boldsymbol{u}=\boldsymbol{u}_c+\boldsymbol{u}_t$,其中:$\boldsymbol{u}_c\in\mathbb{R}^{N\times N}$ 表示图像的卡通成分;$\boldsymbol{u}_t\in\mathbb{R}^{N\times N}$ 表示图像的细节成分。图像卡通成分 $\boldsymbol{u}_c$ 是指图像中的分片光滑背景以及强边缘,但是不含纹理等细节结构。考虑到图像阶梯效应抑制以及避免边缘的过度平滑,采用分数阶全变差来对图像卡通成分建模。图像的细节成分 $\boldsymbol{u}_t$ 则包含图像的纹理细节以及边缘成分。对于图像细节的保持,非局部方法有非常好的表现,所以这里考虑采用非局部全变差来对图像细节成分建模,以提高模型的细节保持能力。因此,可以提出以下分数阶全变差和非局部全变差的复合正则化模型:

$$\begin{cases}(\boldsymbol{u}_c^*,\boldsymbol{u}_t^*)=\underset{\boldsymbol{u}_t,\boldsymbol{u}_c}{\operatorname{argmin}}\ \lambda_1 J_\alpha(\boldsymbol{u}_c)+\lambda_2 J_{NL}(\boldsymbol{u}_t)+\sum\limits_{i,j=1}^{N}[\boldsymbol{H}(\boldsymbol{u}_c+\boldsymbol{u}_t)]_{i,j}-\boldsymbol{f}_{i,j}\log[\boldsymbol{H}(\boldsymbol{u}_c+\boldsymbol{u}_t)]_{i,j}\\ \text{s.t. }[\boldsymbol{H}(\boldsymbol{u}_c+\boldsymbol{u}_t)]_{i,j}>0(i,j=1,2,\cdots,N)\end{cases} \tag{8.4.5}$$

式中:$J_\alpha(\boldsymbol{u}_c)=\|\nabla^\alpha\boldsymbol{u}_c\|_1=\sum\limits_{i,j=1}^{N}\sqrt{[D_v^\alpha\boldsymbol{u}_c(i,j)]^2+[D_h^\alpha\boldsymbol{u}_c(i,j)]^2}$ 为分数阶全变差;$J_{NL}(\boldsymbol{u}_t)=\sum\limits_{i,j=1}^{N}\sqrt{\sum\limits_{k,l=1}^{N}\boldsymbol{c}(i,j;k,l)[\boldsymbol{u}_t(i,j)-\boldsymbol{u}_t(k,l)]^2}$ 为非局部全变差,$\boldsymbol{c}(i,j,k,l)$ 为 $\boldsymbol{u}_t(i,j)$ 和 $\boldsymbol{u}_t(k,l)$ 之间的相似性度量;$\lambda_1>0$ 和 $\lambda_2>0$ 为正则化参数。

分数阶全变差正则化虽然可以较好地抑制阶梯效应并避免边缘的过度平滑,但对于纹理的保持能力还是有限的。一方面,在引入图像分解之后,模型中的卡通成分 $\boldsymbol{u}_c$ 中并不包含纹理细节,这样就可以充分发挥分数阶全变差正则化的优点而避免缺点;另一方面,非局部方法虽然有利于图像细节的保持,但是在图像灰度渐变区域中,由于图像块的加权平均,很容易出现一些伪结构,从而严重影响视觉效果。在模型中,图像细节成分 $\boldsymbol{u}_c$ 中的灰度渐变成分已经被分解到卡通成分中,其留下的背景几乎为常数,这样就可以避免图像块的加权平均时出现明显的伪结构。

综上所述,这种依照图像成分来建立的复合正则化方法可以发挥各正则化项的优点,而抑制其缺点,能较好地提高方法的整体性能。在通过模型式(8.4.5)求出图像的卡通成分 $\boldsymbol{u}_c^*$ 和 $\boldsymbol{u}_t^*$ 细节成分后,就可以得到估计的图像为 $\boldsymbol{u}^*=\boldsymbol{u}_c^*+\boldsymbol{u}_t^*$。

8.4.2 基于 ADMM 方法地描述

为采用 ADMM 方法求解模型式(8.4.5),将该模型等价地写为

$$\begin{cases}\min\limits_{\boldsymbol{d}_{i,j}>0,\boldsymbol{w},\boldsymbol{v}}\lambda_1\|\boldsymbol{w}\|_1+\lambda_2\mathrm{TV}_{NL}(\boldsymbol{v})+\sum\limits_{i,j=1}^{N}(\boldsymbol{d}_{i,j}-\boldsymbol{f}_{i,j}\log\boldsymbol{d}_{i,j})\\ \text{s.t. }\boldsymbol{w}=\nabla^\alpha\boldsymbol{u}_c,\boldsymbol{v}=\boldsymbol{u}_t,\boldsymbol{d}=\boldsymbol{H}(\boldsymbol{u}_c+\boldsymbol{u}_t)\end{cases} \tag{8.4.6}$$

式中：$\boldsymbol{d} \in \mathbb{R}^{N\times N}$；$\boldsymbol{v} \in \mathbb{R}^{N\times N}$；$\boldsymbol{w} = (\boldsymbol{w}_v, \boldsymbol{w}_h)$，$\boldsymbol{w}_v \in \mathbb{R}^{N\times N}$，$\boldsymbol{w}_h \in \mathbb{R}^{N\times N}$。

因此，给定初值 $\boldsymbol{u}^0 = \boldsymbol{u}_t^0 = \boldsymbol{f}, \boldsymbol{u}_c^0 = \boldsymbol{0}, \tilde{\boldsymbol{d}}^0 = \boldsymbol{0}, \tilde{\boldsymbol{v}}^0 = \boldsymbol{0}, \tilde{\boldsymbol{w}}^0 = (\tilde{\boldsymbol{w}}_v^0, \tilde{\boldsymbol{w}}_h^0) = (\boldsymbol{0}, \boldsymbol{0})$，其中：$0 \in \mathbb{R}^{N\times N}$，则可以采用下面的 ADMM 迭代格式来求解式(8.4.6)的近似解：

$$\boldsymbol{d}^{k+1} = \underset{\boldsymbol{d}_{i,j}>0}{\operatorname{argmin}} \sum_{i,j=1}^{N} (\boldsymbol{d}_{i,j} - \boldsymbol{f}_{i,j} \log \boldsymbol{d}_{i,j}) + \frac{\beta}{2} \| \boldsymbol{d} - \boldsymbol{H}(\boldsymbol{u}_c^k + \boldsymbol{u}_t^k) - \tilde{\boldsymbol{d}}^k \|_F^2 \quad (8.4.7)$$

$$\boldsymbol{w}^{k+1} = \underset{\boldsymbol{w}}{\operatorname{argmin}} \| \boldsymbol{w} \|_1 + \frac{\gamma}{2} \| \boldsymbol{w} - \nabla^\alpha \boldsymbol{u}_c^k - \tilde{\boldsymbol{w}}^k \|_F^2 \quad (8.4.8)$$

$$\boldsymbol{v}^{k+1} = \underset{\boldsymbol{v}}{\operatorname{argmin}} \mathrm{TV}_{NL}(\boldsymbol{v}) + \frac{\eta}{2} \| \boldsymbol{v} - \boldsymbol{u}_t^k - \tilde{\boldsymbol{v}}^k \|_F^2 \quad (8.4.9)$$

$$(\boldsymbol{u}_c^{k+1}, \boldsymbol{u}_t^{k+1}) = \underset{\boldsymbol{u}_c, \boldsymbol{u}_t}{\operatorname{argmin}} \left\{ \begin{array}{l} \frac{\beta}{2} \| \boldsymbol{H}(\boldsymbol{u}_c + \boldsymbol{u}_t) - (\boldsymbol{d}^{k+1} - \tilde{\boldsymbol{d}}^k) \|_F^2 \\ + \frac{\gamma \lambda_1}{2} \| \nabla^\alpha \boldsymbol{u}_c - (\boldsymbol{w}^{k+1} - \tilde{\boldsymbol{w}}^k) \|_F^2 + \frac{\eta \lambda_2}{2} \| \boldsymbol{u}_t - (\boldsymbol{v}^{k+1} - \tilde{\boldsymbol{v}}^k) \|_F^2 \end{array} \right\}$$

(8.4.10)

$$\begin{cases} \tilde{\boldsymbol{d}}^{k+1} = \tilde{\boldsymbol{d}}^k + \mu [\boldsymbol{H}(\boldsymbol{u}_c^{k+1} + \boldsymbol{u}_t^{k+1}) - \boldsymbol{d}^{k+1}] \\ \tilde{\boldsymbol{w}}^{k+1} = \tilde{\boldsymbol{w}}^k + \mu (\nabla^\alpha \boldsymbol{u}_c^{k+1} - \boldsymbol{w}^{k+1}) \\ \tilde{\boldsymbol{v}}^{k+1} = \tilde{\boldsymbol{v}}^k + \mu (\boldsymbol{u}_t^{k+1} - \boldsymbol{v}^{k+1}) \end{cases} \quad (8.4.11)$$

式中：β、λ、η、μ 均为大于 0 的参数；$\tilde{\boldsymbol{d}}^k$、$\tilde{\boldsymbol{w}}^k$ 和 $\boldsymbol{v}^k$ 均为尺度拉格朗日乘子。

对于极小化问题式(8.4.7)，有

$$\boldsymbol{d}^{k+1} = \frac{\beta [\boldsymbol{H}(\boldsymbol{u}_c^k + \boldsymbol{u}_t^k) + \tilde{\boldsymbol{d}}^k] - \boldsymbol{1} + \sqrt{[\beta(\boldsymbol{H}(\boldsymbol{u}_c^k + \boldsymbol{u}_t^k) + \tilde{\boldsymbol{d}}^k) - \boldsymbol{1}]^2 + 4\beta \boldsymbol{f}}}{2\beta}$$

(8.4.12)

式中：$\boldsymbol{1} \in \mathbb{R}^{N\times N}$ 为全 1 矩阵。

极小化问题式(8.4.8)则是一个标准的 $\ell_1 - \ell_2$ 极小化问题。该问题的显式解可利用软阈值算子得到。在这里，极小化问题式(8.4.8)的解为 $\boldsymbol{w}^{k+1} = (\boldsymbol{w}_v^{k+1}, \boldsymbol{w}_h^{k+1})$，则

$$\begin{cases} (\boldsymbol{w}_v^{(k+1)})_{i,j} = \max\{\boldsymbol{M}_{i,j} - \frac{1}{\gamma}, 0\} \cdot \frac{(D_v^\alpha \boldsymbol{u}_c^k + \tilde{\boldsymbol{w}}_v^k)_{i,j}}{\boldsymbol{M}_{i,j}} \\ (\boldsymbol{w}_k^{k+1})_{i,j} = \max\{\boldsymbol{M}_{i,j} - \frac{1}{\gamma}, 0\} \cdot \frac{(D_h^\alpha \boldsymbol{u}_c^k + \tilde{\boldsymbol{w}}_v^k)_{i,j}}{\boldsymbol{M}_{i,j}} \end{cases} \quad (8.4.13)$$

式中：$\boldsymbol{M}_{i,j} = |(\nabla^\alpha \boldsymbol{u}_c^k + \tilde{\boldsymbol{w}}^k)_{i,j}| = \sqrt{(D_v^\alpha \boldsymbol{u}_c^k + \tilde{\boldsymbol{w}}_v^k)_{i,j}^2 + (D_h^\alpha \boldsymbol{u}_c^k + \tilde{\boldsymbol{w}}_h^k)_{i,j}^2}$ $(i, j=1,2,\cdots,N)$。

极小问题式(8.4.9)是一个标准的非局部全变差正则化去噪模型，可采用张小群等提出的 SBNLTV 方法[22]进行求解。需要指出的是，如果直接调用 SBNLTV 方法，则在每次调用该方法时，都需要计算该算法中所需要的结构相似度矩阵，这个计算量很大。为了降低计算量，对该算法进行改进，即每迭代 $T \geqslant 1$ 次之后，才更新计算一次相似度矩阵。

对于极小化问题式(8.4.10),需要同时求解下面的方程:

$$\begin{cases}[\beta\boldsymbol{H}^*\boldsymbol{H}+\gamma\lambda_1(\nabla^\alpha)^*\nabla^\alpha]\boldsymbol{u}_c^{k+1}+\beta\boldsymbol{H}^*\boldsymbol{H}\boldsymbol{u}_t^{k+1}=\beta\boldsymbol{H}^*(\boldsymbol{d}^{k+1}-\tilde{\boldsymbol{d}}^k)+\gamma\lambda_1(\nabla^\alpha)^*(\boldsymbol{w}^{k+1}-\tilde{\boldsymbol{w}}^k)]\\ \beta\boldsymbol{H}^*\boldsymbol{H}\boldsymbol{u}_c^{k+1}+[\beta\boldsymbol{H}^*\boldsymbol{H}+\eta\lambda_2\cdot 1]\boldsymbol{u}_t^{k+1}=\beta\boldsymbol{H}^*(\boldsymbol{d}^{k+1}-\tilde{\boldsymbol{d}}^k)+\eta\lambda_2(\boldsymbol{v}^{k+1}-\tilde{\boldsymbol{v}}^k)]\end{cases} \tag{8.4.14}$$

式中:“ * ”表示复共轭算子。

需要指出的是,D_v^α、D_h^α、$(D_v^\alpha)^*$、$(D_h^\alpha)^*$ 和 $\boldsymbol{H}$ 都是卷积算子,在周斯边界条件下可在傅里叶变换域下进行计算,即

$$\begin{cases}(\beta\boldsymbol{F_H}+\gamma\lambda_1\boldsymbol{F_D})\circ\mathcal{F}(\boldsymbol{u}_c^{k+1})+\beta\boldsymbol{F_H}\circ\mathcal{F}(\boldsymbol{u}_t^{k+1})=\boldsymbol{C}_1^k\\ \beta\boldsymbol{F_H}\circ\mathcal{F}(\boldsymbol{u}_c^{k+1})+(\beta\boldsymbol{F_H}+\eta\lambda_2\cdot 1)\circ\mathcal{F}(\boldsymbol{u}_t^{k+1})=\boldsymbol{C}_2^K\end{cases} \tag{8.4.15}$$

其中

$$\begin{cases}\boldsymbol{F}_H=\mathcal{F}(\boldsymbol{H})^*\circ\mathcal{F}(\boldsymbol{H})\\ \boldsymbol{F}_D=\mathcal{F}(D_v^\alpha)^*\circ\mathcal{F}(D_v^\alpha)+\mathcal{F}(D_v^\alpha)^*\circ\mathcal{F}(D_h^\alpha)\\ \boldsymbol{C}_1^k=\beta\mathcal{F}(\boldsymbol{H})^*\circ\mathcal{F}(\boldsymbol{d}^{k+1}-\tilde{\boldsymbol{d}}^k)+\gamma\lambda_1\mathcal{F}[(\nabla^\alpha)^*(\boldsymbol{w}^{k+1}-\tilde{\boldsymbol{w}}^k)]\\ \boldsymbol{C}_2^k=\beta\mathcal{F}(\boldsymbol{H})^*\circ\mathcal{F}(\boldsymbol{d}^{k+1}-\tilde{\boldsymbol{d}}^k)+\eta\lambda_2\mathcal{F}(\boldsymbol{v}^{k+1}-\tilde{\boldsymbol{v}}^k)\end{cases} \tag{8.4.16}$$

式中:$\mathcal{F}$ 表示二维离散傅里叶变换;“ $\circ$ ”表示点对点乘积。

式(8.4.15)中的运算都是点对点的运算,可以很容易求解式(8.4.14)为

$$\begin{cases}\boldsymbol{u}_c^{k+1}=\mathcal{F}^{-1}\left(\dfrac{(\beta\boldsymbol{F_H}+\eta\lambda_2\cdot\boldsymbol{1})\circ\boldsymbol{C}_1^k-\beta\boldsymbol{F_H}\circ\boldsymbol{C}_2^k}{\beta\eta\lambda_2\boldsymbol{F_H}+\beta\gamma\lambda_1\boldsymbol{F_D}\circ\boldsymbol{F_H}+\gamma\eta\lambda_1\lambda_2\boldsymbol{F_D}}\right)\\ \boldsymbol{u}_t^{k+1}=\mathcal{F}^{-1}\left(\dfrac{(\beta\boldsymbol{F_H}+\gamma\lambda_1\boldsymbol{F_D})\circ\boldsymbol{C}_2^k-\beta\boldsymbol{F_H}\circ\boldsymbol{C}_1^k}{\beta\eta\lambda_2\boldsymbol{F_H}+\beta\gamma\lambda_1\boldsymbol{F_D}\circ\boldsymbol{F_H}+\gamma\eta\lambda_1\lambda_2\boldsymbol{F_D}}\right)\end{cases} \tag{8.4.17}$$

式中:$\mathcal{F}^{-1}$为二维离散逆傅里叶变换;式中的除法是点对点的运算。

综上所述,求解分数阶全变差和非局部全变差复合正则化模型式(8.4.5)的算法如下:

算法 8.2: 复合正则化 Poisson 图像复原算法:

输入:输入观测图像 f,参数 λ_1、λ_2、α、β、γ、η、μ、ε 和 $MaxIter$;Set Cond=1 和 $k=0$。

初始化: $\boldsymbol{u}^0=\boldsymbol{u}_t^0=\boldsymbol{f},\boldsymbol{u}_c^0=\boldsymbol{0},\tilde{\boldsymbol{d}}^0=\boldsymbol{0},\tilde{\boldsymbol{v}}^0=\boldsymbol{0},\boldsymbol{w}^0=(\tilde{\boldsymbol{w}}_v^0,\tilde{\boldsymbol{w}}_h^0)=(\boldsymbol{0},\boldsymbol{0})$,其中: $\boldsymbol{0}\in\mathbf{R}^{N\times N}$。

主迭代:对 $k=0$、1、2…按下列步骤计算:

(1) 按照式(8.4.12)更新计算 $\boldsymbol{d}^{k+1}$;

(2) 按照式(8.4.13)更新计算$(\boldsymbol{w}_v^{k+1})_{i,j}$ 和$(\boldsymbol{w}_h^{k+1})_{i,j}(i,j=1,2,\cdots,N)$;

(3) 利用改进后的 SBNLTV 算法计算式(8.4.9)的解 $\boldsymbol{v}^{k+1}$;

(4)按照式(8.4.14) 更新计算 $\boldsymbol{u}_c^{k+1}$ 和 $\boldsymbol{u}_c^{k+1}$;

(5) 计算 $\boldsymbol{u}^{k+1}=\boldsymbol{u}_c^{k+1}+\boldsymbol{u}_t^{k+1}$

(6)当 $\|\boldsymbol{u}^{k+1}-\boldsymbol{u}^k\|_2/\|\boldsymbol{u}^k\|_2\leqslant\varepsilon$ 满足给定的迭代终止条件时,记 $k^*=k+1$ 迭代终止;否则,按照式(8.4.11)更新 $\tilde{\boldsymbol{d}}^{k+1}$、$\tilde{\boldsymbol{w}}^{k+1}$ 和$\tilde{\boldsymbol{v}}^{k+1}$,令 $k:=k+1$, 转第(1)步继续迭代。

输出:复原图像 $\boldsymbol{u}^{(k^*)}$。

8.4.3 数值比较与分析

在实验中,主要与采用全变差以及高阶全变差的 Poisson 噪声条件下的图像去模糊方法进行比较。其主要有以下方法:

(1) 文献[17]提出的 RL 方法(Richardson-Lucy algorithm);

(2) 文献[19]提出的基于 TV 的 ADMM 的方法(TV-ADMM);

(3) 文献[20]提出的高阶 TV 耦合正则化方法。

文献[17]的方法和文献[19]的方法都采用了全变差正则化。其区别:文献[19]的方法采用 ADMM 方法对模型进行计算;文献[20]是一个耦合正则化方法,这种方法在图像边缘处采用全变差正则化,在图像其余区域采用高阶导数。事实上,文献已经证明了 ADMM 方法实际上和 Bregman 迭代法具有密切的联系。相对于不适用 ADMM 的方法而言,采用 ADMM 方法有利于提高细节保持能力,但由于文献[17]的方法和文献[19]的方法都是采用了全变差正则化,因此在图像平滑区域容易产生阶梯效应。文献[20]的方法能有效地抑制阶梯效应,但是由于这种方法很大程度依赖于边缘的检测,图像的模糊会对边缘的检测带来很大的困难,因此当该方法在边缘检测不准确时,会因为对边缘结构采用了高阶导数正则化,进一步导致边缘的模糊。在耦合正则化方法中,不需要考虑对边缘的检测,只是对图像的分片光滑的背景成分采用分数阶全变差正则化。一方面可以有效地抑制阶梯效应,另一方面也可以避免边缘的过渡模。此外,在图像的细节部分 $\boldsymbol{u}_t$ 中实际上包含了图像的纹理及强边缘。因此,采用非局部正则化有利于边缘和纹理的保持,同时由于在 $\boldsymbol{u}_t$ 中背景(或者平滑部分)的灰度很接近,所以也有利于抑制非局部方法中局部图像块之间平均引起的人工效应。

在本实验中,选择了 4 幅具有代表性的测试图像,如图 8.10 所示。图 8.10(a)具有比较规则的明显的纹理结构,纹理与背景区分度较好;图 8.10(b)具有比较细的杂乱纹理(头发部分),纹理与背景区分度也比较好;图 8.10(c)的目标和图像背影区分度很好,目标纹理部分相对较弱;图 8.10(d)是一个纯纹理图像。

在本实验中,主要考虑 Poisson 噪声条件下的图像恢复问题,因此考虑以下三种情形的图像模糊:

(1) 运动模糊:图像像素分别沿 750 和 1250 方向平移 20 个像素;

(2) 高斯模糊:分别用窗口大小为 7×7(标准差 $\sigma=3$)和 15×15(标准差 $\sigma=5$)的高斯模板对图像进行卷积;

(3) 均值模糊:分别用窗口大小为 7×7 和 15×15 的均值模板对图像进行卷积。

在本算法中,有 λ_1、λ_2、α、β、γ、η 和 μ 7 个参数。为简化实验中对参数的调整,在实验中固定取 $\beta=1$、$\mu=1$ 和 $\alpha=1.5$。需要指出的是,在前面章节中分析了参数 α 的自适应选择问题,在本实验中并没有考虑 α 的自适应选择,因为在模型中,分数阶正则化是作用在背景图像 $\boldsymbol{u}_c$ 上的,其中并不包含纹理。因此,其主要考虑的是图像阶梯效应的抑制,由于没有纹理成分,而分数阶全变差正则化在边缘保持方面比基于整数高阶导数的正则化要好,因此将参数 α 取值为常数。对于其他参数,则通过手动调节,使迭代终止时复原图像的峰值信噪比达到最大。

表 8.5 和表 8.6 列出了在不同模糊情况下,对图 8.10(a)和图 8.10(d)对应的含噪声

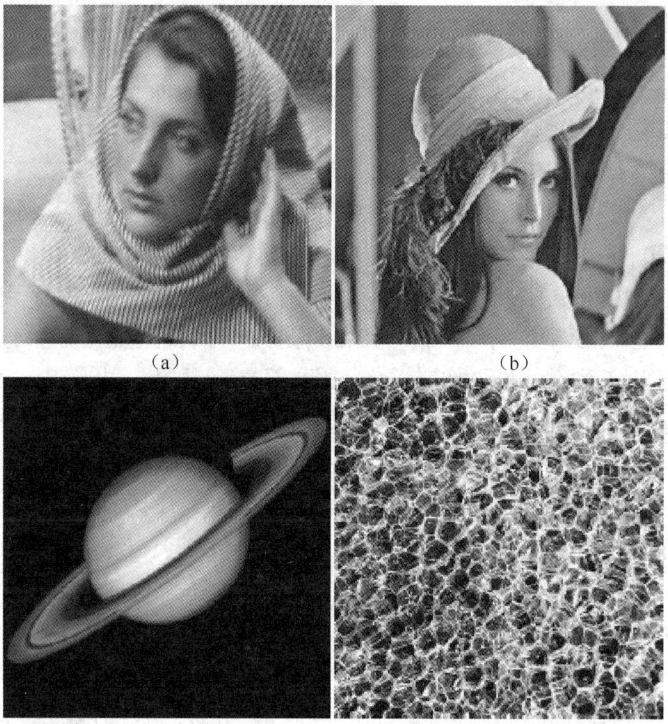

图 8.10　Poisson 图像复原的测试图像

(a) Barbara; (b) Lena; (c) Saturn; (d) Texture。

模糊图像的复原图像峰值信噪比和结构相似度指标的比较。从比较的结果可以看到,相较于文献[17]和文献[19]的方法,文献[20]的方法能够对 PSNR 和 SSIM 有比较好的改善,而本节方法总体上比文献[20]的方法还要好一些。

表 8.5　复原图像的峰值信噪比比较

模糊核	图像	模糊图像	RL 方法	TV-ADMM 方法	高阶 TV 方法	本节方法
运动模糊（方向 70°）	Barbara	21.6895	31.5520	34.1645	46.8918	37.5275
	Lena	21.7367	32.7519	33.6327	36.4166	37.0138
	Saturn	26.3628	41.1481	42.6478	45.4712	46.1871
	Texture	11.9512	19.1014	23.7580	26.0755	26.6012
运动模糊（方向 125°）	Barbara	20.9939	28.2579	32.4349	33.3155	35.0687
	Lena	20.0857	30.8343	33.6721	34.1492	35.7506
	Saturn	24.3790	40.5489	41.2332	42.8337	44.5475
	Texture	11.6014	18.3349	23.3558	25.6580	26.2689
高斯模糊（模糊核大小为 7×7）	Barbara	23.2888	27.9311	31.0298	31.9982	32.6581
	Lena	23.6529	29.9007	30.6977	31.7955	32.6766
	Saturn	31.4523	37.6627	39.2889	41.4870	43.0101
	Texture	13.2533	17.2268	19.7742	20.6256	21.3448

（续）

模糊核	图像	模糊图像	RL 方法	TV-ADMM 方法	高阶 TV 方法	本节方法
高斯模糊（模糊核大小为 15×15）	Barbara	21.3034	24.2057	25.7060	26.3600	36.6146
	Lena	20.5051	25.1007	26.1513	27.2893	27.7043
	Saturn	27.0977	31.6723	34.6387	35.2428	36.7279
	Texture	11.7378	13.7027	15.4171	15.7984	16.0321
均值模糊（模糊核大小为 7×7）	Barbara	22.9026	28.6741	32.0547	33.2610	34.3108
	Lena	23.0113	30.5978	31.7082	33.3092	34.6788
	Satrun	30.7114	38.4991	38.9948	41.6369	43.6336
	Texture	12.8587	18.0103	21.5661	23.0082	23.7721
均值模糊（模糊核大小为 15×15）	Barbara	20.5481	24.7296	26.9523	27.8884	28.4012
	Lena	19.5802	25.9105	27.4677	29.5108	30.26198
	Saturn	25.9880	33.0169	36.6191	38.3133	39.6850
	Texture	11.2901	14.1662	17.3821	18.0118	18.55502

表 8.6　复原图像的结构相似度比较

模糊核	图像	模糊图像	RL 方法	TV-ADMM 方法	高阶 TV 方法	本节方法
运动模糊（方向 75°）	Barbara	0.6352	0.9192	0.9252	0.9712	0.9693
	Lena	0.6651	0.9271	0.9007	0.9610	0.9554
	Saturn	0.8440	0.9076	0.9868	0.9889	0.9929
	Texture	0.1970	0.7961	0.9237	0.9464	0.9550
运动模糊（方向 125°）	Barbara	0.5372	0.8520	0.9075	0.9160	0.9474
	Lena	0.5666	0.8963	0.9237	0.9339	0.9374
	Saturn	0.7897	0.9141	0.9807	0.9844	0.9913
	Textrue	0.1584	0.7455	0.9162	0.9455	0.9548
高斯模糊（模糊核大小为 7×7）	Barbara	0.6535	0.8316	0.8790	0.9081	0.9260
	Lena	0.7308	0.8937	0.8664	0.9291	0.9241
	Saturn	0.9227	0.9781	0.9712	0.9831	0.9836
	Texture	0.2955	0.7037	0.8299	0.8516	0.8633
高斯模糊（模糊核大小为 15×15）	Barbara	0.5245	0.6730	0.7296	0.7767	0.7817
	Lena	0.5657	0.7489	0.7435	0.8339	0.8140
	Saturn	0.8469	0.9317	0.9333	0.9574	0.9412
	Texture	0.0943	0.3597	0.5629	0.5640	0.5889
均值模糊（模糊核大小为 7×7）	Barbara	0.6224	0.8578	0.9001	0.9321	0.9496
	Lena	0.6954	0.8764	0.9026	0.9009	0.9426
	Saturn	0.9165	0.9805	0.9522	0.9825	0.9843
	Texture	0.2329	0.7294	0.8757	0.9016	0.9193

（续）

模糊核	图像	模糊图像	RL 方法	TV-ADMM 方法	高阶 TV 方法	本节方法
均匀模糊（模糊核大小为 15×15）	Barbara	0.4747	0.7096	0.7834	0.8234	0.8477
	Lena	0.5087	0.7801	0.7693	0.8389	0.8689
	Saturn	0.8223	0.9471	0.9135	0.9490	0.9719
	Texture	0.0442	0.4265	0.7150	0.7357	0.7494

图 8.11 和图 8.12 分别给出了运动模糊、高斯模糊条件下的复原图像以及复原图像的部分局部区域的放大图。从复原图像的比较结果可以看到，文献[17]的方法对于图像纹理细节的保持不理想，而且在图像平滑区域容易出现阶梯效应。文献[19]的方法在细节保持方面比文献[17]的方法有所改善，但是阶梯效应还是比较明显。因为事实上文献[17]和文献[19]处理的方法是同一个模型，只是文献[19]采用了 ADMM 方法，在这个方法中有每次迭代的残差会被加权之后反馈回到图像中，然后对反馈之后的图像进行处理，这个反馈过程实际上对于图像纹理信息有增强大作用。因此，文献[19]的方法在纹理保持方面优于文献[17]的方法。

文献[20]的方法对图像的边界以及平滑区域进行区分处理，在图像平滑区域采用基于高阶导数的正则化，因此在图像阶梯效应抑制方面有比较明显的改善。一方面对于模糊图像而言，边缘的检测往往会产生较大的误差；另一方面对于纹理而言，采用一阶或者高阶导数实际上都是不合适的，也导致该方法对纹理细节的保持并不理想。本节方法将图像的背景和细节分开处理，一方面利用分数阶全变差正则化，在有效抑制阶梯效应的同时，避免图像边缘的过渡模糊；另一方面利用非局部全变差正则化，有效地保持图像的边缘及细节成分。

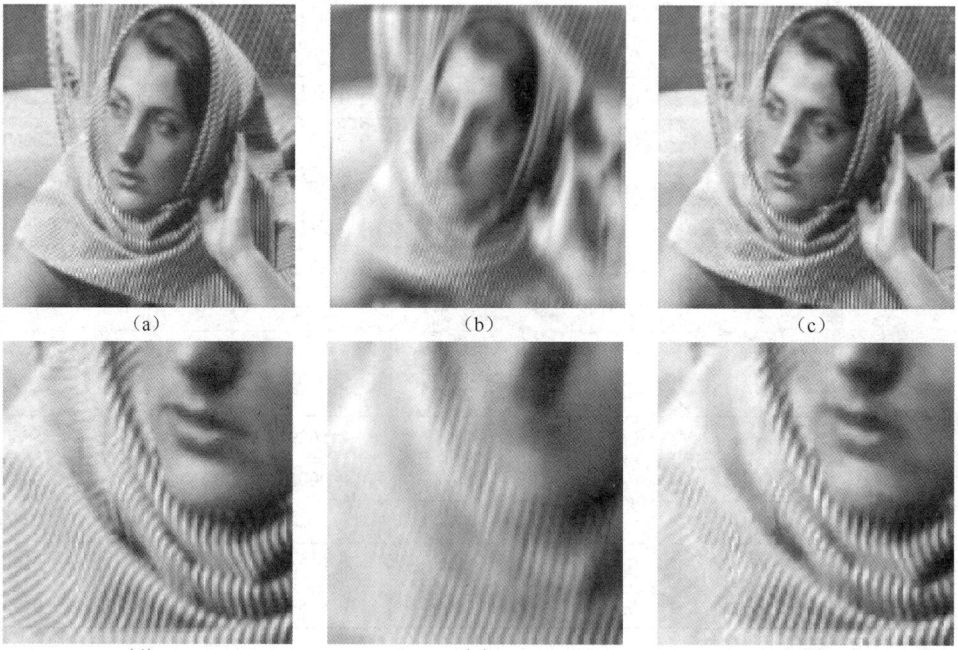

（a）　（b）　（c）

（d）　（e）　（f）

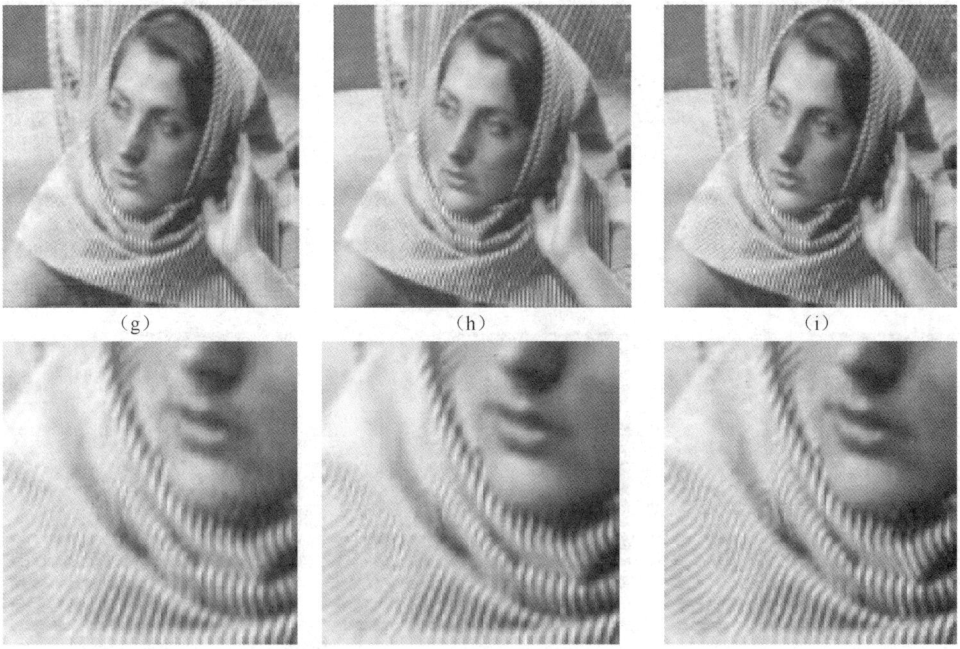

（g）　（h）　（i）

（j）　（k）　（l）

图 8.11　运动模糊(方向 75°)条件下的复原图像比较

(a)Barbara 原始图像;(b)运动模糊图像;(c)文献[60]的方法复原图像;(d)原始图像局部区域图;(e)运动模糊图像局部区域图;(f)文献[60]的方法复原图像局部区域图;(g)文献[61]的方法复原图像;(h)文献[62]的方法复原图像;(i)本节文献复原图像;[j]文献[61]的方法复原图像局部区域图;(k)文献[62]的方法复原图像局部区域图;[1]本节方法复原图像局部区域图。

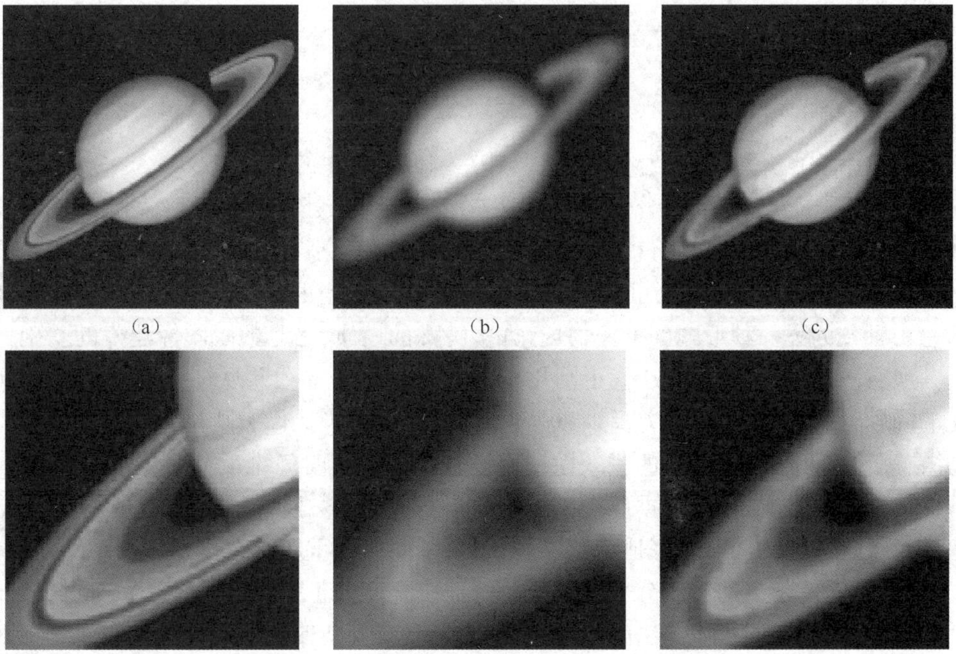

（a）　（b）　（c）

（d）　（e）　（f）

图 8.12　高斯模糊(模糊核大小 15×15)条件下的复原图像比较

(a) Sarum 原始图像;(b)运动模糊图像;(c)文献[60]的方法复原图像;(d)原始图像局部区域图;
(e)运动模糊图像局部区域图;(f)文献[60]的方法复原图像局部区域;(g)文献[61]的方法复原图像;
(h)文献[62]的方法复原图像;(i)本节方法复原图像;[j]文献[61]的方法复原图像局部区域图;
(k)文献[62]的方法复原图像局部区域图;[l]本节方法复原图像局部区域图。

8.5　本章小结

在本章中重点介绍了分数阶全变差及其在图像复原中的应用。

首先,介绍了分数导数及分数阶段全变差的定义、分数阶正则化基本理论,主要包括经典的全变差正则化及其高阶推广,分数阶微分的定义及基本性质,以及基于分数阶微分的分数阶全变差空间与全变差正则化方法。分数阶全变差正则化是全变差正则化和高阶全变差正则化的另一种形式的推广,具有许多特殊的性质,是分数阶图像建模的基础。

其次,针对传统 Bregman 迭代正则化图像复原由于单幅残差反馈引起的图像重新噪声化的问题,因此采用多幅残差反馈,提出了时间维度分阶迭代正则化图像复原模型及算法,并在理论上证明了该算法的收敛性。通过实验分析了时间维度分数阶导数的阶数对细节保持性能的影响机理,并据此提出了参数自适应的分数阶迭代正则化方法,在保持图像边缘及纹理细节的同时较好地抑制噪声,避免了图像的重新噪声化。

再次,针对基于空间维度分数阶导数的分数阶全变差正则化模型,提出了重加权残差反馈迭代算法,并证明了该算法的收敛性,解决了具有复杂保真项的分数阶全变差正则化模型的快速求解问题。因此,提出了图像形态成分模糊隶属度指标对各形态图像成分进行区分,并在此基础上建立分数阶导数的阶数与图像形态成分之间的对应关系。采用参数自适应重加权残差反馈迭代方法对分数阶全变差正则化的乘性噪声抑制模型进行快速求解,在有效地抑制噪声的同时,较好地保持了图像的边缘、纹理等细节信息。

最后,针对泊松噪声条件下的图像复原问题,将图像看作是由卡通成分和纹理成分组成的,对于卡通成分使用分数阶正则化,而对于纹理成分使用非局部全变差正则化,从而提出了一种复合正则化图像复原方法。利用 ADMM 方法,提出了模型求解的快速方法。该方法在抑制图像阶梯效应同时,也可以较好地保持图像的细节成分。

参考文献

[1] Pu Yifei. Fractional differential analysis for texture of digital image[J]. Journal of Algorithms and Computational Tecnology,2007,1(23):357-380.

[2] 周激流,蒲亦非,王卫星,等. 数字图像纹理细节的分数阶微分检测及其分数阶微分滤波器实现[J]. 中国科学:技术科学,2008,38(12):2252-2272.

[3] Bai Jian,Feng Xiangchu. Fractional-order anisotropic diffusion for image denoising[J]. IEEE Transactions on Image Processing,2007,16(10):2492-2502.

[4] Lysaker M,Osher S,Tai Xuecheng. Noise removal using amoothed normals and surface fitting[J]. IEEE Transactions on Image Processing,2004,13(10):1345-1357.

[5] Osher S,Burger M,Goldfarb D,et al. An iterative regularization method for total variation based image restoration [J]. SIAM Journal on Multiscale Modeling and Simulation,2005,4(2):460-489.

[6] Burger M,Osher S,Xu Jinjun,et al. Nonlinear Inverse Scale Space Methods for Image Restoration[J]. Lecture notes in computer science,2005(3752):25-36.

[7] Burger M,Gilboa G,Osher S,et al. Nonlinear inverse scale space methods[J]. Communications in mathenatial sciences,2006,4(1):179-212.

[8] Yin Wotao,Osher S,Goldfarb D,et al. Bregman iterative algorithms for ℓ_1-minimization with applications to compressed sensing[J]. SIAM Journal on Imaging Sciences,2008,1(1):143-168.

[9] Buades A,Coll B,Morel J M. A non-local algorithm for image denoising. IEEE Computer Society Conference on Computer Vision and Pattern Recognition [C]. San Diego:IEEE,2005(2):60-65.

[10] Dabov K,Foi A,Egiazarian K. Image denoising with block-matching and 3D filtering. Image Processing:Algorithms and Systems,Neural Networks,and machine Learning[C]. San Jose:IEEE,2006:606414.

[11] Donoho D. De-noising by soft-thresholding[J]. IEEE Transactions on Information Theory,1995,41(3):613-627.

[12] Zhang Jun,Wei Zhihui. A class of fractional-order multi-scale variational models and alternating projection algorithm for image denoising[J]. Applied Mathematical Modelling,2011,35(5):2515-2528.

[13] Huang Yu Mei,Ng M K,Wen You Wei . A new total variation method for multiplicative noise removal[J]. SIAM Journal on Imaging Sciences,2009,2(1):20-40.

[14] Steidl G,Teuber T. Removing multiplicative noise by Douglas-Rachford splitting methods[J]. Journal of Mathematical Imaging and Vision,2010,36(2):168-184.

[15] Zhang Jun,Wei Zhihui,Xiao Liang. A fast adaptive reweighted residual-feedback iterative algorithm for fractional-order total variation regularized multiplicative noise removal of partly-textured images[J]. Signal Proccessing,2014,98(5):381-395.

[16] Zhang Jun,Wei Zhihui,Xiao Liang. Adaptive fractional-order multi-scale method for image denoising[J]. Journal of Mathematical Imaging and Vision,2012,43(1):39-49.

[17] Dey N,Blancferaud L,Zimmer C,et al. Richardson-Lucy algorithm with total variation regularization for 3D confocal microscope deconvolution[J]. Microscopy Research and Technique,2010,69(4):260-266.

[18] Morris P A, Aspden R S, Bell J E C, et al. Imaging with a small number of photons[J], Nature Communications, 2015 (6): 5913.

[19] Carlavan M, Blanc-Féraud L. Two constrained formulations for deblurring poisson noisy images. IEEE International Conference on Image Processing[C]. Brussels: IEEE, 2011: 689-692.

[20] Jiang Le, Huang Jin, Guang Lv Xiao, et al. Alternating direction method for the high-orde total variation-based poisson noise removal problem[J]. Numerical Algorithms, 2015, 69(3): 495-516.

[21] Zhang Zhengrong, Zhang Jun, Wei Zhihui, et al. Cartoon-texture composite regular-ization based non-blind deblurring method for partly-textured blurred images with poisson noise[J]. Signal Processing, 2015(116): 127-140.

[22] Zhang Xiaoqun, Burger M, Bresson X, et al. Bregmanized nonlocal regularization for deconvolution and sparse reconstruction[J]. SIAM Journal on Imaging Sciences, 2010, 3(3): 253-276.